"十三五"国家重点图书出版规划项目

排序与调度丛书

瓶颈驱动的计划与调度

陈 剑 王军强 著

清华大学出版社

北京

内 容 简 介

计划与调度是制造系统有序、平稳、均衡、高效运营的"神经中枢",一直以其重要的理论研究和实际应用价值成为理论界和企业界研究的难点和热点。本书聚焦瓶颈资源,阐述瓶颈在制造系统中的控制作用,系统地介绍了瓶颈识别、瓶颈计划、瓶颈调度和瓶颈扰动管理等方面前沿的理论方法和技术手段,为制造系统高质量运作和管控提供创新的思路、理论、方法和工具。

本书可供高等院校工业工程、管理科学与工程、机械工程等有关专业的本科生、研究生、教师阅读,也可供咨询服务机构、生产管理人员、工程技术人员参考。

图书在版编目(CIP)数据

瓶颈驱动的计划与调度/陈剑,王军强著. —北京:清华大学出版社,2022.10(2023.11重印)
(排序与调度丛书)
ISBN 978-7-302-60703-8

Ⅰ.①瓶…　Ⅱ.①陈…②王…　Ⅲ.①智能制造系统-研究　Ⅳ.①TH166

中国版本图书馆 CIP 数据核字(2022)第 072611 号

责任编辑:陈凯仁
封面设计:常雪影
责任校对:赵丽敏
责任印制:杨　艳

出版发行:清华大学出版社
　　　网　　　址:https://www.tup.com.cn, https://www.wqxuetang.com
　　　地　　　址:北京清华大学学研大厦 A 座　　邮　　编:100084
　　　社 总 机:010-83470000　　　　　　　　　邮　　购:010-62786544
　　　投稿与读者服务:010-62776969, c-service@tup.tsinghua.edu.cn
　　　质量反馈:010-62772015, zhiliang@tup.tsinghua.edu.cn
印 装 者:北京同文印刷有限责任公司
经　　　销:全国新华书店
开　　　本:170mm×240mm　　印张:18　　插页:4　　字　　数:339 千字
版　　　次:2022 年 10 月第 1 版　　　　　　　印　　次:2023 年 11 月第 2 次印刷
定　　　价:89.00 元

产品编号:095249-01

丛书序言

我知道排序问题是从 20 世纪 50 年代出版的一本书名为 *Operations Research*（可能是 1957 年出版）的书开始的。书中讲到了 S. M. Johnson 的同顺序两台机器的排序问题并给出了解法。Johnson 的这一结果给我留下了深刻的印象。第一，这个问题是从实际生活中来的。第二，这个问题有一定的难度，Johnson 给出了完整的解答。第三，这个问题显然包含着许多可能的推广，因此蕴含了广阔的前景。在 1960 年左右，我在《英国运筹学（季刊）》（当时这是一份带有科普性质的刊物）上看到一篇文章，内容谈到三台机器的排序问题，但只涉及四个工件如何排序。这篇文章虽然很简单，但从中我也受到一些启发。我写了一篇讲稿，在中国科学院数学研究所里做了一次通俗报告。之后我就到安徽参加"四清"工作，不意所里将这份报告打印出来并寄了几份给我，我寄了一份给华罗庚教授，他对这方面的研究给予很大的支持。这是 20 世纪 60 年代前期的事，接下来便开始了"文化大革命"，倏忽十年。20 世纪 70 年代初我从"五七"干校回京，发现国外学者在排序问题方面已做了不少工作，并曾在 1966 年开了一次国际排序问题会议，出版了一本论文集 *Theory of Scheduling*。我与韩继业教授做了一些工作，也算得上是排序问题在我国的一个开始。想不到在秦裕瑗、林诒勋、唐国春以及许多教授的努力下，随着国际的潮流，排序问题的理论和应用在我国得到了如此蓬勃的发展，真是可喜可贺！

众所周知，在计算机如此普及的今天，一门数学分支的发展必须与生产实际相结合，才称得上走上了健康的道路。一种复杂的工具从设计到生产，一项巨大复杂的工程从开始施工到完工后的处理，无不牵涉排序问题。因此，我认为排序理论的发展是没有止境的。我很少看小说，但近来我对一本名叫《约翰·克里斯托夫》的作品很感兴趣。这是罗曼·罗兰写的一本名著，实际上它是以贝多芬为背景的一本传记体小说。这里面提到贝多芬的祖父和父亲都是宫廷乐队指挥，当他的父亲发现他在音乐方面是个天才的时候，便想将他培养成一个优秀的钢琴师，让他到各地去表演，可以名利双收，所以强迫他勤学苦练。但贝多芬非常反感，他认为这样的作品显示不出人的气质。由于贝多芬如此的感受，他才能谱出如《英雄交响曲》《合唱交响曲》等深具人性的伟大诗篇

（乐章）。我想数学也是一样，只有在人类生产中体现它的威力的时候，才能显示出数学这门学科的光辉，也才能显示出作为一个数学家的骄傲。

　　任何一门学科，尤其是一门与生产实际有密切联系的学科，在其发展初期那些引发它成长的问题必然是相互分离的，甚至是互不相干的。但只要它们继续向前发展，一些问题便会综合趋于统一，处理问题的方法也会发展壮大、深入细致，所谓根深叶茂，蔚然成林。我们的这套丛书现在有数册正在撰写之中，主题纷呈，蔚为壮观。相信在不久以后会有不少新的著作出现，使我们的学科呈现一片欣欣向荣、繁花似锦的局面，则是鄙人所厚望于诸君者矣。

越民义

中国科学院数学与系统科学研究院

2019 年 4 月

前　言

　　计划与调度是制造系统有序、平稳、均衡、高效运营的"神经中枢",一直以其重要的理论研究意义和工程应用价值成为学术界和企业界研究的热点和难点。作者团队 20 年前针对离散制造企业的生产计划与调度开展了研究探索和实践应用,深刻认识到了瓶颈资源决定制造系统有效产出的关键作用。如何准确地辨识瓶颈、有效地管理瓶颈、充分地利用瓶颈,是促进生产运营管理理论落地的关键举措,是保障制造系统有效运行的重要手段。本书围绕瓶颈,立足瓶颈,纲举目张,变瓶颈的被动突破为主动利用,探索提高机器利用率、缩短生产周期、提升有效产出、降低制造成本的运作机理、控制机制、决策方法、赋能技术。

　　本书按照"从瓶颈识别到瓶颈利用"的思路,融合作者团队及学术界最新的代表性研究成果,系统地介绍了以瓶颈为主题的四部分内容。具体地,第一部分(第 2～4 章)介绍瓶颈识别方法;第二部分(第 5～6 章)介绍瓶颈驱动的计划方法;第三部分(第 7～8 章)介绍瓶颈驱动的调度方法;第四部分(第 9 章)介绍瓶颈能力管理等相关研究。全书内容涵盖了单瓶颈、多瓶颈、静态瓶颈、漂移瓶颈等不同类型瓶颈情形以及瓶颈驱动的计划和调度的方法,为制造系统有序、平稳、均衡、高效的运作管控提供创新的思路、理论、方法和工具。

　　瓶颈驱动的相关理论和方法实操性强、适应性高、应用面广,不仅适用于制造系统,同样适用于服务系统,希望本书能为生产与运作系统过程管理与控制的研究与实践提供可参考和可借鉴的研究模式、研究途径和实践方法。本书适合高等院校工业工程、管理科学与工程、机械工程等相关专业的本科生、研究生、教师阅读,也可供咨询服务机构、生产管理人员、工程技术人员参考。

　　在本书编写过程中,感谢中国运筹学会排序分会、《排序与调度丛书》编委会各位专家以及清华大学出版社为本书顺利出版所提供的关怀、支持和帮助。感谢丛书主编唐国春教授从撰写、修改到出版全过程提供的无私指导与热心帮助,感谢评审专家高亮教授、车阿大教授提供的专业而富有建设性的指导建议,感谢函评专家曹政才教授、李凯教授、李莉教授、李新宇教授、潘全科教授、谢乃明教授、王峻峰教授等提供的中肯而富有指导性的修改意见,感谢同主题国内外同行专家提供的重要而富有参考价值的研究文献。最后感谢研究团队孙树栋教授、张映锋教授、杨宏安教授、李洋副教授、罗建超讲师、翟颖妮博士、范国强博士、闫飞一博士、崔鹏浩博士、王艳博士、苟艺星博士生、宋云蕾博士生、胥军博士生、林冉博士生、桑耀文博士生、孙涛博士生、郑乃嘉博士生、杜向阳硕士、康永硕士、张仲田硕士、崔福东硕士、徐建利硕士、周先华硕士等辛勤付出、通力协作和大力支持。

本书的研究内容得到了国家重点研发计划项目(2019YFB1703800)、国家自然科学基金项目(项目号：52075259、52075453、51705250、51675442、51275421、50705077)的资助,特此鸣谢。

鉴于作者知识及水平有限,不足之处在所难免,恳请广大读者和专家、同行不吝赐教及批评指正。

作　者

2022 年 5 月

目　录

第1章 绪 论

自 20 世纪 80 年代高德拉特(E. M. Goldratt)博士提出约束理论(theory of constraints,TOC)以来,与瓶颈相关的研究逐渐引起了学术界和企业界的高度关注。本章将从约束理论及瓶颈的相关特征出发,简要综述瓶颈识别、瓶颈计划、瓶颈调度等方面的相关研究,为后续章节详细介绍瓶颈相关理论和方法提供相应的研究基础和研究脉络。

1.1 问题提出

制造资源的有限性、制造系统的波动性和制造过程的相依性,必然造成限制系统产出的"瓶颈"(bottleneck)现象。例如,在流水装配线中,工位负荷不均会造成瓶颈工序,而瓶颈工序决定了生产线的节拍,从而影响系统的有效产出[1]。企业资源计划(enterprise resource planning,ERP)/制造资源计划(manufacturing resource planning,MRP Ⅱ)、准时化生产(just in time,JIT)等生产管理理论皆认为瓶颈是系统管理的消极因素,应该尽量消除。

TOC 是由以色列物理学家高德拉特博士在 20 世纪 80 年代提出的一门围绕生产系统"瓶颈"的管理哲学[2-3]。高德拉特博士基于多年的企业管理实践,提出最优生产技术(optimized production technology,OPT),并开发相应的调度软件用来解决企业生产管理问题。OPT 聚焦于瓶颈辨识与产能管理,通过优化瓶颈能力利用程度以提高系统有效产出,降低库存,提高企业利润。OPT 的核心思想及相关技术被逐渐扩展,最终发展为 TOC。具体地,高德拉特于 1984 年在图书 *The goal* 中正式提出了 TOC,于 1996 年在图书 *The race* 中阐述了 TOC 的实践步骤和价值,并于 1997 年在图书 *Critical chain* 中拓展了 TOC 在项目管理方面的应用。

与传统的管理理论将瓶颈视为系统管理消极因素的观点不同,TOC 将瓶颈视为系统性能提升的积极因素。TOC 认为每一个系统无论是制造系统还是服务系统至少存在一个瓶颈[4]。瓶颈是真正制约系统有效产出和库存水平的控制点,瓶颈上的损失意味着整个制造系统的损失,通过立足瓶颈并提升瓶颈的产出以提升系统整体的性能[5]。TOC 将企业运营的所有活动看成一个系统,从整体的角度来考虑企业管理,并强调瓶颈在企业管理中的核心作用。

通过多年的发展,TOC 已经成为:①使瓶颈产能优化进而带动系统产出优化的生产管理技术;②系统解决问题的一套思维流程;③辨识系统核心问题、突破系统限制,并且持续改善的管理哲学。相对应地,TOC 提出新的指标体系:有效产出(throughput,TP)、库存(inventory,I)和运行费用(operating expenses,OE)。有效产出是指通过实现产品销售来获取盈余的速率。TOC 认为产品卖给顾客实现变现才能称为有效产出,而滞留在系统中的产品都不能称为有效产出。TOC 提出的新指标关注如何最大化利用系统的资源提高产出而不是节约成本,通过将企业战略目标与实际运作过程进行有机融合,为企业提供具体的运作决策支持,克服了传统生产管理中净利润(net profit)、投资收益率(return of investment,ROI)、现金流(cash flow,CF)等财务指标存在的决策滞延性、强调局部最优化、难以直接指导生产实践等不足[6-7]。

TOC 已应用于航空、汽车、电子、半导体、钢铁、家具、服装等工业以及医疗、交通、旅游、餐饮等服务业中生产管理、项目管理、成本控制、供应链管理等方面[8-15],众多领域的实践结果表明 TOC 具有很强的实用性[16-17]。文献[18]从发表在 100 个期刊的 400 多篇与 TOC 相关的论文和著作中筛选了 100 多个应用案例,统计分析结果表明:TOC 的应用主要集中在制造业,尤其是航空、汽车、制衣、半导体、家具、电子、钢铁和重工业等领域,且主要集中在生产部门,在行政部门也有部分涉及。相关企业不仅包括波音、通用、福特汽车等大型跨国企业,也包括美国空军等机构,还涉及一些民营企业,这足以说明 TOC 应用的广泛性。通过进一步统计分析,应用 TOC 效果显著。超过80%的企业在生产提前期、生产周期、交货期完成率、库存等指标上得到提升,超过40%的企业在收益、有效产出和利润等财务指标上得到提升;另外,TOC 平均将生产提前期降低70%、生产周期降低67%、库存水平减小49%、交货期完成率提升44%。

1.2　瓶颈特征与作用

1.2.1　瓶颈的形式

在生产管理中,瓶颈具有不同的形式。TOC 认为瓶颈是对制造系统性能影响最大的某个或某些资源,既可以是系统中的机器、人员、工具、物料、缓冲区、车辆等有形资源,也可以是管理政策、市场等无形资源,其产出与损失决定了整个制造系统的产出与损失。因此,立足瓶颈并改善瓶颈,方能达到提升系统整体性能的目的。

在项目管理中,瓶颈通常认为是项目实施的关键路径(critical path),其决定了项目实施的总工期。

简化型鼓-缓冲-绳法(simplified drum-buffer-rope,S-DBR)认为系统主要的瓶颈是市场需求而不是内部的资源,企业的生产决策受到市场需求的影响,因此 S-DBR 倡导生产管理关注点应该是工厂外部的市场而不是工厂内部的资源。

制造系统瓶颈在数量上不一定是单一的,也可能存在多瓶颈现象。另外,瓶颈并非一成不变,随时间推移可能存在瓶颈与非瓶颈的转化,即表现出瓶颈漂移(bottleneck shifting,BS)现象。瓶颈漂移的原因较多,可能是结构性资源的改变(如新购机器),也可能是生产负荷的变化(如重调度),也可能是市场需求的波动(如疫情防控对供应链的影响)。

1.2.2 瓶颈的层次

瓶颈从所处的层级角度划分,可分为规划层的结构瓶颈、运作层的计划瓶颈和执行层的执行瓶颈。

(1)规划层的结构瓶颈是系统的固有瓶颈,通常是由于机器成本高昂、安装空间限制、运行环境特殊要求等原因造成瓶颈能力不足并经常性影响整体系统性能的机器,其在生产系统设计或者资源配置阶段起就一直存在,因此易于识别。

(2)运作层的计划瓶颈是由于计划或调度等生产安排造成制造资源上的工作负荷不均衡而产生的瓶颈。不同的生产安排会造成不同的计划瓶颈,因此计划瓶颈区别于结构瓶颈属于人为瓶颈。瓶颈驱动的产品组合优化就是利用计划瓶颈,并基于 TOC 的持续改进五步(five focusing steps,FFS)思想,首先识别系统中能力不足的资源作为瓶颈,然后根据瓶颈确定能使系统有效产出最大的产品组合优化方案[19-21]。

(3)执行层的执行瓶颈是由于调度方案在具体执行过程中出现的瓶颈,即执行瓶颈与调度方案的执行密切关联[22]。另外,执行瓶颈随着调度方案的调整变动会出现一定程度的转移,形成瓶颈漂移现象。

在生产系统中的不同决策期内面对不同决策任务时,结构瓶颈、计划瓶颈、执行瓶颈可能不尽相同。三个层面的瓶颈识别由粗到细,既有继承,又有差异。在粗能力平衡阶段辨识的瓶颈并不一定是细能力阶段辨识的瓶颈,但是前期识别的瓶颈可以作为后续识别瓶颈的先验信息。另外,结构瓶颈识别侧重于识别制造系统中的固有的结构性约束,比如资源能力不足产生的瓶颈;计划瓶颈和执行瓶颈识别侧重于功能性瓶颈,旨在发挥瓶颈的管控作用;由于任务负荷、机器状态、人员变动等情况常造成瓶颈漂移现象[23-24]。文献[22]详细分析了执行瓶颈与结构瓶颈和计划瓶颈的区别。

1.2.3　瓶颈的作用

瓶颈对系统的有效产出具有决定性的作用,通过立足瓶颈并提升瓶颈的产出以实现对系统的有效控制。由于瓶颈具有制约系统产生的天然属性,瓶颈驱动的计划、调度、控制和管理方法被相继提出以应对瓶颈的限制作用并主动挖掘利用瓶颈的决定作用。

TOC 以瓶颈为核心,提供了一套标准的持续改进流程,即持续改进五步法(five focusing steps,FFS)[2]。

(1) 识别系统的瓶颈。瓶颈可能是物理的约束,如机器、材料、工人等;也可能是非物理约束,如政策、技术、手段等。

(2) 充分利用瓶颈。如果是物理约束,TOC 主张充分利用瓶颈的能力。如果是非物理约束,TOC 主张采用其他政策代替现有政策以消除瓶颈。

(3) 非瓶颈配合瓶颈。TOC 系统的产出由瓶颈决定,即使增加非瓶颈的生产能力也不能提高系统的有效产出,反而会增加系统的库存。

(4) 提升瓶颈。瓶颈制约系统的产出,提升瓶颈能力一方面有助于提升系统的有效产出,另一方面有助于释放非瓶颈的过剩生产能力,提高非瓶颈的利用率。

(5) 辨识新的瓶颈,循环 FFS。瓶颈不可能永远一成不变。当瓶颈能力得到提升或者外部环境发生改变时,可能会出现新的瓶颈,形成瓶颈漂移现象。重新识别新的瓶颈,循环 FFS,以实现持续提升。

FFS 在解决政策或者管理型约束时,通常需要多个部门进行协作,这在一定程度上增加了识别瓶颈和利用瓶颈的难度。高德拉特博士在 FFS 的基础上,发展出了思维过程(thinking process),并提供了一系列思维过程工具,用来辅助 TOC 实施,使用者只需要简单的常识、逻辑等知识,就能用思维过程工具解决瓶颈提升问题。思维过程主要包含三个步骤:①确定改变对象;②确定改变程度;③确定如何改变。

基于瓶颈驱动进行持续改善的逻辑和思维,被广泛用于生产计划和调度、项目管理、采购管理、动态缓冲管理等企业运营管理中,对企业竞争力的提升具有重要的推动作用[25-27]。

体现瓶颈控制作用的一个核心工具就是鼓-缓冲-绳法(drum-buffer-rope,DBR)[28-29]。DBR 通过对瓶颈环节进行控制、其余环节与瓶颈环节同步,实现顾客需求与企业能力之间的最佳配合,达到物流平衡、准时交货和有效产出最大化等目标。"鼓"(drum)标识系统瓶颈的位置,指示系统改进的重心,决定系统的生产节奏,控制系统的有效产出。通过优先对瓶颈编制生产计划,并使非瓶颈与瓶颈环节保持同步,通过"鼓"控制生产的节奏,保证瓶颈的充分利用。"缓冲"(buffer)将关键环节保护起来,利用非瓶颈过剩生产能力吸收生产扰动,降低或者消除扰动对瓶颈的影响。"绳"(rope)是制造系统的物料投放机制,关联瓶颈资源,传递瓶颈的需求,并按"鼓"的节奏控制各工序物料的投料时机和数量、各工序的加工节奏以及在制品的库存水平,使得其他环节的生产节奏与瓶颈资源同步,以保证物料按照"鼓"的节奏按需准时到达瓶颈,有序通过瓶颈并准时装配和及时交货。

需要指出的是,瓶颈 100% 利用并非系统最优。一般地,瓶颈上的损失意味着整个制造系统的损失,如果瓶颈利用率太低则会影响系统的有效产出。然而,实际生产并非如此,对瓶颈的 100% 利用不一定使得系统产出最高。如果考虑系统的随机扰动因素,过高的瓶颈利用率可能会降低系统的鲁棒性。另外,非瓶颈也并非一无是处。虽然非瓶颈对系统的有效产出贡献没有瓶颈作用大,但是非瓶颈具有防止生产波动进而保护瓶颈的作用。因此,制造系统作为一个有机整体,只有非瓶颈与瓶颈资源相互协作,才能实现制造系统的整体最优。

1.3　瓶颈研究综述

本书侧重瓶颈在生产计划与调度方面的应用,重点论述瓶颈识别、瓶颈驱动的计划、瓶颈驱动的调度和瓶颈能力管理等方面的内容。

(1)瓶颈识别是瓶颈驱动的计划与调度实施的第一步,由于瓶颈的不同表现形式和漂移特征,准确地识别系统的瓶颈并非易事。只有准确识别出系统的瓶颈,才能成功地开展瓶颈驱动的计划和调度优化。

(2)瓶颈驱动的计划用来解决系统资源配置等运作层的优化问题,本书重点关注产品组合优化,即如何利用瓶颈资源,优化企业计划期内生产产品的种类和数量,以最大化利用企业产能,获得最大的有效产出。

(3)瓶颈驱动的调度用来解决任务分配、作业排序等执行层的优化问题,即如何利用瓶颈资源,合理地分配生产任务到制造资源上,优化工件加工顺序等,以实现最小制造成本、最小完工时间等目标。

(4)瓶颈能力管理研究瓶颈、非瓶颈的能力利用程度对系统指标的影响,为生产计划调度的执行与实施提供决策依据与分析手段。考虑到系统的扰动,瓶颈能力 100% 利用并不一定能够保证最优的有效产出,因此需要对瓶颈能力利用程度进行深入探索。另外,如何利用非瓶颈的过剩能力也是亟待探索的重要议题。

生产计划与调度问题在学术界已经有大量的研究,如采用数学规划、分支定界、列生成等精确算法进行求解,采用启发式规则、遗传算法、模拟退火算法、粒子群优化算法等进行近似求解。相比而言,本书介绍的瓶颈驱动的计划和调度方法,是一种"抓核心"式的近似优化策略,虽然不能保证获得最优解,却在计算效率方面优势明显,并且能在有限时间获得满意的近似解。另外,瓶颈驱动计划和调度与遗传算法、模拟退火算法等智能搜索方法相比,算法可解释性强,因此在实际生产管控中实践性更强、应用性更好。

1.3.1　瓶颈识别方法综述

为了识别系统的瓶颈,学术界和企业界提出了不同的瓶颈识别指标和识别方法。传统的瓶颈识别采用指标法进行识别,如机器利用率、机器负荷、在制品队列长度等。指标法简单实用,能快速地进行瓶颈识别。目前,更复杂的有效产出类识别指标和更复杂的数学分析、数据分析等识别方法被逐渐提出和使用。另外,为了多维角度刻画和利用瓶颈,多维度指标被用来识别瓶颈,相应的多属性识别方法也被提出。本节将从瓶颈识别指标和瓶颈识别方法两个方面进行综述。

1.3.1.1　瓶颈识别的指标

现有瓶颈识别指标可分为直接识别指标和间接识别指标。直接识别指标是基于车间实时数据、仿真数据或历史数据并直接进行瓶颈识别的指标,其分为机器类指标、活跃时间类指标和在制品类指标等。

(1) 机器类指标包括机器生产能力、机器利用率、机器负荷、机器忙闲率、设备综合效率(overall equipment effectiveness,OEE)等[30-31]。

(2) 活跃时间类指标根据机器连续作业的时间进行判定。Roser 等提出最长平均活跃时间(longest average active duration)指标来识别瓶颈[32];进一步地,Roser 等提出最长连续不间断活跃时间(longest uninterrupted active duration)指标识别漂移瓶颈[33]。

(3) 在制品类指标主要根据机器前面队列长度、在制品数量或者在制品占用时间差异进行瓶颈识别[34-36]。Roser 等提出了利用上下游机器前的阻塞/饥饿状态识别瓶颈机器[37]。

间接识别指标主要是通过间接地评估机器能力改变对系统产出的敏感性(sensitivity)进行瓶颈识别的指标,具有最大敏感性的机器为瓶颈机器。这类指标也被称为敏感性指标,包括成本类、效益类和有效产出类等敏感性指标。

(1) 成本类和效益类的敏感性指标,通过评估机器能力的边际成本来确定机器的关键程度。通过增加单位资源能力,分析成本/效益的影子价格进行瓶颈识别。Lawrence 等将增加或减少机器能力造成效益或成本最大影响的机器视为长期或稳定的运作层计划瓶颈[38]。Banker 等阐明了瓶颈在随机系统中对成本/价格的决策影响[39]。

(2) 有效产出类敏感性指标,通过衡量机器对系统有效产出的贡献识别瓶颈机器[36,40]。考虑到复杂系统的非线性关系,由于采用数学分析方法分析增加机器能力对系统有效产出的影响难度较大,因此学者们将该指标转化为分析机器的阻塞/饥饿状态,如文献[41]~文献[43]。Yu 分析基于阻塞/瓶颈识别指标识别的结果,提出了一个统计框架以评估识别结果的显著性,降低了瓶颈识别的误差[44]。

1.3.1.2　瓶颈识别的方法

瓶颈识别方法可分为指标识别法、数学分析法、数据分析法和多属性识别法等四类。

(1) 指标识别法,即通过生产现场机器加工状况或在制品水平等进行瓶颈识别。文献[35]认为具有最长平均等待时间的机器为系统的瓶颈,文献[34]认为具有最长队列长度的机器为系统的瓶颈。尽管在制品类瓶颈识别指标使用简单直观,然而当多个机器缓冲区待加工工件队列长度相同或缓冲区队列同时溢出时,则难以准确识别系统的瓶颈。文献[45]定义系统加工能力最差的机器为系统的瓶颈,文献[31]定义负荷最大的机器为系统的瓶颈。需要指出的是,依据机器负荷等指标识别的瓶颈机器并非与系统产出等直接关联,因此充其量只能作为瓶颈识别的先验信息。文献[46]将设备级的机器评价指标 OEE 扩展至工厂级综合产出效率(overall throughput effectiveness,OTE),用于瓶颈识别。文献[47]考虑网络节点负荷及节点间传播特征,提出基于网络节点效率指标,识别异序作业车间(job shop)的瓶颈。

(2) 数学分析法,即在假设机器的性能参数(如故障率、加工周期、平均修复时间(mean time to repair,MTTR)等)皆满足一定概率分布的基础上,建立生产线的数学模型,通过分析机器的产出对系统产出的影响识别系统的瓶颈机器。文献[48]针对考虑返工的 Bernoulli 生产线,建立 Markov 模型,基于阻塞和饥饿指标进行瓶颈识别。文献[49]针对机器可靠性参数服从指数分布的串行生产线,建立 Markov 模型进行瓶颈分析。

(3) 数据分析法,即基于仿真或在线实时数据等进行数据分析及瓶颈识别。

文献[42]根据实时数据,提出了一种"Arrow-based"瓶颈识别方法,识别出了工作时间瓶颈、故障时间瓶颈和周期瓶颈。文献[43]基于在线数据驱动方法,分析指定时期内机器前后阻塞和饥饿的时间,找出阻塞和饥饿出现的"拐点"以形象直观地识别该时期的瓶颈。文献[50]针对机器的工作时间与故障时间满足非指数概率分布的问题,在无法建立 Markov 模型进行系统性能分析的情形下,采用仿真数据分析的方法进行瓶颈识别。文献[51]针对缺少机器可靠性参数无法建立生产系统数学模型的瓶颈识别问题,提出一种在线数据检测控制瓶颈识别方法。文献[32]以最长平均活跃时间为指标进行瓶颈识别,文献[33]在此研究基础上进一步提出了移动瓶颈识别法(shifting bottleneck detection, SBD)。SBD方法通过对制造系统仿真日志文件进行数据挖掘来识别瓶颈,其优点可用于复杂系统的瓶颈识别,可操作性强;其不足在于:如何标识机器的活跃状态需要考虑更多的实际因素;对于不同生产系统需要建立不同的仿真模型,限制了该方法的推广;仿真数据的失真可能导致错误的瓶颈识别结果。

(4) 多属性识别法。大多文献只考虑瓶颈的某一方面并采用单因素特征建立瓶颈识别指标进行瓶颈识别,少数文献综合多个已有的单指标进行瓶颈识别。文献[52]综合考虑机器利用率、各机器边际成本的百分率两个指标,分析利用率和成本组成的"面积"大小,认为利用率大、成本小的是系统的内部虚假瓶颈(dummy internal bottleneck),利用率大、成本也大的才是系统的内部可信瓶颈(plausible internal bottleneck)。该方法考虑利用率与成本两个方面进行瓶颈识别,具有一定的开拓性。文献[46]考虑设备综合效率、机器质量效率(quality efficiency)和设备理论生产率(theoretical processing rate of equipment)三个指标,提出综合产出率进行瓶颈识别。文献[22]综合考虑多维指标,提出多属性瓶颈识别模型,基于 TOPSIS(technique for order preference by similarity to ideal solution)对机器进行多属性评价,识别异序作业车间的执行瓶颈。文献[53]针对扰动情形下异序作业车间机器特征属性难以用确定值表示的问题,采用区间形式描述机器特征值,构建了区间型多属性瓶颈识别模型,提出区间 TOPSIS 多属性瓶颈识别方法。文献[54]提出机器簇、瓶颈簇、主瓶颈簇及阶次的概念,考虑机器的主次之分和多维特征属性,基于聚类思想及多属性决策理论提出了异序作业车间瓶颈簇的识别方法,解决了传统异序作业车间瓶颈识别方法在划定多瓶颈候选集时缺乏科学的划分范围、划分层次和划分依据等难题。

1.3.2　瓶颈驱动的计划方法综述

目前,瓶颈驱动的计划研究主要集中在产品组合优化方面。针对瓶颈驱动的产品组合优化研究,从以下两个方面进行介绍。

1.3.2.1　经典产品组合优化问题

TOC 提倡先识别瓶颈,再根据瓶颈优先安排优先级高的产品以充分利用瓶颈能力,进而实现最佳产品组合的策略,即 TOC 启发式(TOC heuristic, TOCh)算法。

最早的 TOCh 算法是由高德拉特于 1990 年提出,用来解决 P-Q 问题[2]。TOCh 算法将优化过程可视化,处理逻辑简单、直观,不需要复杂的建模过程,适合生产管理人员使用。然而,文献[55]提出一个反例说明 TOCh 算法在求解多瓶颈算例时并不一定能够获得最优解。文献[56]和文献[57]指出产品组合优化的整数约束是 TOCh 算法不能求得最优解的原因。进一步地,文献[58]指出 TOCh 算法即便在求解单瓶颈算例时依然存在无法获得最优解的问题。

针对 TOCh 存在求解失效问题,学者们提出了诸多的改进算法。文献[21]提出了改进的 TOC 算法,即 RTOCh 算法。其通过计算单位时间的有效产出并对机器进行排序,排序列表中第一个机器为主瓶颈,再围绕主瓶颈选择产品。RTOCh 算法在多瓶颈情形下的表现比 TOCh 算法优异,但是其瓶颈排序列表是一个静态列表,并未根据具体的产品组合分配过程进行相应调整。文献[59]通过实例说明了 RTOCh 算法并不一定能找到产品组合优化最优解,提出了局部调整的思路及相应的改进算法 TOC_AK。文献[60]在 RTOCh 算法中加入了 B-Greedy 算法,所改进的算法 TOC_SN 在算例求解中的表现比 RTOCh 算法和 TOC_AK 算法更胜一筹。文献[61]将层次分析法(analytic hierarchy process,AHP)应用到 TOCh 算法,改进了产品优先级的确定方法,提出了一个新的算法 TOC-AHP。文献[62]发现了 TOC-AHP 算法在三种情形下存在的失效问题,并给出了针对性建议。文献[63]指出传统 TOC 启发式算法基于固定瓶颈或者固定瓶颈次序进行产品组合优化的问题,提出了一种基于漂移瓶颈驱动的 TOC 启发式算法(即 STOCh 算法),通过动态识别资源分配过程的瓶颈,有效地提升了 TOC 启发式算法的性能。进一步地,通过将 STOCh 应用到一个叶片制造企业,实现年利润提升 12.7% 的显著效果。文献[64]将 TOCh 算法用于一个半导体代工企业的生产调度中,通过企业实际案例说明了 TOCh 能够有效地解决大规模产品组合优化问题。文献[65]报道了台湾地区 TFT-LCD 的制造情况,并指出通过 TOCh 算法制定产品组合可使得工厂每周的利润提高 8.8%。

1.3.2.2　新型产品组合优化问题

一些学者研究了有效产出变化情形下的产品组合优化问题。麻省理工学院 Fine 等[66]研究了"柔性资源"(flexible resource)的最优投资问题,提出了先进行资源投资决策以确定资源限制数量,再基于有限资源进行产品组合方案优化的思路。进一步地,Fine 等针对两产品单瓶颈问题在产品利润随产品数量线性下降情况下给出了产品组合的最优解。不莱梅大学 Souren 等[67]研究了采用传统 TOCh 算法求解产品组合问题取得最优解的条件,指出传统 TOCh 算法只有在单瓶颈、实数解、有效产出不变的情况下才能得到最优解,而针对产品有效产出变化情况下并不能保证得到最优解。同时,他们还指出当有效产出与产品数量成线性变化时,产品组合的求解会变得更加困难,但是并没有给出具体的求解方法和思路。大阪大学 Hasuike 等[68-69]研究了考虑随机性和模糊性的产品组合问题的求解方法。其中,随机性体现在产品的收益服从正态分布,而模糊性体现在产品的加工时间和加工成本服从模糊数分布。其研究考虑了产品收益服从正态分布的随机变化情形,未考虑产品收益和产品数量之间的关系。

由于系统中总是存在瓶颈资源,非瓶颈资源受到瓶颈资源的限制而不能充分利用,一定程度上造成了非瓶颈资源能力的浪费。为了减少此类浪费,学者们研究产品外包或者工序外协的产品组合优化问题。Coman 等[70]针对产品组合优化外包问题,提出了基于线性规划的求解方法。王军强等[71-73]根据产品是否与加工原材料一起外包将产品组合外包模型分为带料外包、不带料外包和混合外包三种形式,分别进行了建模求解。王军强等[74]提出了将产品细分至"工序级"再进行外协的解决方案,算例验证结果表明"工序级外协"收益要比"产品级外包"更胜一筹。

另外,少量研究考虑了产品组合与调度的协同优化。Hum 等[75]研究了一个包括经济批量、生产调度与产品组合在内的集成优化问题,提出了分而治之的求解策略,针对两个产品情形,将具有多变量的数学规划模型分解成多个单变量的子模型,通过循环求解得到了原问题的最优解。Ostermeier 等[76]基于一个装配生产线的真实数据进行仿真分析,结果表明不同的产品组合结果对调度目标会产生显著的影响。

1.3.3　瓶颈驱动的调度方法综述

瓶颈利用是在瓶颈识别的基础上进行的,其以瓶颈的优先满足为特征,目标是尽量使瓶颈能力得到充分利用。主要的方法有 DBR 调度法、约束指导法(constraint-guided)、移动瓶颈法(shifting bottleneck procedure,SBP)和瓶颈驱动的分解方法。

1.3.3.1　DBR 调度法

DBR 调度法是约束理论解决调度优化和过程管控的有效工具,其采用有限能力排产法（finite capacity scheduling，FCS），优先对瓶颈机器进行单机调度，再以瓶颈工序为基准，对瓶颈工序之前、之后的工序分别按照拉式、推式方法进行前拉后推从而完成调度优化。在基于 DBR 法进行排产时，缓冲区大小多凭经验估计，当产线生产环境发生变化时，将会影响非瓶颈机器的调度排程[77]。另外，缓冲区大小的设置对系统调度性能具有较大影响[78]。DBR 调度侧重瓶颈机器的调度而轻视非瓶颈机器和非瓶颈工序调度。实质上，对非瓶颈机器以及非瓶颈工序的调度结果都将影响到 DBR 调度性能[79,80]。另外，文献[81]证明 DBR 采用最短加工时间（shortest processing time，SPT）优先调度规则进行排程优于先到先加工（first come first serve，FCFS）规则，但是不管是哪种规则调度都不能保证全局调度性能最优。文献[82]将 DBR 系统应用于半导体行业，提出定制化的调度模型和"鼓"驱动的优化算法。文献[83]克服了传统 DBR 系统中"瓶颈机器仅存在于生产链条中部、生产链中仅存在一台瓶颈机器、生产环境静态不变"的假设，提高了 DBR 系统的适用性。文献[84]给出了混合流水车间 DBR 应用的批量、提前期、缓冲位置和缓冲大小等设置的建议。文献[85]和文献[86]介绍了 DBR 在可重入制造系统领域的研究应用及未来研究前景。飞机制造实践案例表明 DBR 既能适应面向库存生产（make to stock，MTS）方式，也能适应面向订单生产（make to order，MTO）方式[87]。针对半导体制造过程中存在的紧急插单问题，文献[88]提出了一个基于 DBR 与自适应模糊推理系统相融合的动态调度方法。其基于生产线历史数据和实时数据，利用自适应模糊推理系统预测紧急订单，通过 DBR 进行投料策略的提前调整，实现紧急订单的预测性调度。

1.3.3.2　约束指导法

约束指导法[89]以工件为中心（job-centered）进行调度，其调度策略优势在于能够有效降低在制品库存，不足在于其搜索过程的刚性和较弱的瓶颈资源优化方法削弱了整个系统的性能。OPIS 调度系统[90]综合了工作为中心与资源为中心（resource-centered）两种调度策略，当瓶颈资源识别后，先对此瓶颈上的所有待调度工序以资源作为调度变量进行调度，再对非瓶颈资源以工件作为调度变量进行调度，且在调度过程中动态识别瓶颈，并及时调整当前调度策略。但是，OPIS 在发生瓶颈转移时，需要先完成原瓶颈的调度、再进行新瓶颈的调度，动态实时性较差，属于宏机会（macro-opportunistic）调度[91]。Cortes[92]、Micro-Boss、ODO[93]以工序为中心（activity-centered），进行微机会（micro-opportunistic）调度。虽然微机会调度一定程度上实时修订其调度策略，提高了求解效率，但也存在局部优化的局限，无法保证整体的最优。

1.3.3.3 移动瓶颈法

移动瓶颈法由 Joseph Adams 在 1988 年提出用来求解经典异序作业调度问题的一种启发式算法。移动瓶颈法从待调度机器集中识别瓶颈机器,并对识别的瓶颈机器采用 Carlier[94] 的单机调度算法进行 $1 \mid r_j \mid L_{\max}$ 单机调度优化,然后重新优化所有已调度结果集,再在尚未调度的机器中识别新的瓶颈机器,通过循环迭代"识别未调度集中新的瓶颈—单机调度—重新优化已调度的方案"子问题实现优化求解。然而,移动瓶颈法是一种局部优化法[95],每次调度都针对新的瓶颈,即使重新优化所有已调度集,也无法保证生产系统的整体最优。同时,移动瓶颈法在求解带有交货期约束和多目标优化这类调度问题时表现不佳,为了提高移动瓶颈法的性能不断有新的改进算法被提出,如改进的移动瓶颈法[96-97]等。

为解决移动瓶颈法用于大规模生产调度问题时计算效率低下的问题,一些学者将移动瓶颈法与其他算法相结合,以改善该算法的性能。文献[98]和文献[99]采用移动瓶颈法与局部搜索启发式算法结合求解异序作业调度问题(job shop scheduling problem,JSP);文献[100]采用遗传算法(genetic algorithm,GA)与移动瓶颈法结合求解复杂环境下的异序作业调度问题。文献[101]将移动瓶颈法嵌入多智能体控制架构中来实现复杂异序作业车间的管理和控制。黄志等[102-103]采用 Schrage 算法替代 Carlier 算法求解瓶颈机器单机调度问题,以解决移动瓶颈法可能出现不可行的问题。

1.3.3.4 瓶颈驱动的分解方法

该类瓶颈驱动的分解方法主要思想是基于瓶颈机器,将复杂的大规模调度问题分解成瓶颈机器单机调度和非瓶颈机器调度问题,从而提升问题求解的有效性。左燕等[104]将大规模流水作业调度问题进行"分而治之",立足瓶颈机器,将问题分解成瓶颈机器调度、上游非瓶颈机器调度和下游非瓶颈机器调度,研究瓶颈调度与非瓶颈调度冲突协调方法,提升复杂大规模流水作业调度求解的有效性。Lee 等[105]将混合流水车间大规模调度问题分解成瓶颈工作站的并行机调度问题、上游非瓶颈工作站调度和下游非瓶颈工作站调度问题,然后基于瓶颈工作站的调度结果分别对上游工作站和下游工作站进行逆向和正向列表调度(list scheduling)求解并输出最终调度方案。针对大规模异序作业调度问题,翟颖妮等[31,106]将调度问题中的所有工序划分为瓶颈工序集、上游非瓶颈工序集以及下游非瓶颈工序集,通过分别求解子问题,实现对复杂原问题的求解。

1.3.4 瓶颈利用及影响分析综述

TOC 认为瓶颈制约着系统的产出,瓶颈上的损失意味着整个制造系统的损失。只有立足瓶颈并使瓶颈利用率最大化,才能使系统整体产出最优。因此,TOC 调度一直提倡并遵循瓶颈 100% 利用的思想和原则[3]。然而,扰动环境下瓶颈的 100% 利用,将可能导致调度优化方案无法顺利执行,因此在扰动情形瓶颈的 100% 利用并非最优决策。针对瓶颈能力管理的研究,本节从瓶颈能力利用和非瓶颈能力利用进行综述。

1.3.4.1 瓶颈能力利用

瓶颈能力利用是在瓶颈识别的基础上使瓶颈尽可能得到充分利用,常用的瓶颈能力利用方法包括 TOC 启发式算法、转移瓶颈法、约束指导法和 DBR 调度法等。然而,瓶颈 100% 利用的思想在扰动情形下并非最佳决策。文献[107]通过比较 DBR 投料机制和即刻投放(immediate release,IMM)机制下瓶颈利用率对平均流程时间、平均延迟(率)等指标的影响情况,得出瓶颈 100% 利用并不能使得系统产出最优的结论。文献[108]从实践应用角度说明了瓶颈的最佳利用水平并非 100%。但是如何利用瓶颈能力产生最优调度方案以保证系统最优产出,文中并未提及。在随机扰动下,如何保证调度方案的鲁棒性也是调度方案能否走向实用的关键因素。文献[109]针对异序作业调度问题,提出瓶颈能力释放率和瓶颈能力释放区的概念,通过设置瓶颈能力释放率等级,对瓶颈能力进行按级利用,并通过 Plant-simulation 仿真,证实了异序作业车间瓶颈 100% 利用并非最优,同时给出了瓶颈非 100% 利用情形下最佳瓶颈能力释放率和释放区。文献[110]针对并行半导体生产线,基于仿真方法研究了投料与瓶颈利用率的关联关系,提出了瓶颈利用率驱动的投料控制策略,充分发挥了瓶颈的控制能力。文献[111]发现提升生产线前端的瓶颈比提升生产线中段或后段的瓶颈对提升整个系统性能更有效,提出了在瓶颈利用过程中需要充分考虑瓶颈在系统中的位置。

1.3.4.2 非瓶颈能力利用

非瓶颈能力利用的研究主要集中在非瓶颈调度的优先分派规则(priority dispatching rule,PDR)方面。文献[112]运用 DBR 对问题进行分解,对非瓶颈工位采取部分重调度策略,对瓶颈前后的工位分别采取最小松弛优先(minimum slack time,MST)和最早到达时间优先(earliest arrival time,EAT)规则进行排序。文献[113]也采用类似 DBR 的双重调度规则安排非瓶颈的任务优先级。文献[95]指出只有在瓶颈负荷和非瓶颈负荷之间满足一定阈值的情况下,瓶颈优化调度才能使整个系统性能达到最优,如果仅关注瓶颈调度会导致系统性能的损失。文献[79]对再制造系统中 DBR 的非瓶颈调度采用的6 种不同的 PDR 进行模拟比较,结果表明采用先到先服务、最早交货期优先(earliest due date,EDD)等规则其性能好于全局最短加工时间优先(global shortest processing time,GSPT)、最长加工时间优先(longest process time,LPT)等规则。

针对非瓶颈能力管理,机器能力利用对系统性能影响分析研究主要集中在扰动影响分析、保护能力大小和设置方式影响分析等方面的研究。文献[114]考虑了动态环境下的面向订单生产的系统,基于案例研究发现非瓶颈保护能力是影响瓶颈能力发挥的关键因素。文献[115]和文献[116]针对流水车间,研究了非瓶颈扰动的位置和大小对工作中心的平均流程时间(mean flow time,MFT)和瓶颈漂移的影响。文献[117]针对采用 DBR 的不平衡流水线,通过仿真表明非瓶颈加工中心保护能力的重要性,并指出系统产出并不仅仅和瓶颈加工中心能力有关,也与非瓶颈能力有关。文献[118]针对流水车间,基于仿真结果的方差分析,研究了扰动情形下机器保护能力大小和施加保护能力机器的位置对系统性能的影响。文献[119]针对具有计划外停机时间的流水车间,采用仿真的方法,研究了在看板控制策略下和 DBR 控制策略下非瓶颈资源保护能力的大小分布对系统产出的影响。在制造系统中,虽然瓶颈资源的作用非常重要,但瓶颈资源和非瓶颈资源作为一个整体,两者相互协同配合才会使系统整体性能达到最佳。文献[120]针对面向云制造异序作业车间,揭示了系统有效产出随机器能力增长变化的规律,提出了能力松弛率和可用调度时间的概念,建立了面向云制造异序作业车间的机器能力界定模型,设定了不同的非瓶颈能力松弛率和扰动水平,通过对非瓶颈能力的分级利用,得到了非瓶颈松弛率对系统性能的影响曲线。进一步地,基于聚类算法提出了非瓶颈能力界定方法,给出了不同扰动水平下每台非瓶颈机器的生产能力、保护能力和云服务能力。

1.4 本书内容概要

本书围绕制造系统的瓶颈,立足瓶颈对系统的资源优化和控制作用,按照"从瓶颈识别到瓶颈利用"的思路,介绍了瓶颈驱动的计划和调度方面的先进理论和技术,涵盖瓶颈识别、瓶颈计划、瓶颈调度和瓶颈能力管理等方面的最新研究成果,提供了解决制造系统资源配置、生产计划、生产调度、生产控制的有效方法和工具。

　　本书内容共分为四部分,如图 1-1 所示。

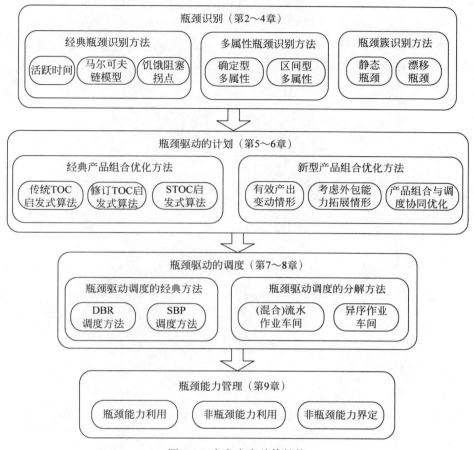

图 1-1　本书内容总体结构

　　第一部分(第 2～4 章)介绍瓶颈识别方法。其中,第 2 章介绍基于单指标的经典瓶颈识别方法,包括基于活跃时间、马尔可夫链模型和饥饿阻塞拐点的瓶颈识别方法;第 3 章介绍考虑多维指标情况下的多属性瓶颈识别方法,包括属性值为确定值和区间值的瓶颈识别方法;第 4 章介绍基于瓶颈簇的多瓶颈识别方法,包括静态瓶颈簇和漂移瓶颈簇的识别方法。

　　第二部分(第 5～6 章)介绍瓶颈驱动的计划方法。其中,第 5 章介绍瓶颈驱动的经典产品组合优化方法,包括传统 TOCh、修订 TOCh 和 STOCh 三种瓶颈驱动的启发式算法;第 6 章介绍新型产品组合优化问题及其瓶颈驱动的优化方法,包括有效产出随产品数量线性减少的产品组合优化问题、考虑外包能力拓展的产品组合优化问题、考虑产品组合与调度的协同优化问题。

　　第三部分(第7~8章)介绍瓶颈驱动的调度方法。其中,第7章介绍瓶颈驱动的调度方法,包括DBR调度方法和SBP调度方法;第8章介绍瓶颈驱动的分解方法,包括流水作业调度、混合流水作业调度和异序作业调度。

　　第四部分(第9章)介绍瓶颈能力管理,包括瓶颈能力利用、非瓶颈能力利用和非瓶颈能力界定等相关研究。

第 2 章 经典瓶颈识别方法

在企业实际生产中,生产管理人员通常会根据一些判定指标来识别系统的瓶颈。例如,队列中在制品库存最多的机器是系统的瓶颈[34],在制品平均等待时间最长的机器是系统的瓶颈[121],负荷超过生产能力的机器是系统的瓶颈[122],利用率最高的机器是系统的瓶颈[123]。针对具体的生产系统研究对象,学者们提出的相关瓶颈定义都有其适用范围,基于前述指标的瓶颈识别方法在此不做过多介绍,本章将重点介绍三种经典的瓶颈识别方法:首先,介绍基于平均活跃时间的漂移瓶颈识别方法。此方法将机器时间分为活跃时间和非活跃时间,通过活跃时间识别瓶颈。此方法不但能识别系统瓶颈,还能识别瓶颈的漂移过程。其次,介绍基于马尔可夫过程的瓶颈识别方法。此方法建立生产线的数学模型,通过分析机器产出对系统产出的影响程度以识别系统的瓶颈机器;最后,针对一些复杂生产系统难以建立数学模型的问题,介绍一种基于饥饿阻塞拐点的瓶颈识别方法。此方法先利用系统运行数据获得机器的饥饿、阻塞时间,再通过确定饥饿阻塞拐点识别系统的瓶颈。

2.1 基于活跃时间的瓶颈识别方法

2.1.1 基于活跃时间的瓶颈识别

制造系统由不同的实体组成。这些实体主要分为两种:机器和工件。机器是一个执行各种工作的实体,如加工机器、AGV(automated guided vehicle)、计算机、工人、销售人员或电话接线员等。工件是一个被执行工作的实体,如加工机器处理的零部件、原材料、计算机数据、客户或电话等。实体具有有限种离散状态,在任一时刻这些实体处于离散状态中的一个,如加工机器可能正在加工、等待或者切换刀具,一辆 AGV 可能正在等待、移动等。

Roser 提出基于平均活跃时间的瓶颈识别方法[32],将制造系统中机器的状态分为活跃和非活跃两种。活跃状态是指为了增加系统产出的机器活动,如加工和维修。非活跃状态是指机器处于等待工件的到来或离开状态,其活动并不能有助于增加系统产出,如饥饿和阻塞。表 2-1 展示了一些生产元素的活跃和非活跃状态。

表 2-1　机器的活跃与非活跃状态

元　素	活跃状态	非活跃状态
加工机器	加工、维修、更换刀具	饥饿、阻塞
AGV	前往目的地、装卸货、维修	等待、等待区内移动
工人	工作	等待
计算机	计算	空闲
电话接线员	服务顾客	等待

平均活跃时间识别方法需要从生产数据中获取每台机器的连续活跃时间（即活跃期，见图 2-1）。连续活跃时间是指机器一直处于活跃状态而未被非活跃状态中断的持续时间，可以使用仿真工具模拟得到，也可以根据工厂的日志文件获取。图 2-1 展示了一台加工机器的两个活跃期（加工—切换工具—加工；加工—维修）和之间的非活跃期（等待）。

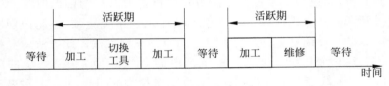

图 2-1　机器活跃时间

平均活跃时间（average duration，AD）是指机器上平均连续工作时间的时长，其等于机器上连续工作时间累加和与连续工作时间段的数量之比。平均活跃时间是辨识异序作业车间、自由作业车间等复杂系统瓶颈的一个有效指标。当机器的活跃时间段发生变化时，通过识别机器活跃时间段的漂移进一步辨识瓶颈的漂移。机器 m_i 的活跃期集合表示为 $A_i = \{a_i^1, a_i^2, \cdots, a_i^w, \cdots, a_i^n\}$，其中 a_i^w 为该段活跃期持续的时间，w 为活跃期编号，$1 \leqslant w \leqslant n$，$n$ 为连续工作时间段的数量。

定义 2-1　瓶颈机器。若机器 m_i 满足

$$\bar{a}_i = \max\{\bar{a}_1, \bar{a}_2, \cdots, \bar{a}_m\} \tag{2-1}$$

则称该机器为瓶颈机器。其中，$\bar{a}_i = \dfrac{1}{n}\sum_{w=1}^{n} a_i^w$ 为机器的平均活跃时间。

具有最大平均活跃时间的机器为瓶颈机器，该机器最不能被中断。因为该机器任务连续、负荷饱满，中断会显著影响系统产出。

瓶颈识别的准确性通过式（2-2）和式（2-3）来估计。式（2-2）表示机器 m_i 活跃期时长的标准差，根据式（2-3）计算出置信水平为 $(1-\alpha)$ 时的置信区间，即

$[\overline{a}_i \pm \mathrm{CI}_i]$。

$$\sigma_i = \sqrt{\dfrac{\sum\limits_{w=1}^{n} (a_i^w - \overline{a}_i)^2}{n-1}} \qquad (2\text{-}2)$$

$$\mathrm{CI}_i = t_{\frac{a}{2}} \times \dfrac{\sigma_i}{\sqrt{n}} \qquad (2\text{-}3)$$

2.1.2 基于活跃时间的漂移瓶颈识别

虽然大多数系统通常只有一个主要瓶颈(primary bottleneck,PBN),但是瓶颈并不是静态的,而是会在不同的机器之间漂移。由于随机事件的发生,非瓶颈机器可能变为瓶颈机器,瓶颈机器也可能变为非瓶颈机器。因此,在较长的一段时间内,系统中不仅存在一个主要瓶颈,也可能存在第二或第三次要瓶颈,有时第二或第三次要瓶颈也会限制系统产出,但影响程度不如主要瓶颈。因此,为了提高生产率,不仅要提高主要瓶颈机器的生产速率,还要通过保证稳定的零件供应等措施以降低主要瓶颈机器的空闲时间。Roser[33]基于活跃时间识别瓶颈漂移过程,并且提出了瞬时瓶颈概念,形象地展示了系统的当前时刻瓶颈及其漂移过程。

定义 2-2 瞬时瓶颈(momentary bottleneck,MBN)。制造系统任意时刻 t 的瞬时瓶颈定义为

$$\mathrm{MBN} = \{m_i \mid \max\{a_i^w \mid a_i^w \neq 0, i=1,2,\cdots,m; w=1,2,\cdots,n\}\} \qquad (2\text{-}4)$$

其中,m 表示机器台数;a_i^w 为 t 时刻机器的活跃期;$a_i^w \neq 0$ 表示机器 m_i 在 t 时刻处于活跃状态。

基于瞬时瓶颈的定义,识别系统在任意时刻的独立瓶颈及漂移瓶颈。具体识别方法分别描述如下:

(1)独立瓶颈:在 t 时刻,若没有机器处于活跃状态,则该时刻没有瓶颈;若存在一台机器处于活跃状态,则该机器为 t 时刻的唯一瓶颈;若多台机器处于活跃状态,则具有最大活跃期 a_i^w 的机器为瓶颈机器。瞬时瓶颈 MBN 一旦确定,制造系统的瓶颈期也就确定,即当前 MBN 的活跃期。在当前活跃期结束时刻,寻找下一段具有最大活跃期 a_i^w 的机器作为下一个连续活跃期的瓶颈机器。

(2)漂移瓶颈:如果下一活跃期的 MBN 与当前活跃期的 MBN 不同,则存在瓶颈漂移现象,前后两个相邻的活跃期的重叠区域为前一个瓶颈向后一个瓶颈的漂移过程;如果在瓶颈漂移过程中涉及多台机器,则所涉及的多台机器为瓶颈漂移期间同时存在的瓶颈,即出现多瓶颈并存现象。在重叠期间内,并不

存在独立瓶颈,而是漂移瓶颈在多台机器之间转移。

另外,相对于某时刻的瞬时瓶颈,可从统计意义上提出平均瓶颈来描述一段时间内的瓶颈。

定义 2-3 平均瓶颈(average bottleneck,ABN)。在时间段 $(0,T]$ 内,若机器 m_i 满足

$$\text{ABN} = \left\{ m_i \mid \max \left\{ \frac{\sum_w \varphi_i^w a_i^w}{T} \right\} \right\} \tag{2-5}$$

则称该机器为系统在此时间段的平均瓶颈。其中,φ_i^w 表示在活跃期 α_i^w 内机器 m_i 是否为独立瓶颈,若是,则 $\varphi_i^w = 1$;否则,$\varphi_i^w = 0$。

确定给定时间段的平均瓶颈 ABN 的过程可分为以下三步:

(1) 根据机器的活跃期确定所有的 MBN;

(2) 分别计算每台机器作为独立瓶颈所占的时间比例;

(3) 识别具有最高独立瓶颈时间比例的机器作为 ABN。

Wang 等[24]认为机器加工不同的产品会有不同的生产率,机器的有效产出是瓶颈识别中不可忽略的因素,因此将活跃期时长 a_i^w 扩充为活跃效益-时间 atd_i^w,并用于识别经济瓶颈(economic bottleneck,EBN)。经济瓶颈是对系统经济效益影响最大的资源。不同于系统产出相关的瓶颈,经济瓶颈是从系统经济效益的角度出发,根据活跃效益-时间等衡量指标,将瓶颈与系统效益表现相关,拓展了瓶颈的影响维度,有助于提高企业的经济效益。

定义 2-4 机器 m_i 在活跃期 α_i^w 内的活跃效益-时间 atd_i^w 为

$$\text{atd}_i^w = \sum_{i \mid t_{i,j} \in \alpha_i^w} \text{tp}_{i,j} \cdot t_{i,j} \tag{2-6}$$

其中,j 为工件号;atd_i^w 表示机器 m_i 在活跃期 α_i^w 内所有工序的活跃效益-时间之和。

从几何图形学的角度看,活跃效益-时间为工序的有效产出与加工时间所围成的矩形,该矩形的面积(工序有效产出 $\text{tp}_{i,j}$ × 工序的加工时间 $t_{i,j}$)就是 atd_i^w 的数值,单位为元/时(RMB per hour)。atd_i^w 包含两方面的含义:一方面,机器上加工工序的有效产出 $\text{tp}_{i,j}$ 表示机器对系统效益的贡献作用;另一方面,机器的工序加工时间 $t_{i,j}$ 表述了机器的持续加工状态(即对系统产出的持续贡献时间)。需要说明的是,每个活跃期内可能存在多段 $t_{i,j}$,每段 $t_{i,j}$ 对应的 $\text{tp}_{i,j}$ 不一定相同。基于活跃效益-时间指标的经济瓶颈既兼顾了机器产能的利用率,又兼顾了有效产出的经济性。

2.1.3　算例分析

本节通过两个算例分别说明如何利用平均活跃时间和活跃时间进行瓶颈识别。

2.1.3.1　基于平均活跃时间的瓶颈识别

考虑一条由 8 台机器组成的串行生产线（见图 2-2），每台机器有 5 种可能的状态：加工、等待、阻塞、更换刀具、维修。其中等待和阻塞是非活跃状态，加工、更换刀具和维修是活跃状态。基于仿真程序得到的机器的平均活跃时间和置信水平为 95% 时的置信区间如表 2-2 所示，并根据表中数据得到图 2-3。

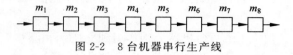

图 2-2　8 台机器串行生产线

表 2-2　机器平均活跃时间和置信区间

机　　　器	平均活跃时间	置信区间	瓶　　　颈
m_1	13.2	—	
m_2	168	[126,210]	
m_3	39	—	
m_4	14885.2	[7508.3,22262.1]	是
m_5	62	—	
m_6	49	—	
m_7	59	[58,59]	
m_8	65.5	[64.1,66.9]	

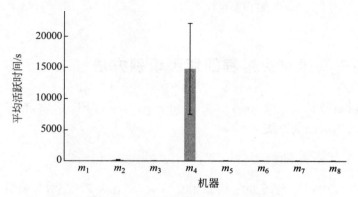

图 2-3　机器平均活跃时间和置信区间

从图 2-3 得出：机器 m_4 的平均活跃时间最长，远高于其他机器。非瓶颈机器的平均活跃时间非常短，短至紧挨图 2-3 的横坐标，显然机器 m_4 是瓶颈机器，提高该机器的性能将大大提升整个系统的性能。

2.1.3.2　基于活跃时间的漂移瓶颈识别

以两机器生产线为例，机器状态随时间的变化如图 2-4 所示。在 t_1 时刻，机器 m_1 和 m_2 均处于活跃状态，m_1 具有最长的活跃期，因此 m_1 为 t_1 时刻的瓶颈机器。在当前瓶颈期开始之前没有活跃的机器，没有重叠和瓶颈转移，因此机器 m_1 是 t_1 时刻独立的瓶颈机器。在当前瓶颈期结束时，机器 m_2 具有最长的活跃期，因此机器 m_2 是下一个独立瓶颈。当两个瓶颈重叠时，如 t_2 时刻，瓶颈从机器 m_1 转移到 m_2。同样，在机器 m_2 的瓶颈周期结束时，瓶颈从 m_2 转移到 m_1。

图 2-5 统计了图 2-4 中两台机器分别作为独立瓶颈和漂移瓶颈所占用的时间比。从图中看出，机器 m_1 不仅比 m_2 更多地作为独立瓶颈，还涉及漂移瓶颈，因此机器 m_1 是主要瓶颈。机器 m_2 作为独立瓶颈的时间较少，因此是次要瓶颈。所以，提升机器 m_1 的产量比提升机器 m_2 的更能提升系统产能。

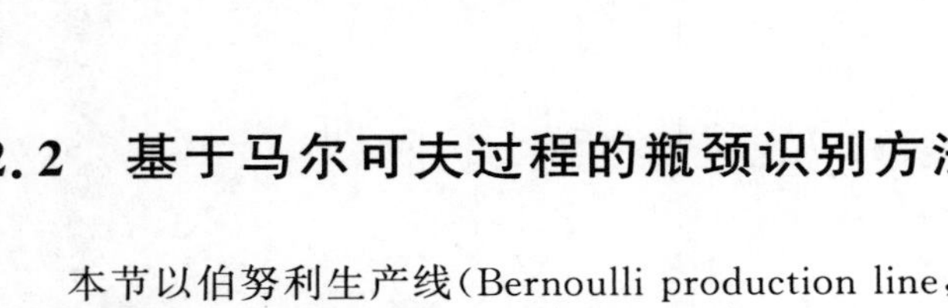

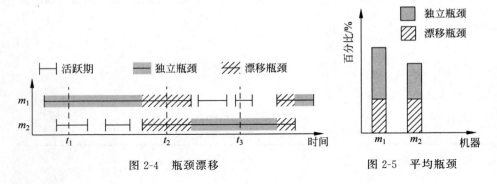

图 2-4　瓶颈漂移　　　　　　　　　图 2-5　平均瓶颈

2.2　基于马尔可夫过程的瓶颈识别方法

本节以伯努利生产线（Bernoulli production line，BPL）为例，构建基于马尔可夫过程的瓶颈识别方法。

2.2.1　马尔可夫链模型

由于系统内机器与缓冲的状态相互影响、耦合关系复杂，只有针对双机生产线才能建立精确的解析模型，得到系统性能指标的闭式表达式。对于多机生产线,采用两阶段求解方法[124],首先建立双机生产线的精确解析模型,再利用聚合方法调用双机生产线模型对多机生产线进行近似建模分析。

2.2.1.1　双机生产线模型

本节研究的双机生产线是由两台机器和一个缓冲区组成的伯努利生产线,如图 2-6 所示。以机器的加工周期为单位对时间轴进行分段,机器可靠性服从伯努利分布,即在每个时间段内机器 m_i 工作的概率(即机器效率)为 p_i,故障的概率为 $1-p_i$。显见,机器的状态在各个时刻相互独立,即机器表现出"无记忆性"。常

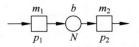

图 2-6　双机伯努利生产线

见的伯努利生产线包括串行伯努利生产线(serial Bernoulli production line, SBPL)、闭环伯努利生产线(closed Bernoulli production line,CBPL)、伯努利机器装配系统(assembly system with Bernoulli machines,ASBM)等。伯努利生产线适用于机器故障时间接近加工周期时间的情况,其在汽车、食品和家具等领域得到了广泛研究。缓冲区 b 的容量为 N。

生产线运行遵循以下假设:

(1) 生产线输入原材料充足,市场需求旺盛。即第一台机器 m_1 不会饥饿,最后一台机器 m_2 不会被阻塞;

(2) 机器的状态在每个时间段的开端确定,缓冲区的状态在每个时间段的末尾确定;

(3) 所有机器相互独立;

(4) 机器阻塞方式为加工前阻塞(blocked before service,BBS),即在一个时间段内,如果机器 m_i 处于工作状态,但下游缓冲区 b_i 在前一时间段结束时已经充满,并且下游机器 m_{i+1} 在该时间段开始时无法从缓冲区 b_i 中提取工件进行加工,则称机器 m_i 在该时间段被阻塞而无法加工工件;

(5) 机器故障模式为时间相关故障(time dependent failure,TDF),即机器在阻塞和饥饿时仍然可能发生故障。

由于伯努利机器具有无记忆性,系统状态无需考虑机器状态,只需考虑缓冲区的占用量,因此,系统状态空间由 $N+1$ 个状态组成:$0,1,\cdots,N$。系统状态之间的转移关系如图 2-7 所示。

图 2-7　双机伯努利生产线的状态转移图

由图 2-7 可见,各状态互相可达且每个状态能够回到自身状态。因此,该马氏链具有遍历性,且其系统状态具有唯一的稳态概率分布。用 P_i 表示系统处于状态 i 的概率,$i=0,1,\cdots,N$,则系统状态之间的转移方程可表示为

$$P_0 = (1-p_0)P_0 + (1-p_1)p_2 P_1$$

$$P_1 = p_1 P_0 + [p_1 p_2 + (1-p_1)(1-p_2)]P_1 + (1-p_1)p_2 P_2$$

$$\vdots$$

$$P_i = p_1(1-p_2)P_{i-1} + [p_1 p_2 + (1-p_1)(1-p_2)]P_i + (1-p_1)p_2 P_{i+1},$$

$$i = 2,\cdots,N-1$$

$$\vdots$$

$$P_N = p_1(1-p_2)P_{N-1} + (p_1 p_2 + 1 - p_2)P_N$$

$$(2\text{-}7)$$

通过求解这组方程,系统处于各个状态的稳态概率均可通过 P_0 表示出来,即

$$P_i = \frac{\alpha^i(p_1,p_2)}{1-p_2}P_0, \quad i=1,2,\cdots,N \tag{2-8}$$

其中,$\alpha(p_1,p_2) = \dfrac{p_1(1-p_2)}{p_2(1-p_1)}$,$P_0$ 为

$$P_0 = Q(p_1,p_2,N) = \begin{cases} \dfrac{(1-p_1)(1-\alpha(p_1,p_2))}{1 - \dfrac{p_1}{p_2}\alpha^N(p_1,p_2)}, & p_1 \neq p_2 \\[4mm] \dfrac{1-p}{N+1-p}, & p_1 = p_2 = p \end{cases} \tag{2-9}$$

因此,根据系统处于各个状态的稳态概率,就能推导出系统生产率、阻塞率和饥饿率等系统性能指标的表达式。

(1) 生产率(production rate,PR)是指系统在稳态运行情况下,最后一台机器在一个加工周期内平均产出的工件数。对于双机生产模型,其表达式为

$$\text{PR} = p_1[1 - Q(p_2,p_1,N)] = p_2[1 - Q(p_1,p_2,N)] \tag{2-10}$$

(2) 阻塞率(probability of blockage,BL)是指系统在稳态运行情况下,机器 m_i 处于工作状态,下游缓冲区 b_i 充满且下游机器 m_{i+1} 无法从缓冲区 b_i 中提取工件的概率。对于双机生产线模型,其表达式为

$$\text{BL}_1 = p_1 Q(p_2,p_1,N) \tag{2-11}$$

(3) 饥饿率(probability of starvation,ST)是指系统在稳态运行情况下,机器 m_i 处于工作状态且上游缓冲区 b_{i-1} 为空的概率。对于双机生产线模型,其表达式为

$$\mathrm{ST}_2 = p_2 Q(p_1, p_2, N) \tag{2-12}$$

2.2.1.2 多机生产线模型

本节研究的多机生产线是由 M 台伯努利机器组成的串行生产线,如图 2-8 所示。机器 $m_i(i=1,2,\cdots,M)$ 工作的概率(即机器效率)为 p_i,缓冲区 b_i 的容量为 $N_i(i=1,2,\cdots,M-1)$。系统运行所遵循的假设与双机生产线相同。

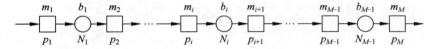

图 2-8　M 台伯努利机器串行生产线

系统状态同样是缓冲区的占用量,考虑到缓冲区 b_i 有 N_i+1 个状态,则该生产线的系统状态空间总共由 $(N_1+1)(N_2+1)\cdots(N_{M-1}+1)$ 个状态组成。由于系统状态数量随机器数量的增加呈指数增长,无法按照双机生产线的建模思路进行直接分析。本节介绍一种基于合并迭代思想提出的聚合方法对多机生产线进行建模与分析,其过程分为后向聚合和前向聚合两部分,如图 2-9 所示。

(1) 后向聚合

对于一条由 M 台伯努利机器组成的串行生产线,将最后两台机器 m_M 和 m_{M-1} 聚合为一台伯努利机器 m_{M-1}^b,上标 b 代表后向聚合,该机器的参数 p_{M-1}^b 等于被聚合的两台原始机器组成的双机系统的生产率。然后,m_{M-1}^b 与 m_{M-2} 再进行聚合,得到一台新的机器 m_{M-2}^b。重复上述过程,直到原始生产线的所有机器都被聚合为 m_1^b,后向聚合过程结束。后向聚合过程如图 2-9(a) 所示。

(2) 前向聚合

将原始生产线中第一台机器 m_1 和后向聚合得到的机器 m_2^b(其代表了生产线中机器 m_1 的所有下游机器聚合而成的虚拟机器)进行聚合,得到机器 m_2^f,上标 f 代表前向聚合,其参数 p_2^f 则等于由 m_1,b_1 和 m_2^f 组成的双机系统的生产率。然后,将 m_2^f 和 m_3^b 进行聚合得到 m_3^f,并重复该过程直到所有机器都被聚合为 m_M^f,前向聚合过程结束。前向聚合过程如图 2-9(b) 所示。

经过后向聚合和前向聚合后,机器 m_M^f 的参数与原始生产线的生产率可能存在差距。如果存在差距,须将后向聚合和前向聚合过程进行不断的交替迭代,直到迭代过程收敛为止。

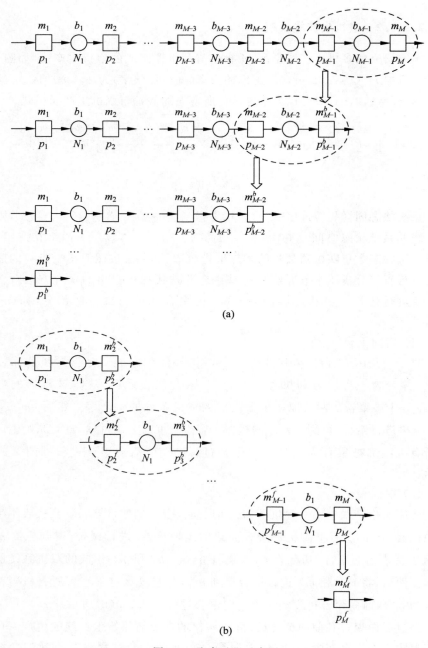

图 2-9 聚合过程示意图

（a）后向聚合；（b）前向聚合

聚合方法的具体步骤如下：

步骤 1 初始化参数。

初始条件：

$$p_i^f(0) = p_i, \quad i = 1, 2, \cdots, M \tag{2-13}$$

边界条件：

$$p_1^f(s) = p_1, \quad s = 0, 1, 2, \cdots$$

$$p_M^b(s) = p_M, \quad s = 0, 1, 2, \cdots \tag{2-14}$$

步骤 2 后向和前向聚合过程迭代。

对于 $i = M-1, M-2, \cdots, 1$，利用式(2-15)计算 p_i^b：

$$p_i^b(s+1) = p_i[1 - Q(p_{i+1}^b(s+1), p_i^f(s), N_i)], \quad s = 0, 1, 2, \cdots \tag{2-15}$$

对于 $i = 2, 3, \cdots, M$，利用式(2-16)计算 p_i^f：

$$p_i^f(s+1) = p_i[1 - Q(p_{i-1}^f(s+1), p_i^b(s+1), N_{i-1})], \quad s = 0, 1, 2, \cdots \tag{2-16}$$

其中，Q 函数与双机生产线模型中的相同，即

$$Q(x, y, N) = P_0 = \begin{cases} \dfrac{(1-x)(1-\alpha)}{1 - \dfrac{x}{y}\alpha^N}, & x \neq y \\[4mm] \dfrac{1-x}{N+1-x}, & x = y \end{cases}$$

$$\alpha = \frac{x(1-y)}{y(1-x)}$$

步骤 3 重复步骤 2，直到 p_i^b，p_i^f 收敛。

当 p_i^b，p_i^f 收敛时，对于由 m_i^f，b_i 和 m_{i+1}^b 组成的双机构建块，利用双机生产线的生产率计算式(2-10)计算出该构建块生产率，即估算出多机生产线的生产率为

$$\begin{aligned} \widehat{PR} &= p_1^b = p_M^f \\ &= p_{i+1}^b[1 - Q(p_i^f, p_{i+1}^b, N_i)] \\ &= p_i^f[1 - Q(p_{i+1}^b, p_i^f, N_i)], \quad i = 1, 2, \cdots, M-1 \end{aligned} \tag{2-17}$$

同理，得到机器的阻塞率和饥饿率。由于阻塞率和饥饿率是指原始机器被阻塞和饥饿的概率，而不是聚合后的虚拟机器，因此在对其进行估算时，要使用机器原始的参数。因此，得到机器 m_i 的阻塞率和饥饿率分别为

$$\widehat{BL}_i = p_i Q(p_{i+1}^b, p_i^f, N_i), \quad i = 1, 2, \cdots, M-1 \tag{2-18}$$

$$\widehat{ST}_i = p_i Q(p_{i-1}^f, p_i^b, N_{i-1}), \quad i = 2, 3, \cdots, M \tag{2-19}$$

2.2.2　瓶颈定义

定义 2-5　瓶颈机器。若机器 $m_i, i \in \{1, 2, \cdots, M\}$，满足如下关系式：

$$\frac{\partial \mathrm{PR}}{\partial p_i} > \frac{\partial \mathrm{PR}}{\partial p_j}, \quad \forall j \neq i \tag{2-20}$$

则称机器 m_i 为该生产线的瓶颈机器。

定义 2-5 表明，当生产线中一台机器的效率提升微小量时，提高瓶颈机器的效率能使系统生产率得到最大限度的提升。由此可知，生产线中效率最低（即 p_i 最小）的机器并不一定是瓶颈机器。

然而，在实际生产中，虽然通过收集生产数据或建立生产线数学模型估算能够得到系统生产率 PR，但无法通过现场测量或计算估计获得偏导数 $\frac{\partial \mathrm{PR}}{\partial p_i}$ 的值。因为在生产过程中，无法通过穷举方法依次对每台机器的效率提升一个微小值后测量并比较系统生产率的提升量从而获得偏导数值。因此，Kuo 等[42]提出利用生产线中各机器的阻塞率 BL_i 和饥饿率 ST_i 来识别系统的瓶颈机器。

2.2.3　瓶颈识别方法

本节分别针对双机生产线和多机生产线给出瓶颈识别方法。

2.2.3.1　双机生产线

定理 2-1　针对双机伯努利生产线，不等式

$$\frac{\partial \mathrm{PR}}{\partial p_1} > \frac{\partial \mathrm{PR}}{\partial p_2} \left(\text{或} \frac{\partial \mathrm{PR}}{\partial p_1} < \frac{\partial \mathrm{PR}}{\partial p_2} \right) \tag{2-21}$$

成立当且仅当下列关系满足时：

$$\mathrm{BL}_1 < \mathrm{ST}_2 (\text{或} \mathrm{BL}_1 > \mathrm{ST}_2)$$

机器 m_1 的阻塞率 BL_1 和机器 m_2 的饥饿率 ST_2 既可以通过现场测量得到，也可以通过 2.2.1 节中求解双机伯努利生产线的精确解析模型获得。定理 2-1 将无法测量或计算的偏导数转化为可以测量或计算的阻塞率和饥饿率，只要得到阻塞率 BL_1 和饥饿率 ST_2，就能识别系统的瓶颈机器。进一步地，给出一种直观的图示方法以确定瓶颈机器，如图 2-10 所示。

根据 BL_1 和 ST_2 的大小关系，画一条从大值指向小值的箭头，根据定理 2-1 可知，箭头所指的机器就是系统的瓶颈机器，即图 2-10

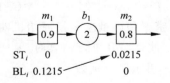

图 2-10　基于箭头指向的瓶颈识别方法

中机器 m_2 是瓶颈机器。

当生产线中只有两台机器时，当且仅当 $p_1 < p_2$（或 $p_1 > p_2$）时 $BL_1 < ST_2$（或 $BL_1 > ST_2$）成立，根据定理 2-1 确定机器 m_1（或 m_2）为瓶颈机器。由此可得，双机伯努利生产线中效率最低（即 $p_i, i=1,2$，最小）的机器为系统的瓶颈机器。

2.2.3.2　多机生产线

对于多机生产线，无法准确计算出机器的阻塞率 BL_i 和饥饿率 ST_i，可采用聚合方法对其进行近似估计。基于定理 2-1，将双机生产线的基于箭头的瓶颈识别方法推广到多机生产线中，根据阻塞率 BL_i 和饥饿率 ST_i 制定了适用于多机生产线的瓶颈识别规则，具体内容如下：

箭头指向规则　若 $BL_i > ST_{i+1}$，则将箭头从机器 m_i 指向机器 m_{i+1}；若 $BL_i < ST_{i+1}$，则将箭头从机器 m_{i+1} 指向机器 m_i。

基于箭头指向规则，提出了多机生产线的瓶颈指标。

瓶颈指标　针对多机（$M>2$）伯努利生产线：①若生产线中有且仅有一台机器不发出箭头，则该机器为系统的瓶颈机器；②若生产线中有多台机器不发出箭头，则称这些机器为局部瓶颈机器，并定义各瓶颈机器的严重性指标为

$$S_1 = |ST_2 - BL_1|$$
$$\vdots$$
$$S_i = |ST_{i+1} - BL_i| + |ST_i - BL_{i-1}|, \quad i=2,\cdots,M-1$$
$$\vdots$$
$$S_M = |ST_M - BL_{M-1}| \tag{2-22}$$

其中，多台局部瓶颈机器中严重性指标最大的机器为系统的主要瓶颈机器。

2.2.4　算例分析

针对多机伯努利生产线，基于箭头指向规则的瓶颈识别方法分别说明单瓶颈和多瓶颈存在的情况。

对于一条机器和缓冲区参数确定的生产线，利用 2.2.1 节建立的马尔可夫链模型求解出饥饿率 ST_i 和阻塞率 BL_i，如图 2-11 所示。根据箭头指向规则，生产线中只有机器 m_4 没有发出箭头，因此机器 m_4 为系统的瓶颈机器。

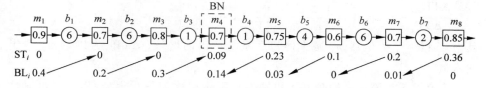

图 2-11　单瓶颈的伯努利生产线

同理,如图 2-12 所示,该生产线中有两台机器 m_2 和 m_7 都没有发出箭头,因此机器 m_2 和 m_7 均为局部瓶颈机器。其中,机器 m_2 的严重性指标为 $S_2 = |\text{ST}_3 - \text{BL}_2| + |\text{ST}_2 - \text{BL}_1| = 0.79$,机器 m_7 的严重性指标为 $S_7 = |\text{ST}_8 - \text{BL}_7| + |\text{ST}_7 - \text{BL}_6| = 0.47$。机器 m_2 的严重性指标最大,因此机器 m_2 为系统的主要瓶颈机器 PBN。

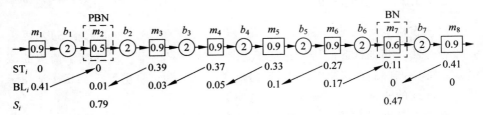

图 2-12　多瓶颈的伯努利生产线

2.3　基于饥饿阻塞拐点的瓶颈识别方法

基于马尔科夫过程的瓶颈识别方法需要建立制造系统的数学模型,且已知或假定生产时间、机器故障等参数的概率分布,一定程度上阻碍了此方法的应用推广。究其原因,复杂制造系统难以建立数学模型。即便建立了复杂的数学模型,也难以求解其解析解。另外,制造系统的突发异常并不服从特定的概率分布,往往难以刻画其特征参数。因此,基于数据驱动的瓶颈识别方法逐渐受到学术界和企业界关注。

基于饥饿阻塞拐点的瓶颈识别方法[43],基于数据驱动的思想,无需建立制造系统的数学模型,利用系统可测量的数据,统计机器的饥饿阻塞时间,分析饥饿阻塞拐点,实现了对系统的瓶颈识别。

2.3.1　瓶颈定义

定义 2-6　瓶颈机器。对于一条由 n 台机器、$n-1$ 个缓冲区组成的串行生产线,如果系统生产率对机器 m_i 生产率的敏感度最高,则机器 m_i 为瓶颈机器。用数学表达式表示如下[51]:

$$\frac{\Delta \text{TP}_{\text{sys},i}}{\Delta \text{TP}_i} = \max\left(\frac{\Delta \text{TP}_{\text{sys},1}}{\Delta \text{TP}_1}, \frac{\Delta \text{TP}_{\text{sys},2}}{\Delta \text{TP}_2}, \cdots, \frac{\Delta \text{TP}_{\text{sys},n}}{\Delta \text{TP}_n}\right), \quad \forall j \neq i \qquad (2\text{-}23)$$

其中,$\Delta \text{TP}_{\text{sys},i}$ 为机器 m_i 减少停机后系统产出的增量;ΔTP_i 为机器 m_i 产出的增量。

定义 2-5 与该定义均是基于机器生产率敏感度的瓶颈定义,当机器可靠性服从伯努利分布时,定义 2-6 与定义 2-5 相同。

2.3.2 瓶颈识别方法

定义 2-7 有效缓冲区。对于一条由 n 台机器、$n-1$ 个有限缓冲区组成的串行生产线。如果在一段时间内,一个缓冲区不为满也不为空,则称该缓冲区为有效缓冲区。

瓶颈识别的第一步是找到有效缓冲区,根据有效缓冲区将生产线分割为几部分,然后针对每一部分单独进行瓶颈识别。由于有效缓冲区不为满也不为空,因此被分割的每一部分生产线均具有一般生产线关于饥饿和阻塞的假设,即第一台机器永不饥饿,最后一台机器永不阻塞。

定义 2-8 拐点。如果机器 m_j 是一段由 n 台机器组成的串联生产线上的"拐点",则在一段时间内机器 m_j 满足:

$$(\mathrm{TB}_i - \mathrm{TS}_i) > 0 : i \in [1, \cdots, j-1], \quad j \neq 1, j \neq n \tag{2-24}$$

$$(\mathrm{TB}_i - \mathrm{TS}_i) < 0 : i \in [j+1, \cdots, n], \quad j \neq 1, j \neq n \tag{2-25}$$

$$\mathrm{TB}_j + \mathrm{TS}_j < \mathrm{TB}_{j-1} + \mathrm{TS}_{j-1}, \quad j \neq 1, j \neq n \tag{2-26}$$

$$\mathrm{TB}_j + \mathrm{TS}_j < \mathrm{TB}_{j+1} + \mathrm{TS}_{j+1}, \quad j \neq 1, j \neq n \tag{2-27}$$

如果 $j=1$:$(\mathrm{TB}_1 - \mathrm{TS}_1) > 0$,则 $\mathrm{TB}_2 - \mathrm{TS}_2 < 0$ 且 $\mathrm{TB}_1 - \mathrm{TS}_1 < \mathrm{TB}_2 - \mathrm{TS}_2$;如果 $j=n$:$(\mathrm{TB}_{n-1} - \mathrm{TS}_{n-1}) > 0$,则 $\mathrm{TB}_n - \mathrm{TS}_n < 0$ 且 $\mathrm{TB}_n + \mathrm{TS}_n < \mathrm{TB}_{n-1} + \mathrm{TS}_{n-1}$。其中,$\mathrm{TB}_j$ 是机器 m_j 在此段时间内的阻塞时长,TS_j 是机器 m_j 在此段时间内的饥饿时长。

拐点机器更容易导致上游机器阻塞、下游机器饥饿,因此拐点是机器从阻塞高于饥饿到饥饿高于阻塞的转折点。这意味着与上下游紧邻机器相比,拐点机器具有最高的运行与停机时间比和最低的饥饿与阻塞时间比。

对于存在拐点机器的生产线,拐点机器即为瓶颈机器。对于不存在拐点机器的特殊生产线,如果每台机器的饥饿时间均大于其阻塞时间,则第一台机器是瓶颈机器;如果每台机器的阻塞时间均大于饥饿时间,则最后一台机器是瓶颈机器,具体公式可表示如下:

$$\begin{cases} \mathrm{TB}_i < \mathrm{TS}_i, \forall i \in [1, 2, \cdots, n], & \text{第一台机器是瓶颈机器} \\ \mathrm{TB}_i > \mathrm{TS}_i, \forall i \in [1, 2, \cdots, n], & \text{最后一台机器是瓶颈机器} \end{cases} \tag{2-28}$$

对于具有多个瓶颈的生产线,通常采用基于启发式规则的瓶颈指标进行判断。一般来说,生产瓶颈容易导致上游机器阻塞、下游机器饥饿,且与相邻上下游机器相比,瓶颈机器具有最小的饥饿与阻塞时间之和。因此瓶颈指标设计如下:

$$I_1 = \frac{\mathrm{TS}_2}{\mathrm{TB}_1 + \mathrm{TS}_1} \tag{2-29}$$

$$I_i = \frac{\mathrm{TB}_{i-1} + \mathrm{TS}_{i+1}}{\mathrm{TB}_i + \mathrm{TS}_i}, \quad i = 2, 3, \cdots, n-1 \tag{2-30}$$

$$I_n = \frac{\mathrm{TB}_{n-1}}{\mathrm{TB}_n + \mathrm{TS}_n} \tag{2-31}$$

对于机器 m_i，指标 I_i 的分子是上游机器的阻塞时间与下游机器的饥饿时间之和，表示机器 m_i 对上游机器阻塞及下游机器饥饿的影响程度；分母为机器 m_i 的饥饿与阻塞时间之和。机器的饥饿与阻塞时间之和越小，加工和停机时间之和越长，因此指标值越高，瓶颈特征越明显。

定理 2-2　对于同一个制造系统，拐点瓶颈识别法得到的瓶颈机器 m_i 与定义 2-6 得到的瓶颈机器 m_j 相同，即 $i = j$。

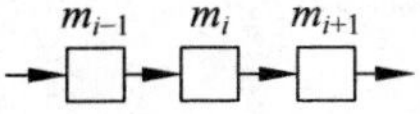

图 2-13　三机器无缓冲
生产线片段

证明　考虑一条三机器无缓冲生产线片段，如图 2-13 所示。

规定相关符号和假设如下：

（1）第一台机器 m_{i-1} 从不饥饿，最后一台机器 m_{i+1} 从不阻塞；

（2）每台机器具有相同的加工周期 TC；

（3）机器 m_i 是拐点机器；

（4）采样周期为 T；

（5）TD_j 和 TW_j 分别为机器 m_j 在采样周期内的停机时间和工作时间，$j = i-1, i, i+1$。

每台机器有四种状态：阻塞、饥饿、工作、故障。在任意时刻，机器只能处于四种状态中的一个，因此得到如下等式：

$$\mathrm{TB}_{i-1} + \mathrm{TD}_{i-1} + \mathrm{TW}_{i-1} = T \tag{2-32}$$

$$\mathrm{TB}_i + \mathrm{TS}_i + \mathrm{TD}_i + \mathrm{TW}_i = T \tag{2-33}$$

$$\mathrm{TS}_{i+1} + \mathrm{TD}_{i+1} + \mathrm{TW}_{i+1} = T \tag{2-34}$$

显然，机器 m_i 的阻塞是由后一台机器 m_{i+1} 的故障造成的，m_i 的饥饿是由前一台机器 m_{i-1} 的故障造成的，即 TB_i 是由 TD_{i+1} 造成的，TS_i 是由 TD_{i-1} 造成的。同样，TB_{i-1} 是由 TD_i 和 TD_{i+1} 造成的，TS_{i+1} 是由 TD_{i-1} 和 TD_i 造成的。因此，得到以下 4 个附加等式：

$$\mathrm{TB}_i = \mathrm{TD}_{i+1} - \mathrm{TD}_i \bigcap \mathrm{TD}_{i+1} - \delta \times (\mathrm{TD}_{i-1} \bigcap \mathrm{TD}_{i+1} - \mathrm{TD}_{i-1} \bigcap \mathrm{TD}_i \bigcap \mathrm{TD}_{i+1}) \tag{2-35}$$

$$\mathrm{TS}_i = \mathrm{TD}_{i-1} - \mathrm{TD}_{i-1} \bigcap \mathrm{TD}_i - (1-\delta) \times (\mathrm{TD}_{i-1} \bigcap \mathrm{TD}_{i+1} - \mathrm{TD}_{i-1} \bigcap \mathrm{TD}_i \bigcap \mathrm{TD}_{i+1}) \tag{2-36}$$

$$\mathrm{TB}_{i-1} = \mathrm{TD}_i + \mathrm{TD}_{i+1} - \mathrm{TD}_i \bigcap \mathrm{TD}_{i+1} - \mathrm{TD}_{i-1} \bigcap \mathrm{TD}_i -$$

$$\text{TD}_{i-1} \bigcap \text{TD}_{i+1} + \text{TD}_{i-1} \bigcap \text{TD}_i \bigcap \text{TD}_{i+1} \tag{2-37}$$

$$\begin{aligned}
\text{TS}_{i+1} = {} & \text{TD}_{i-1} + \text{TD}_i - \text{TD}_{i-1} \bigcap \text{TD}_i - \text{TD}_{i-1} \bigcap \text{TD}_{i+1} - \\
& \text{TD}_i \bigcap \text{TD}_{i+1} + \text{TD}_{i-1} \bigcap \text{TD}_i \bigcap \text{TD}_{i+1}
\end{aligned} \tag{2-38}$$

其中，$0 \leqslant \delta \leqslant 1$。当机器 m_{i-1} 和 m_{i+1} 都故障时，如果机器 m_i 上有工件加工，则机器 m_i 被阻塞；如果机器 m_i 上没有工件加工，则机器 m_i 被饥饿。因此，参数 δ 可用来描述式(2-35)和式(2-36)中的这种不确定性。

为了求解以上 7 个等式，将机器的加工时间表示如下：

$$\begin{aligned}
\text{TW}_{i-1} = {} & \text{TW}_i = \text{TW}_{i+1} \\
= {} & T - \text{TD}_{i-1} - \text{TD}_i - \text{TD}_{i+1} + \text{TD}_{i-1} \bigcap \text{TD}_i + \\
& \text{TD}_i \bigcap \text{TD}_{i+1} + \text{TD}_{i-1} \bigcap \text{TD}_{i+1} - \\
& \text{TD}_{i-1} \bigcap \text{TD}_i \bigcap \text{TD}_{i+1}
\end{aligned} \tag{2-39}$$

因此，在采样周期内每台机器的工作时间都是相同的。因为机器 m_i 是拐点机器，根据定义 2-8 可知，$\text{TB}_i + \text{TS}_i < \text{TB}_{i-1}$，$\text{TB}_i + \text{TS}_i < \text{TS}_{i+1}$，因此结合式(2-32)～式(2-34)可得 $\text{TD}_i > \text{TD}_{i-1}$，$\text{TD}_i > \text{TD}_{i+1}$。

该三机器生产线片段的系统产出可表示为

$$\begin{aligned}
\text{TP}_{\text{sys}} = {} & \frac{\text{TW}_{i+1}}{\text{TC}} \\
= {} & (T - \text{TD}_{i-1} - \text{TD}_i - \text{TD}_{i+1} + \text{TD}_{i-1} \bigcap \text{TD}_i + \\
& \text{TD}_i \bigcap \text{TD}_{i+1} + \text{TD}_{i-1} \bigcap \text{TD}_{i+1} - \\
& \text{TD}_{i-1} \bigcap \text{TD}_i \bigcap \text{TD}_{i+1}) / \text{TC}
\end{aligned} \tag{2-40}$$

每台机器单独的产出为

$$\text{TP}_{i-1} = \frac{T - \text{TD}_{i-1}}{\text{TC}} \tag{2-41}$$

$$\text{TP}_i = \frac{T - \text{TD}_i}{\text{TC}} \tag{2-42}$$

$$\text{TP}_{i+1} = \frac{T - \text{TD}_{i+1}}{\text{TC}} \tag{2-43}$$

为了计算机器的灵敏度值，将每台机器的故障时间逐一减少。若将 TD_{i-1} 减少 ΔTD，则式(2-40)和式(2-41)变为

$$\begin{aligned}
\text{TP}_{\text{sys},i-1} = {} & [T - (\text{TD}_{i-1} - \Delta \text{TD}) - \text{TD}_i - \text{TD}_{i+1} + \\
& (\text{TD}_{i-1} - \Delta \text{TD}) \bigcap \text{TD}_i + \text{TD}_i \bigcap \text{TD}_{i+1} + \\
& (\text{TD}_{i-1} - \Delta \text{TD}) \bigcap \text{TD}_{i+1} - (\text{TD}_{i-1} - \\
& \Delta \text{TD}) \bigcap \text{TD}_i \bigcap \text{TD}_{i+1}] / \text{TC}
\end{aligned}$$

$$\mathrm{TP}_{(i-1)\mathrm{new}} = \frac{T-(\mathrm{TD}_{i-1}-\Delta\mathrm{TD})}{\mathrm{TC}}$$

则

$$\mathrm{TP}_{\mathrm{sys},i-1} = \mathrm{TP}_{\mathrm{sys},i-1} - TP_{\mathrm{sys}}$$

$$= \frac{\Delta\mathrm{TD} - \Delta\mathrm{TD}\bigcap\mathrm{TD}_i - \Delta\mathrm{TD}\bigcap\mathrm{TD}_{i+1} + \Delta\mathrm{TD}\bigcap\mathrm{TD}_i\bigcap\mathrm{TD}_{i+1}}{\mathrm{TC}}$$

$$\Delta\mathrm{TP}_{i-1} = \mathrm{TP}_{(i-1)\mathrm{new}} - \mathrm{TP}_{i-1} = \frac{\Delta\mathrm{TD}}{\mathrm{TC}}$$

因此，

$$\frac{\Delta\mathrm{TP}_{\mathrm{sys},i-1}}{\Delta\mathrm{TP}_{i-1}} = \frac{\Delta\mathrm{TD} - \Delta\mathrm{TD}\bigcap\mathrm{TD}_i - \Delta\mathrm{TD}\bigcap\mathrm{TD}_{i+1} + \Delta\mathrm{TD}\bigcap\mathrm{TD}_i\bigcap\mathrm{TD}_{i+1}}{\Delta\mathrm{TD}}$$

$$(2\text{-}44)$$

同样，分别减少机器 m_i 和 m_{i+1} 的故障时间 TD_i 和 TD_{i+1}，可得到

$$\frac{\Delta\mathrm{TP}_{\mathrm{sys},i}}{\Delta\mathrm{TP}_i} = \frac{\Delta\mathrm{TD} - \Delta\mathrm{TD}\bigcap\mathrm{TD}_{i-1} - \Delta\mathrm{TD}\bigcap\mathrm{TD}_{i+1} + \Delta\mathrm{TD}\bigcap\mathrm{TD}_{i-1}\bigcap\mathrm{TD}_{i+1}}{\Delta\mathrm{TD}}$$

$$(2\text{-}45)$$

$$\frac{\Delta\mathrm{TP}_{\mathrm{sys},i+1}}{\Delta\mathrm{TP}_{i+1}} = \frac{\Delta\mathrm{TD} - \Delta\mathrm{TD}\bigcap\mathrm{TD}_{i-1} - \Delta\mathrm{TD}\bigcap\mathrm{TD}_i + \Delta\mathrm{TD}\bigcap\mathrm{TD}_{i-1}\bigcap\mathrm{TD}_i}{\Delta\mathrm{TD}}$$

$$(2\text{-}46)$$

将式(2-45)减式(2-44)，得到

$$\frac{\Delta\mathrm{TP}_{\mathrm{sys},i}}{\Delta\mathrm{TP}_i} - \frac{\Delta\mathrm{TP}_{\mathrm{sys},i-1}}{\Delta\mathrm{TP}_{i-1}}$$

$$= \frac{\Delta\mathrm{TD}\bigcap\mathrm{TD}_i - \Delta\mathrm{TD}\bigcap\mathrm{TD}_{i-1} + \Delta\mathrm{TD}\bigcap\mathrm{TD}_{i-1}\bigcap\mathrm{TD}_{i+1} - \Delta\mathrm{TD}\bigcap\mathrm{TD}_i\bigcap\mathrm{TD}_{i+1}}{\Delta\mathrm{TD}}$$

$$= \frac{\Delta\mathrm{TD}\bigcap(\mathrm{TD}_i - \mathrm{TD}_{i-1}) - \Delta\mathrm{TD}\bigcap(\mathrm{TD}_i - \mathrm{TD}_{i-1})\bigcap\mathrm{TD}_{i+1}}{\Delta\mathrm{TD}} > 0$$

即

$$\frac{\Delta\mathrm{TP}_{\mathrm{sys},i}}{\Delta\mathrm{TP}_i} > \frac{\Delta\mathrm{TP}_{\mathrm{sys},i-1}}{\Delta\mathrm{TP}_{i-1}}$$

将式(2-45)减式(2-46)，得到

$$\frac{\Delta\mathrm{TP}_{\mathrm{sys},i}}{\Delta\mathrm{TP}_i} - \frac{\Delta\mathrm{TP}_{\mathrm{sys},i+1}}{\Delta\mathrm{TP}_{i+1}}$$

$$= \frac{\Delta\mathrm{TD}\bigcap\mathrm{TD}_i - \Delta\mathrm{TD}\bigcap\mathrm{TD}_{i+1} + \Delta\mathrm{TD}\bigcap\mathrm{TD}_{i-1}\bigcap\mathrm{TD}_{i+1} - \Delta\mathrm{TD}\bigcap\mathrm{TD}_{i-1}\bigcap\mathrm{TD}_i}{\Delta\mathrm{TD}}$$

$$= \frac{\Delta\mathrm{TD}\bigcap(\mathrm{TD}_i - \mathrm{TD}_{i+1}) - \Delta\mathrm{TD}\bigcap(\mathrm{TD}_i - \mathrm{TD}_{i+1})\bigcap\mathrm{TD}_{i-1}}{\Delta\mathrm{TD}} > 0$$

即

$$\frac{\Delta \mathrm{TP}_{\mathrm{sys},i}}{\Delta \mathrm{TP}_i} > \frac{\Delta \mathrm{TP}_{\mathrm{sys},i+1}}{\Delta \mathrm{TP}_{i+1}}$$

因此,

$$\max\left(\frac{\Delta \mathrm{TP}_{\mathrm{sys},i-1}}{\Delta \mathrm{TP}_{i-1}}, \frac{\Delta \mathrm{TP}_{\mathrm{sys},i}}{\Delta \mathrm{TP}_i}, \frac{\Delta \mathrm{TP}_{\mathrm{sys},i+1}}{\Delta \mathrm{TP}_{i+1}}\right) = \frac{\Delta \mathrm{TP}_{\mathrm{sys},i}}{\Delta \mathrm{TP}_i}$$

由此得证,拐点机器 m_i 是系统的瓶颈机器。定理 2-2 得证。

定理 2-2 一方面说明如果被分割的生产线片段能够转化到图 2-13 所示的三机器无缓冲生产线片段的情况,那么拐点机器就是瓶颈机器;另一方面将系统生产率对单台机器生产率的偏导数转化为可测量和可计算的机器饥饿和阻塞时间的相关表达式。因此,无需刻画系统参数、建立数学模型,只要能获得每台机器的饥饿与阻塞时间,便可通过公式对比确定生产瓶颈,可操作性更强。

2.3.3　算例分析

针对一条由五台机器、四个缓冲区组成的生产线,应用该方法确定生产线的瓶颈。为方便表述,将生产线运行 8 小时得到的瓶颈称为短期瓶颈,运行一周得到的瓶颈称为长期瓶颈。生产线运行 8 小时后缓冲区参数及占有量如表 2-3 所示,机器的饥饿与阻塞信息如图 2-14 所示。

表 2-3　缓冲区参数及占有量

缓冲区	缓冲容量	平均占有量	最大占有量	最小占有量
b_1	50	35.33	50	0
b_2	50	6.09	50	0
b_3	50	24.55	49	2
b_4	50	5.18	50	0

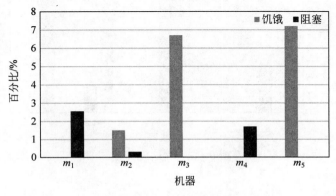

图 2-14　8 小时仿真结果

从表 2-3 看出,缓冲区 b_3 在 8 小时内缓冲区的占有量既未满也未空,平均占有量大约为缓冲容量的一半,因此缓冲区 b_3 是有效缓冲区,生产线从此处分为两部分。对于生产线第一部分,有

$$TB_1 > TS_1, \quad TB_3 < TS_3$$
$$TB_2 + TS_2 < TB_1 + TS_1$$
$$TB_2 + TS_2 < TB_3 + TS_3$$

上述不等式表明:①m_2 上游机器 m_1 的阻塞时间大于饥饿时间,m_2 下游机器 m_3 的饥饿时间大于阻塞时间;②m_2 的饥饿和阻塞时间小于 m_1 和 m_3。因此,机器 m_2 为生产线第一部分的短期瓶颈。对于生产线第二部分,有

$$(TB_4 - TS_4) > 0$$
$$(TB_5 - TS_5) < 0$$
$$TB_4 + TS_4 < TB_5 + TS_5$$

上述不等式表明:①m_4 的阻塞时间大于饥饿时间,m_4 下游机器 m_5 的饥饿时间大于阻塞时间;②m_4 的饥饿和阻塞时间小于 m_5。因此,机器 m_4 为生产线第二部分的短期瓶颈。

增加系统仿真的时间,得到一周的仿真结果如图 2-15 所示。此时生产线中不存在有效缓冲区,但机器 m_2 是整条生产线的拐点,因此判定机器 m_2 为长期瓶颈。短期瓶颈和长期瓶颈的不同,说明系统初始缓冲容量对短期和长期瓶颈识别的影响并不一样,且对短期瓶颈识别影响较大,对长期瓶颈识别影响较小,这是因为长期瓶颈基于系统稳态而不是短期瞬态行为。

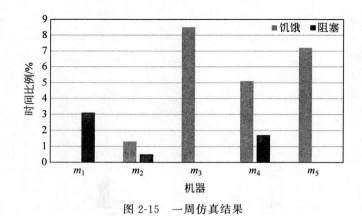

图 2-15　一周仿真结果

2.4　本章小结

本章首先介绍了一种基于活跃时间的瓶颈识别方法,其将机器的时间分为活跃时间和非活跃时间,通过平均活跃时间识别系统的瓶颈机器,通过机器活跃时间段识别系统的瞬时瓶颈,并进一步分析了瓶颈漂移情况。

其次,介绍了一种基于数学分析的瓶颈识别方法,即基于马尔可夫过程的瓶颈识别方法。该方法建立生产线的数学模型,通过分析系统产出对机器效率的敏感性以识别系统的瓶颈机器。该方法优点在于能够准确分析瓶颈的影响,不足在于数学建模过程复杂,一般只能应用于相对简单的制造系统。

最后,介绍了一种基于饥饿阻塞拐点的瓶颈识别方法。该方法不需要复杂的数学建模,只需要利用系统的历史数据或者仿真数据,获得机器的饥饿时间、阻塞时间,再基于饥饿与阻塞拐点即可识别系统的瓶颈。

第 3 章　多属性瓶颈识别

经典瓶颈识别方法大多基于单指标进行,如机器利用率、任务负荷、在制品队列长度等数量类识别指标,加工活跃时间、交货期紧急程度等时间类识别指标,机器加工费用、工件成本等成本类识别指标。虽然单指标识别方法便捷易用,但也存在难以全面评价机器特征的问题。多属性瓶颈识别是综合评估机器的多个特征属性进行瓶颈识别的方法。多属性瓶颈识别区别于单指标的瓶颈识别方法,利用不同的特征属性从多维度综合地评价机器特征从而辨识出瓶颈机器。从属性值形式看,多属性瓶颈识别分为确定型多属性瓶颈识别和区间型多属性瓶颈识别等方法。

3.1　确定型多属性瓶颈识别

3.1.1　确定型多属性瓶颈定义

定义 3-1　多属性决策评价值。根据确定型多属性瓶颈识别模型,机器 i 的多属性决策评价值 C_i。由机器集 A、属性集 X、决策矩阵 D、属性权重向量 W 联合确定,即

$$C_i = f(A, X, D, W) \tag{3-1}$$

定义 3-2　瓶颈机器(bottleneck machine,BM)。BM 为最大的 C_i 值所对应的机器[22],即

$$BM = \arg \max_{i=1,2,\cdots,m} (C_i) \tag{3-2}$$

3.1.2　确定型多属性瓶颈识别模型

针对属性值确定的情形,综合考虑机器的不同特征属性,如机器负荷、机器利用率、平均活跃时间、活跃偏差度、敏感度、单位有效产出、在制品队列长度、设备综合效率等,建立确定型多属性瓶颈识别模型。

设候选机器集{机器 1,机器 2,…,机器 m}为 $A = \{A_1, A_2, \cdots, A_m\}$,设机器的评价属性集{机器负荷,机器利用率,活跃时间,活跃偏差,敏感度,单位有效产出,在制品队列长度,设备综合效率,…}为 $X = \{X_1, X_2, \cdots, X_n\}$,则建立

如下的瓶颈识别的决策矩阵 $D=(x_{ij})_{m\times n}$:

$$D= \begin{array}{c} \\ A_1 \\ \vdots \\ A_i \\ \vdots \\ A_m \end{array} \begin{array}{ccccc} X_1 & \cdots & X_j & \cdots & X_n \\ \left[\begin{array}{ccccc} x_{11} & \cdots & x_{1j} & \cdots & x_{1n} \\ \vdots & & \vdots & & \vdots \\ x_{i1} & \cdots & x_{ij} & \cdots & x_{in} \\ \vdots & & \vdots & & \vdots \\ x_{m1} & \cdots & x_{mj} & \cdots & x_{mn} \end{array}\right] \end{array}, \quad i=1,2,\cdots,m; j=1,2,\cdots,n \quad (3\text{-}3)$$

其中, A_i 是第 i 个候选机器, X_j 是第 j 个评价属性, x_{ij} 是第 i 个机器的第 j 个评价属性值。评价属性常分为效益型属性和成本型属性两种,对于效益型属性,属性值越大越好,而对于成本型属性,属性值越小越好。设 J 和 J' 分别是效益型和成本型属性下标的集合, $J \cup J'=\{1,2,\cdots,n\}$。评价属性的权重向量为 $W=(\omega_1,\omega_2,\cdots,\omega_n)$,且满足 $\sum\limits_{j=1}^{n}\omega_j=1$。根据 n 个评价属性对 m 台机器进行评价,采用多属性瓶颈识别方法对瓶颈进行识别。

3.1.3　机器特征属性值求解

针对异序作业车间的瓶颈识别问题,首先对异序作业调度问题进行建模。考虑 n 个工件在 m 台机器上生产,各个工件按照给定工艺路线加工。$O_{i,j}\to O_{k,j}$ 表示工件 j 先在机器 i 上加工再在机器 k 上加工, $i,k=1,2,\cdots,m$; $j=1,2,\cdots,n$。Prec 表示工艺约束集合。工序 $O_{i,j}$ 的加工时间为 $P_{i,j}$。同时,工件和工序满足如下假设:①同一台机器在同一时刻只能加工一个工件;②同一工件的同一道工序在同一时刻只能被一台机器加工;③每个工件的工序一旦开始不能中断;④不同工件的优先级相同;⑤同一工件的工序之间有先后约束,不同工件的工序之间没有先后约束。调度目标是最小化加工周期 makespan $(C_{\max})$。根据上述条件,建立如下调度模型:

$$\min C_{\max} \tag{3-4}$$

$$\text{s. t. } C_{k,j}-C_{i,j}\geqslant P_{k,j}, O_{i,j}\to O_{k,j}\in \text{Prec} \tag{3-5}$$

$$C_{k,j}-P_{k,j}\geqslant C_{k,h} \text{ 或 } C_{k,h}-P_{k,h}\geqslant C_{k,j}, \quad k=1,2,\cdots,m; j,h=1,2,\cdots,n \tag{3-6}$$

$$C_{\max}\geqslant C_{i,j}, \quad i=1,2,\cdots,m; j=1,2,\cdots,n \tag{3-7}$$

$$C_{i,j}\geqslant P_{i,j}, \quad i=1,2,\cdots,m; j=1,2,\cdots,n \tag{3-8}$$

其中, $j,h=1,2,\cdots,n$ 表示工件序号; $i,k=1,2,\cdots,m$ 表示机器序号;决策变量 $C_{i,j}$ 表示第 j 个工件在第 i 台机器上的加工完成时间。式(3-4)表示异序作业调度问题的目标函数,即 makespan 最小;式(3-5)表示工件的工艺约束;式(3-6)表示机器上各工件的非重叠约束;式(3-7)和式(3-8)分别给出了决策变量与 makespan 和工件加工时间的大小关系。

求解 JSP 模型得到调度方案,计算得到机器属性值。常用机器特征属性值如下:

- 机器负荷(machine workload,MW):是指分配在机器上的加工时间之和,用来衡量机器的工作量。其计算公式为

$$\mathrm{MW}_i = \sum_{j}^{n} P_{ij}$$

其中,$i=1,2,\cdots,m$;$j=1,2,\cdots,n$。

- 机器利用率(machine utilization rate,MUR):用来衡量机器的能力利用情况。其计算公式为

$$\mathrm{MUR}_i = \mathrm{MW}_i / (\max_{j} C_{ij} - \min_{j}(C_{ij} - P_{ij}))$$

其中 $i=1,2,\cdots,m$;$j=1,2,\cdots,n$。

- 平均活跃时间(average active duration,AAD):用来衡量调度方案中机器上平均连续活跃时间的长度。其计算公式为

$$\mathrm{AAD}_i = \sum_{w=1}^{n_i} a_i^w / n_i$$

其中,n_i 为机器 i 的活跃期个数;a_i^w 为机器 i 的第 w 个活跃期。

3.1.4 确定型多属性瓶颈识别及利用方法

针对执行层瓶颈而言,瓶颈机器的属性与调度优化方案息息相关,二者存在密切的内在联系,即使在相同的加工任务和机器能力下,不同的调度优化结果可能对应不同的瓶颈机器。调度优化方案决定了瓶颈的存在,而不是瓶颈决定了调度优化方案的存在。因此,瓶颈识别与瓶颈利用应该作为一个整体进行研究和应用。本节提出的新型多属性瓶颈识别框架,先进行瓶颈充分利用,再进行系统瓶颈的辨识,既保证了瓶颈的充分利用,又保证了调度优化方案的整体优化。瓶颈识别及利用的集成框架如图 3-1 所示。

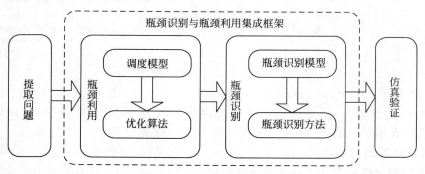

图 3-1 执行层瓶颈识别及利用的集成框架

我们以异序作业车间为例进行说明。第一层级为瓶颈利用,采用免疫进化算法进行异序作业调度优化求解,保证调度方案整体性能优化程度和瓶颈机器能力充分利用程度最高;第二层级为瓶颈识别,改变传统依据机器单方面因素识别瓶颈的做法,综合考虑瓶颈的多方面特征属性,提出瓶颈识别的多属性决策方法,综合评价机器性能进行瓶颈识别。确定型多属性瓶颈识别及利用流程如图 3-2 所示。此框架改变了传统瓶颈识别独立于调度优化方案的做法,提出了将异序作业调度优化与瓶颈识别相结合的做法,先进行瓶颈充分利用再进行系统瓶颈的辨识,既保证了瓶颈机器的充分利用,又保证了调度优化方案的整体优化。

3.1.4.1　瓶颈利用

瓶颈利用层的核心任务是进行 JSP 问题的优化求解。本节采用文献[22]提出的免疫进化算法 IA_ADO(a modified immune algorithm by incorporating an active decoding operator)对 JSP 问题进行调度优化求解,目标是充分利用瓶颈的能力以使调度目标最优化。

免疫进化算法 IA_ADO 求解步骤如下:

步骤 1　构造抗原和初始抗体。根据异序作业调度问题和相关约束信息,采用基于偏好表编码(preference list-based representation)方式,随机生成在机器维上工件加工具有优先偏好的抗原,该编码方式相比传统的基于操作编码(operation-based representation)方式,在编码效率上优势明显;在抗原生成以后,对其进行复制产生初始抗体。

步骤 2　抗体克隆。增大初始抗体或者对抗原反应激烈的抗体(即优秀抗体)的规模,以期获得更优秀的抗体。

步骤 3　细胞超变异。IA_ADO 构造了一种随机混排变异:首先随机选择 i 个机器对应的基因片段(i 为一随机数,$1 \leqslant i \leqslant m$,$m$ 表示机器总数);然后对每个基因片段上的随机两个基因位进行随机排列,其结果可能为下述两种情形之一:①交换变异(swap mutation);②基因片段保存不变。

步骤 4　自识别解码。在对初始抗体进行超变异后,抗体可能转变成非可行解,在解码的时候就会发生死锁。自识别解码对每个加工工件进行识别并插入到机器的可加工间隙中,以实现非可行解向可行解的动态调整。

步骤 5　记忆库更新。根据抗体的适应度值(抗体解码后的 makespan),对新产生的抗体以及父代抗体进行排序,并保存优秀的新生抗体,淘汰较差的抗体。

步骤 6　抗体选择。抗体选择是在记忆库中选取一定数量的优秀抗体以进行抗体克隆操作。考虑到算法的计算效率以及为了避免算法陷入局部最优,IA_ADO 的抗体选择采用基于抗体适应度进行选择,而非常见的基于抗体信息熵和抗体浓度进行选择。

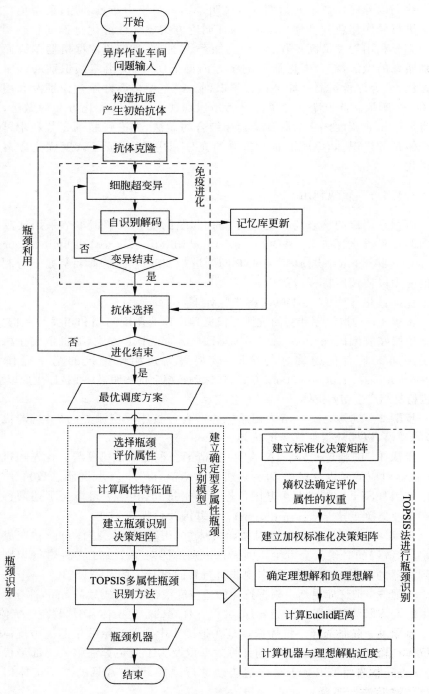

图 3-2　确定型多属性瓶颈识别及利用流程

步骤 7　循环步骤 2～步骤 6,直到得到最好可能抗体,并输出优化调度方案。

3.1.4.2　瓶颈识别

瓶颈识别层的核心任务是辨识瓶颈机器。首先遴选瓶颈特征属性,并构建评价属性集 $X=\{X_1,X_2,\cdots,X_n\}$。理论上选择属性越多,计算结果越能客观反映系统的结构瓶颈。然后选择 JSP 问题涉及的所有机器,构建候选机器集 $A=\{A_1,A_2,\cdots,A_m\}$。最后针对瓶颈利用层免疫进化算法求解出的优化调度方案,分别计算各评价属性对机器的评价值,建立瓶颈识别的决策矩阵。这样,就将瓶颈识别问题转化为根据多个瓶颈特征属性综合决策瓶颈机器的一种多属性决策问题。本节基于逼近理想解的排序方法(technique for order preference by similarity to ideal solution,TOPSIS)[125],提出 TOPSIS 多属性瓶颈识别法(multi-attribute bottleneck identification based on TOPSIS,MABI_TOPSIS)进行系统瓶颈的辨识,并通过构造多属性问题的理想解和负理想解,以靠近理想解和远离负理想解两个基准评估各个方案。其中,瓶颈特征属性的各自权重采用熵权法(Entropy weight method)[126]来确定。

TOPSIS 多属性瓶颈识别法具体步骤如下:

步骤 1　建立标准化决策矩阵。其目的是将各种类型的属性值转换为无量纲的属性,使属性能够进行相互比较。本节选择向量标准化方法,将决策矩阵 $D=(x_{ij})_{m\times n}$ 转换成标准决策矩阵 $R=(r_{ij})_{m\times n}$,具体转换公式为

$$r_{ij}=x_{ij}\Big/\sqrt{\sum_{i=1}^{m}x_{ij}^2} \tag{3-9}$$

步骤 2　熵权法确定属性权重。m 台机器和 n 个评价属性形成的决策矩阵 $D=(x_{ij})_{m\times n}$,对于某个属性 X_j 的属性值 x_{ij} 的差距越大,则该属性在综合决策中所起的作用越大,反之则越小。信息熵是信息无序度的度量,信息熵越大,信息的无序度越高,信息熵越小,系统的无序度越小,故采用信息熵评价系统信息的有序度及其效用。基于熵权法求解 n 个评价属性的权重向量 $W=(\omega_1,\omega_2,\cdots,\omega_n)$,熵权法一定程度上消除了各指标权重计算的人为干扰,使评价结果更符合实际。其计算步骤如下:

(1) 将各属性值标准化,计算第 j 个属性下第 i 台机器的无量纲化属性值 p_{ij}:

$$p_{ij}=x_{ij}\Big/\sum_{i=1}^{m}x_{ij} \tag{3-10}$$

(2) 计算第 j 个属性的熵值 E_j:

$$E_j=-\delta\sum_{i=1}^{m}p_{ij}\ln p_{ij} \tag{3-11}$$

其中，δ 表示一个常量，$\delta = 1/\ln m$（ln 为自然对数），从而保证了 $0 \leqslant E_j \leqslant 1$。

（3）计算第 j 个属性的信息偏差度 d_j：

$$d_j = 1 - E_j \tag{3-12}$$

当 d_j 越大时，属性越重要。

（4）对信息偏差度进行归一化计算权重。如果决策者没有属性间的偏好，根据不确定理论此 n 个评价属性具有相同的偏好，则属性 j 的权重为

$$\omega_j = d_j \Big/ \sum_{j=1}^{n} d_j \tag{3-13}$$

如果决策者对于属性集有偏好，设主观权重为 λ_j，则进一步修正上述公式，得到属性 j 的综合权重 ω_j^0 为

$$\omega_j^0 = \lambda_j d_j \Big/ \sum_{j=1}^{n} \lambda_j d_j \tag{3-14}$$

步骤 3 建立加权标准化决策矩阵。将熵权法求得的评价属性权重向量 $W = (\omega_1, \omega_2, \cdots, \omega_j, \cdots, \omega_n)$，$\sum_{j=1}^{n} \omega_j = 1$，用于标准化决策矩阵 $R = (r_{ij})_{m \times n}$ 中，得到加权标准化决策矩阵 V 为

$$V = (v_{ij})_{m \times n} = (\omega_j r_{ij})_{m \times n} \tag{3-15}$$

步骤 4 确定理想解和负理想解。理想解和负理想解的计算公式分别为

$$A^+ = \{ (\max_i v_{ij} \mid j \in J), (\min_i v_{ij} \mid j \in J') \mid i \in M \}$$
$$= \{ v_1^+, v_2^+, \cdots, v_j^+, \cdots, v_n^+ \} \tag{3-16}$$

$$A^- = \{ (\min_i v_{ij} \mid j \in J), (\max_i v_{ij} \mid j \in J') \mid i \in M \}$$
$$= \{ v_1^-, v_2^-, \cdots, v_j^-, \cdots, v_n^- \} \tag{3-17}$$

其中，J 为效益型属性集合，J' 为成本型属性集合。A^+ 是理想解，是一个虚拟的最优解，其各个属性值都达到评价对象中的最优值；A^- 是负理想解，是一个虚拟的最差解，其各个属性值都达到评价对象中的最差值。

步骤 5 通过 n 维 Euclid 距离计算各机器与理想解和负理想解之间的距离。每个机器到理想解的距离为

$$S_{i^+} = \sqrt{\sum_{j=1}^{n} (v_{ij} - v_j^+)^2} \tag{3-18}$$

同样，每个机器到负理想解的距离为

$$S_{i^-} = \sqrt{\sum_{j=1}^{n} (v_{ij} - v_j^-)^2} \tag{3-19}$$

步骤 6 计算各机器与理想解的贴近度。A_i 与理想解 A^+ 的贴近度定

义为

$$C_i = S_{i-} / (S_{i+} + S_{i-}), \quad 0 < C_i < 1 \tag{3-20}$$

显然,如果 $A_i = A^+$,那么贴近度 $C_i = 1$;如果 $A_i = A^-$,贴近度 $C_i = 0$。当 C_i 趋近 1 时,机器 A_i 的属性接近理想解。

步骤 7　识别系统瓶颈。依据贴近度 C_i 的降序,对各机器进行排列,定义贴近度 C_i 最大的机器为系统的瓶颈。

3.1.5　算例仿真及分析

选取 JSP 问题 LA 类的 24 个标准算例(选取 $10 \times 5, 15 \times 5, 10 \times 10, 15 \times 10, 20 \times 10, 30 \times 10$ 等 6 种不同规模,每种规模选取 4 个算例,共 24 个算例)作为比较测试算例。每个算例的具体情况,包括加工时间、机器数、工件数、约束关系等可参见：http://people.brunel.ac.uk/~mastjjb/jeb/orlib/files/jobshop1.txt。[22]算法的运行环境为带有 Intel i7 CPU 的 HP Compaq 型计算机,并采用 MATLAB 2012b 进行编程。

3.1.5.1　瓶颈利用

通过算例仿真进行参数调试,确定 IA_ADO 的种群规模为 200,抗体库规模为 50,超变异次数 20,克隆倍数为 10;分别对每一个算例独立运行 20 次,取最好调度方案进行瓶颈识别。24 个算例的进化收敛图如图 3-3 所示。

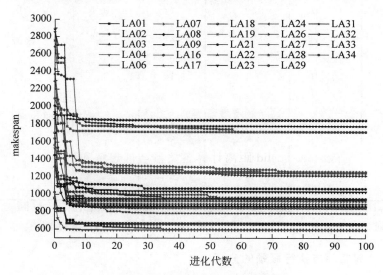

图 3-3　LA 标准类 24 个算例的优化收敛图(见文后彩图)

3.1.5.2 瓶颈识别方法比较

将 MABI_TOPSIS 法与文献[31]使用的负荷法、文献[33]提出的 SBD 法和文献[127]提出的正交试验瓶颈识别法进行比较,所得的结果见表 3-1。瓶颈识别层选定机器的评价属性集为 $X=\{$机器负荷,机器利用率,活跃时间$\}$,决策者没有属性的偏好。

表 3-1 MABI_TOPSIS 与负荷法、SBD 法和正交试验瓶颈识别法的结果比较

算　　例	规模(工件数×机器数)	瓶颈识别结果(BN)			
		MABI_TOPSIS	负荷法	SBD 法	正交试验瓶颈识别法
LA01	10×5	5	5	5	5
LA02[c]	10×5	4	4	4	1
LA03	10×5	2	2	2	2
LA04[ac]	10×5	3	5	3	5
LA06	15×5	1	1	1	1
LA07	15×5	1	1	1	1
LA08[c]	15×5	5	5	5	3
LA09	15×5	2	2	2	2
LA16[ac]	10×10	3	1	3	1
LA17	10×10	4	4	4	4
LA18	10×10	1	1	1	1
LA19[c]	10×10	7	7	7	2
LA21[a]	15×10	10	1	10	10
LA22[a]	15×10	5	8	5	5
LA23	15×10	7	7	7	7
LA24[abc]	15×10	3	10	10	10
LA26[bc]	20×10	1	1	5	5
LA27[a]	20×10	4	7	4	4
LA28	20×10	2	2	2	2
LA29	20×10	4	4	4	4
LA31	30×10	1	1	1	1
LA32[c]	30×10	7	7	7	9
LA33	30×10	4	4	4	4
LA34	30×10	7	7	7	7

注:加 a 表示 MABI_TOPSIS 法与负荷法结果不相同;加 b 表示 MABI_TOPSIS 法与 SBD 法识别结果不相同;加 c 表示 MABI_TOPSIS 法与正交试验瓶颈识别法识别结果不相同。

1. 计划瓶颈与执行瓶颈的分析

机器负荷是计划层瓶颈识别的常用指标。将 MABI_TOPSIS 与经典的计划瓶颈识别方法(即负荷法)进行比较,所得结果见表 3-1。从表中的对比结果得出：MABI_TOPSIS 与机器负荷法识别的瓶颈并不一定相同，比如算例 LA04，LA16，LA21，LA22，LA24 和 LA27，这表明计划瓶颈并不一定等于执行瓶颈。造成这个现象的原因是：当计划细化成调度方案时，识别出的计划瓶颈大概率会发生漂移。例如算例 LA04，计划瓶颈为 M_5，当将计划细化为调度后，执行瓶颈变为 M_3。

2. 支配属性（dominant attribute）分析

从表 3-1 中的对比结果得出：在 24 个算例中，MABI_TOPSIS 法与 SBD 法的识别结果只在 LA24 和 LA26 不同。通过分析，结论如下：①SBD 法通过单指标活跃时间进行瓶颈识别，然而 MABI_TOPSIS 法是一个多属性瓶颈识别方法，基于机器负荷、机器利用率和活跃时间进行瓶颈识别；②活跃时间是一个支配属性，对瓶颈识别结果具有决定性的影响。进一步，文献[22]采用 Shannon 的熵权法验证了活跃时间比机器负荷、机器利用率具有更大的权重。

3. 执行瓶颈识别方法比较

针对执行瓶颈的识别，将 MABI_TOPSIS 法与正交试验瓶颈识别法进行比较。观察表 3-1 发现，两种方法的 8 个瓶颈识别结果不同（LA02，LA04，LA08，LA16，LA19，LA24，LA26 和 LA32）。造成此现象的主要原因是正交试验瓶颈识别法采用了调度启发式规则，其难以得到高质量的优化调度方案。因此，所识别的执行瓶颈结果也并不一定准确。

另外，瓶颈定义对瓶颈识别结果具有一定影响。三种瓶颈识别方法具有不同瓶颈定义，识别的瓶颈不尽相同。SBD 法将瓶颈活跃持续时间最长的机器定义为系统的瓶颈机器，正交试验瓶颈识别法考虑了机器对系统有效产出的影响，将对于试验指标影响最大的因素定义为系统的瓶颈机器。而 MABI_TOPSIS 法是考虑多个瓶颈特征属性的瓶颈综合决策方法，区别于根据机器单一因素的定义识别瓶颈的传统方法，是一种综合评价瓶颈机器的方法。

3.1.5.3　执行瓶颈的稳定性

选取 6 种不同规模的算例，识别瓶颈利用过程中每一代生产调度方案对应的执行瓶颈，研究改变生产调度方案导致执行瓶颈的漂移情况，所得结果如图 3-4 所示。图 3-4 中，横坐标代表 IA_ADO 进化代数，左侧纵坐标代表 makespan，右侧纵坐标代表瓶颈；星形曲线代表每一代中最好 makespan 值，菱形曲线代表该调度方案识别出的执行瓶颈。从图中得出：随着 makespan 的值逐渐收敛，瓶颈逐渐达到一个稳定状态。以 LA26 为例，第 15 代的最好调度方

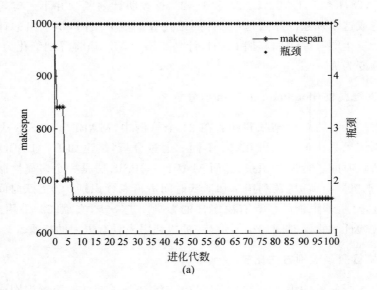

(a)

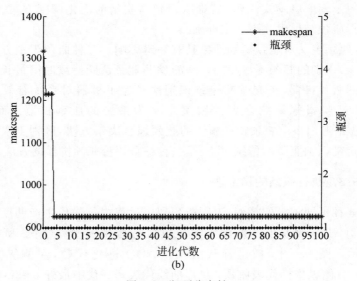

(b)

图 3-4 瓶颈稳定性

（a）LA01；（b）LA06；（c）LA17；（d）LA23；（e）LA26；（f）LA31

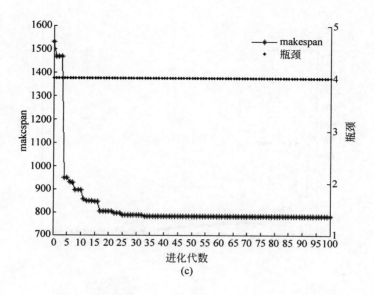

(c)

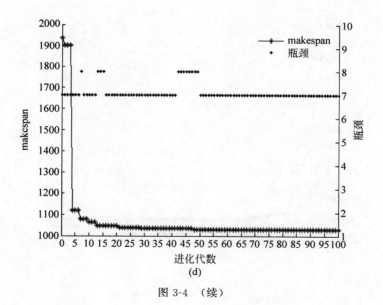

(d)

图 3-4 （续）

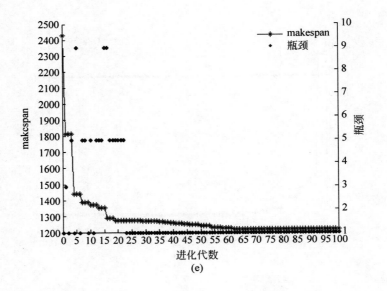

(e)

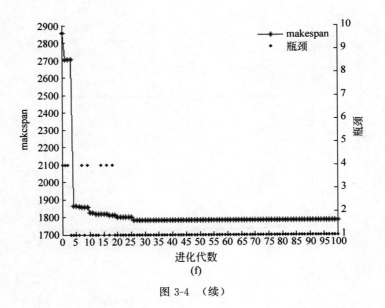

(f)

图 3-4 （续）

案的 makespan 值为 1353,其对应的瓶颈为 M_9;从第 19 代开始调度方案逐渐变优,瓶颈由 M_9 漂移到 M_5,当调度方案收敛到 1218 时,其对应的瓶颈变为 M_1。此结果表明:不同的调度方案都有其对应的执行瓶颈,但是不同的调度方案可能对应同一个执行瓶颈。因此,执行瓶颈与调度方案具有一对多的内在关联关系。

另外,随着调度方案的收敛,瓶颈也发生了收敛,例如本案例中的某些算例(如 LA26)在 50 代之后并非收敛到最好调度方案,然而瓶颈已经收敛。此结论表明:随着调度方案的优化,执行瓶颈具有稳定的收敛特性。因此,在生产管理和控制应用中,采用次优的调度方案也能用来识别执行瓶颈,并能保证识别的准确度。

3.2　区间型多属性瓶颈识别

生产过程中的随机扰动和环境变化经常发生,导致决策者不能或难以准确地给出机器属性的确定值,一般只能给出属性值的上限和下限,即区间型属性值信息。本节针对属性值为区间型的多属性瓶颈识别问题进行研究。

3.2.1　区间型多属性瓶颈定义

在 3.1 节确定型多属性瓶颈定义的基础上,本节拓展了决策矩阵的属性值形式,给出了区间型多属性瓶颈定义。

定义 3-3　根据区间型多属性评价模型,机器 i 的多属性决策评价值 C_i,由机器集 A、属性集 X、决策矩阵 $\widetilde{D}$、属性权重向量 W 共同确定,即

$$C_i = f(A, X, \widetilde{D}, W) \tag{3-21}$$

定义 3-4　C_i 的值最大时对应的机器为瓶颈机器 BM,即

$$\mathrm{BM} = \arg \max_{i=1,2,\cdots,m}(C_i) \tag{3-22}$$

3.2.2　区间型多属性瓶颈识别模型

本节在 3.1 节提出的属性值为确定型的多属性瓶颈识别模型基础上,提出了属性值为区间型的多属性瓶颈识别模型。该模型适用于属性值不确定、模糊等情况下的瓶颈识别问题。针对 G 个较优调度优化方案 $\{S_1, S_2, \cdots, S_G\}$,设候选机器集{机器 1,机器 2,……,机器 m}为方案集 $M = \{M_1, M_2, \cdots, M_m\}$,设机器的评价属性集{机器利用率,机器负荷,平均活跃时间,机器加工费用,工件交货期重要度,工件成本重要度,……}为 $X = \{X_1, X_2, \cdots, X_n\}$,获得每个评价属

性的属性值区间,则可建立如下的瓶颈识别区间型多属性决策矩阵 $\tilde{D} = (\tilde{x}_{ij})_{m \times n} = \{[x_{ij}^L, x_{ij}^U]\}_{m \times n}$:

$$\tilde{D} = \begin{matrix} & X_1 & \cdots & X_j & \cdots & X_n \\ M_1 \\ \vdots \\ M_i \\ \vdots \\ M_m \end{matrix} \begin{bmatrix} [x_{11}^L, x_{11}^U] & \cdots & [x_{1j}^L, x_{1j}^U] & \cdots & [x_{1n}^L, x_{1n}^U] \\ \vdots & & \vdots & & \vdots \\ [x_{i1}^L, x_{i1}^U] & \cdots & [x_{ij}^L, x_{ij}^U] & \cdots & [x_{in}^L, x_{in}^U] \\ \vdots & & \vdots & & \vdots \\ [x_{m1}^L, x_{m1}^U] & \cdots & [x_{mj}^L, x_{mj}^U] & \cdots & [x_{mn}^L, x_{mn}^U] \end{bmatrix} \quad (3\text{-}23)$$

其中,$i = 1, 2, \cdots, m, j = 1, 2, \cdots, n, M_i$ 为第 i 台机器,X_j 为第 j 个评价属性,$\tilde{x}_{ij} = [x_{ij}^L, x_{ij}^U] = \{x_{ij} \mid x_{ij}^L \leqslant x_{ij} \leqslant x_{ij}^U, x_{ij}^L, x_{ij}^U \in R\}$ 为第 i 台机器相对于第 j 个评价属性的属性值区间,区间数的运算法则见文献[128]。评价属性的权重向量记为 $W = (\omega_1, \omega_2, \cdots, \omega_n)$,并满足单位化约束条件 $\omega_j \geqslant 0, \sum_{j=1}^{n} \omega_j = 1$。

3.2.3 区间型多属性瓶颈识别及利用方法

考虑到瓶颈识别与调度优化方案的一一对应关系,采用 3.1 节提出的瓶颈识别及利用集成框架,先进行调度方案的优化,以保证瓶颈的充分利用,再进行系统瓶颈的辨识。瓶颈识别过程分为两层,第一层为瓶颈利用层,第二层为瓶颈识别层,区间型多属性瓶颈识别及作用流程如图 3-5 所示。

3.2.3.1 瓶颈利用

第一层为瓶颈利用层,即对 JSP 问题进行优化求解。首先,基于 Plant-Simulation 平台对制造系统及加工任务进行仿真建模,设置机器故障率等随机扰动;其次,采用平台内置的遗传算法优化生产投料次序;再次,剔除较差的投料次序方案,分别将优化后 G 个投料次序输入到仿真模型中,经过大量的生产过程仿真,输出 G 个较优瓶颈利用的调度方案;最后选择 G 个较优调度优化方案作为瓶颈识别的基础数据。

3.2.3.2 瓶颈识别

第二层为瓶颈识别层。首先,选择所有加工机器构建候选机器集 $M = \{M_1, M_2, \cdots, M_m\}$;其次,选择合适的评价属性构建评价属性集 $X = \{X_1, X_2, \cdots, X_n\}$,评价属性分为机器评价属性和工件评价属性,包括机器利用率、机器加工负荷、平均活跃时间、机器加工费用、工件交货期重要度、工件成本重要度等;再

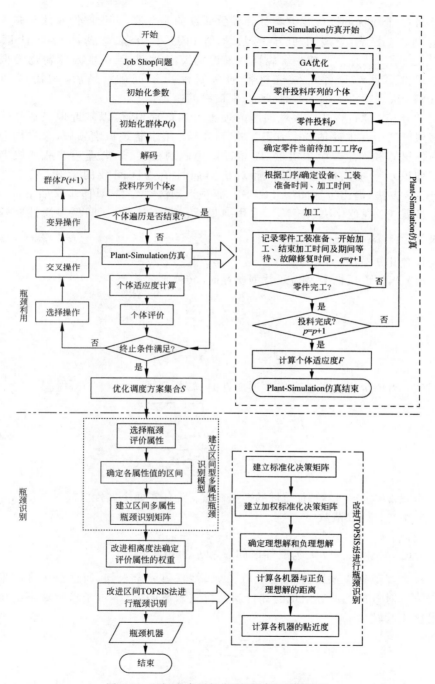

图 3-5　区间型多属性瓶颈识别及利用流程

次根据 G 个较优调度优化方案计算评价属性的属性值,由于评价属性并非一个确定值,选择各个属性值中的最大值和最小值就构成评价属性区间 $\{[x_{ij}^L, x_{ij}^U]\}_{j=1,2,\cdots,n}^{i=1,2,\cdots,m}$,建立多属性瓶颈识别模型,将瓶颈识别问题转化为根据多个评价属性综合评价候选机器的多属性决策问题;最后,利用区间型 TOPSIS 法进行机器的综合评价,识别最终的瓶颈。

TOPSIS 通过构造多属性问题的理想解和负理想解,以靠近理想解和远离负理想解两个基准评估各个方案。将 TOPSIS 用于瓶颈识别领域,通过构造理想瓶颈机器和理想非瓶颈机器,以靠近理想瓶颈机器、远离理想非瓶颈机器两个基准识别系统的瓶颈机器。针对机器属性值为区间数的形式,采用扩展 TOSPIS 方法,提出了区间型 TOPSIS 瓶颈识别法[53]。其具体步骤如下:

步骤 1　规范化决策矩阵。采用向量标准化方法,将区间型多属性瓶颈识别决策矩阵 $\widetilde{D} = (\tilde{x}_{ij})_{m \times n} = \{[x_{ij}^L, x_{ij}^U]\}_{m \times n}$ $(i=1,2,\cdots,m; j=1,2,\cdots,n)$ 转化为规范化矩阵 $\widetilde{R} = (\tilde{r}_{ij})_{m \times n} = \{[r_{ij}^L, r_{ij}^U]\}_{m \times n}$。

(1) 当评价属性类型为效益型属性时,转换形式为

$$\begin{cases} r_{ij}^L = x_{ij}^L \Big/ \sqrt{\sum_{i=1}^m (x_{ij}^U)^2} \\ r_{ij}^U = x_{ij}^U \Big/ \sqrt{\sum_{i=1}^m (x_{ij}^L)^2} \end{cases} \tag{3-24}$$

(2) 当评价属性类型为成本型属性时,转换形式为

$$\begin{cases} r_{ij}^L = (1/x_{ij}^U) \Big/ \sqrt{\sum_{i=1}^m (1/x_{ij}^L)^2} \\ r_{ij}^U = (1/x_{ij}^L) \Big/ \sqrt{\sum_{i=1}^m (1/x_{ij}^U)^2} \end{cases} \tag{3-25}$$

步骤 2　求解机器特征属性的客观权重。设任意两个属性区间 $\tilde{a} = [a^L, a^U]$,$\tilde{b} = [b^L, b^U]$,如果范数

$$\| \tilde{a} - \tilde{b} \| = | b^L - a^L | + | b^U - a^U | \tag{3-26}$$

则称 $d(\tilde{a}, \tilde{b}) = \| \tilde{a} - \tilde{b} \|$ 为属性区间 $\tilde{a}$ 和 $\tilde{b}$ 的相离度。

针对规范化决策矩阵 $\widetilde{R} = (\tilde{r})_{m \times n}$,属性权重完全未知,属性值为区间形式且决策者对方案无偏好信息的评价属性权重求解问题,等价于求解如下的单目标最优化问题:

$$\begin{cases} \max D(\omega) = \sum_{j=1}^n \sum_{i=1}^m \sum_{k=1}^m d(\tilde{r}_{ij}, \tilde{r}_{kj}) \omega_j \\ \text{s. t.} \sum_{j=1}^n \omega_j^2 = 1, \quad \omega_j \geqslant 0; j=1,2,\cdots,n \end{cases} \tag{3-27}$$

求解此模型,得到

$$\omega_j = \frac{\sum\limits_{i=1}^{m}\sum\limits_{k=1}^{m} d(\tilde{r}_{ij},\tilde{r}_{kj})}{\sqrt{\sum\limits_{j=1}^{n}\left(\sum\limits_{i=1}^{m}\sum\limits_{k=1}^{m} d(\tilde{r}_{ij},\tilde{r}_{kj})\right)^2}} \tag{3-28}$$

对此权重向量作归一化处理,可得机器特征属性的权重为

$$\omega_j = \frac{\sum\limits_{i=1}^{m}\sum\limits_{k=1}^{m} d(\tilde{r}_{ij},\tilde{r}_{kj})}{\sum\limits_{j=1}^{n}\sum\limits_{i=1}^{m}\sum\limits_{k=1}^{m} d(\tilde{r}_{ij},\tilde{r}_{kj})} \tag{3-29}$$

步骤 3　构造加权规范化决策矩阵。将属性权重向量 $W=(\omega_1,\omega_2,\cdots,\omega_j,\cdots,\omega_n)$,纳入标准化决策矩阵 $\tilde{R}=(\tilde{r}_{ij})_{m\times n}$ 中,得到加权标准化决策矩阵 $\tilde{Y}=(\tilde{y}_{ij})_{m\times n}$ 为

$$\tilde{Y}=(\tilde{y}_{ij})_{m\times n}=(\omega_j\tilde{r}_{ij})_{m\times n} \tag{3-30}$$

步骤 4　确定理想瓶颈机器 $\tilde{y}^+$、理想非瓶颈机器 $\tilde{y}^-$。具体方法如下:

$$\tilde{y}_j^+=[y_j^{+L},y_j^{+U}]=[\max_i(y_{ij}^L),\max_i(y_{ij}^U)] \tag{3-31}$$

$$\tilde{y}_j^-=[y_j^{-L},y_j^{-U}]=[\min_i(y_{ij}^L),\min_i(y_{ij}^U)] \tag{3-32}$$

步骤 5　分别计算每个候选机器与理想瓶颈和理想非瓶颈的距离。

$$D_i^+=\sum_{j=1}^{n}\|\tilde{y}_{ij}-\tilde{y}_j^+\|=\sum_{j=1}^{n}[|y_{ij}^L-y_j^{+L}|+|y_{ij}^U-y_j^{+U}|] \tag{3-33}$$

$$D_i^-=\sum_{j=1}^{n}\|\tilde{y}_{ij}-\tilde{y}_j^-\|=\sum_{j=1}^{n}[|y_{ij}^L-y_j^{-L}|+|y_{ij}^U-y_j^{-U}|] \tag{3-34}$$

步骤 6　计算每个候选机器与理想瓶颈的贴近度 C_i。

$$C_i=D_i^-/(D_i^++D_i^-) \tag{3-35}$$

步骤 7　按 C_i 值的大小对候选机器进行降序排列,C_i 最大的机器即为系统的瓶颈机器。

需要指出的是,C_i 除了用于识别瓶颈之外,还用于预测机器可能成为瓶颈的优先顺序,为生产过程管控中保护瓶颈作业、监控次瓶颈能力以及预防瓶颈漂移提供了重要的决策信息。

3.2.4　实例仿真及分析

根据某航空企业数控加工车间情况,选取由 6 种($W_1 \sim W_6$)类型共

30 个工件、8 台机器($M_1 \sim M_8$)组成的异序作业车间进行瓶颈识别。机器的故障率、故障修复平均时间(Mean Time to Repair,MTTR)及单位时间加工费用见表 3-2;工件加工工艺路线、交货期及原材料价格见表 3-3;加工工时信息见表 3-4。

表 3-2　机器相关参数

机器	故障率	MTTR/s	单位时间加工费用 wc_i/(元/h)
M_1	5%	580	35
M_2	6%	600	25
M_3	4%	700	10
M_4	7%	800	15
M_5	5%	400	40
M_6	4%	580	20
M_7	5%	700	30
M_8	7%	810	70

表 3-3　工件相关参数

工件	数量	工艺路线	交货期/min	工件原材料价格 mc_j/(元/个)
W_1	4	$M_1 \to M_2 \to M_3 \to M_6 \to M_7 \to M_8$	2900	220
W_2	5	$M_5 \to M_4 \to M_3 \to M_6 \to M_8$	2800	180
W_3	4	$M_3 \to M_2 \to M_7 \to M_5 \to M_6 \to M_2$	2800	50
W_4	6	$M_2 \to M_1 \to M_3 \to M_4 \to M_6 \to M_7 \to M_8$	3000	250
W_5	6	$M_4 \to M_8 \to M_5 \to M_6 \to M_8$	2500	400
W_6	5	$M_3 \to M_5 \to M_7$	2600	100

表 3-4　工时信息表

工件	工装准备时间\加工时间/min															
	M_1		M_2		M_3		M_4		M_5		M_6		M_7		M_8	
W_1	20	120	25	100	30	160	—		10	60	20	120	15	100		
W_2	—		—		25	150	30	100	20	100	15	50	—		25	130
W_3	—		22	90	30	140	—		20	90	20	70	25	100	—	
W_4	20	90	30	150	20	120	20	80	15	60	18	90	25	120		
W_5	—		—		—		24	90	30	130	25	90	20	130		
W_6	—		—		30	130	—		25	140	30	140				

算例选择 SBD 法[33]及文献[129]所提的瓶颈识别法(瓶颈出现率法)作为比较算法,分两步对区间型多属性瓶颈识别方法进行有效性验证:第一步针对

文献[129]中的原算例对区间型多属性瓶颈识别方法的有效性进行验证；第二步将制造成本和原材料成本引入算例（见表 3-2 和表 3-3 最后一列），针对修改后的测试算例进行方法比较。

算例验证使用的仿真软件为 Plant-Simulation。GA 参数设置为：GA 的遗传代数 100，种群规模 50，交叉概率 0.8，变异概率 0.1。

调度优化层采用 Plant-Simulation 内嵌遗传算法优化投料次序；分别将优化后的 5 个投料次序输入到仿真模型中，经过大量的生产过程仿真，最终输出 5 个瓶颈利用的调度方案。资源瓶颈识别层选择所有加工机器 $M = \{ M_1, M_2, \cdots, M_8 \}$ 作为候选机器集，选择评价属性{机器利用率、负荷、平均活跃时间、机器加工费用、工件交货期重要度、工件成本重要度}作为评价属性集，并假设决策者没有属性偏好。Plant-Simulation 仿真模型如图 3-6 所示。

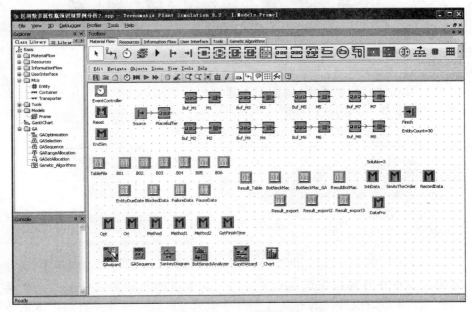

图 3-6　仿真模型

原算例的瓶颈识别多属性决策评价值 C_i 分别为（0.3534，0.2280，0.8836，0.1007，0.6267，0.0731，0.1581，0.2975），C_i 按大小排序为 $C_3 > C_5 > C_1 > C_8 > C_2 > C_7 > C_4 > C_6$，因此可得到原算例的瓶颈为 M_3。针对具有制造成本和原材料成本的测试算例，瓶颈评价值 C_i 分别为（0.2104，0.1850，0.5546，0.1222，0.4850，0.1474，0.1793，0.5860），C_i 按大小排序为 $C_8 > C_3 > C_5 > C_1 > C_2 > C_7 > C_6 > C_4$，因此可得到测试算例的瓶颈为 M_8。原算例和测试算例机器瓶颈评价值 C_i 比较如图 3-7 所示。

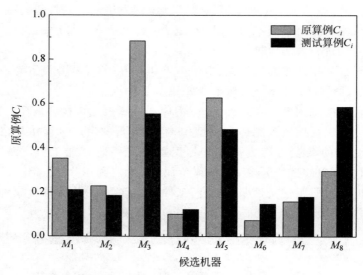

图 3-7　原算例和测试算例机器瓶颈评价值 C_i 比较

针对原算例和测试算例,区间型多属性瓶颈识别法与机器利用率、瓶颈出现率法和转移瓶颈识别法的比较结果见表 3-5。

表 3-5　结果比较

识 别 方 法	原算例瓶颈	测试算例瓶颈
机器利用率	M_3	M_3
瓶颈出现率法	M_3	M_3
转移瓶颈识别法	M_3	M_3
区间型多属性瓶颈识别法	M_3	M_8

对于文献[129]中的原算例,区间型多属性瓶颈识别法与机器利用率、瓶颈出现率法和转移瓶颈识别法这三种瓶颈识别方法的瓶颈识别结果都是机器 M_3,证明了本章所提方法的有效性。而对于引入制造成本和原材料成本的测试算例,几种瓶颈识别方法的瓶颈识别结果存在差异,机器利用、瓶颈出现率法和转移瓶颈识别法识别结果仍然为 M_3,而区间型多属性瓶颈识别法识别结果为 M_8。究其原因,机器利用、瓶颈出现率法和转移瓶颈识别法这三种方法皆为不考虑制造成本和原材料成本的瓶颈识别方法,无法准确识别新问题的瓶颈,说明这三种方法具有一定的局限性。相比较而言,区间型多属性瓶颈识别法综合考虑了包括成本、交货期的多因素影响,并对机器综合评价进而识别瓶颈机器,是一种全面的机器评价方法。

进一步分析制造成本 wc_i 和原材料成本 mc_j 对系统的瓶颈识别结果的影

响。选择制造成本和原材料成本最高的 wc_8 和 mc_5 作为研究对象,分别分析 $wc_8 = (10,30,50,70)$(其他参数不变)及 $mc_5 = (100,200,300,400)$(其他参数不变)等两种情况,对瓶颈识别评价值 C_i 的影响。比较结果如图 3-8 和图 3-9 所示,得出如下结论:①原材料成本 mc_5 的变化对瓶颈识别评价值 C_i 的影响较小,而制造成本 wc_8 的变化对瓶颈识别评价值 C_i 的影响较大;②wc_8 的变化对瓶颈综合评价值 C_i 的影响最大,对瓶颈的最终判定具有直接的影响。

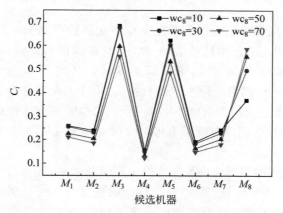

图 3-8 wc_8 对瓶颈识别评价值 C_i 的影响

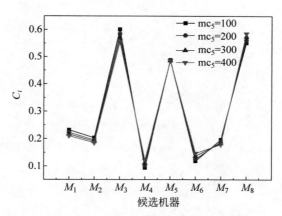

图 3-9 mc_5 对瓶颈识别评价值 C_i 的影响

3.3 本章小结

本章在综合考虑机器多个特征属性的基础上,针对属性值为确定值和区间值的两种情形,建立了多属性瓶颈识别模型,给出了考虑机器多属性的瓶颈定义,提出了瓶颈识别与瓶颈利用的集成框架。以异序作业车间为研究对象,在瓶颈利用层优化异序作业调度方案,在瓶颈识别层采用多属性瓶颈识别方法识别瓶颈。该研究的主要贡献如下:

(1)将瓶颈利用和瓶颈识别问题放在统一框架下进行集成求解,解决了传统瓶颈识别与优化方案相割离而导致瓶颈识别不准、优化方案不优等不足,在生成调度优化方案的同时确定相对应的瓶颈,因此得到的优化调度方案更具有指导意义。

(2)确定型多属性瓶颈识别采用免疫进化算法得到 JSP 问题优化调度方案,瓶颈识别层提出确定型属性值的 TOPSIS 多属性瓶颈识别方法,克服了传统瓶颈识别指标片面、识别结果偏颇等缺陷。区间多属性识别基于 Plant-simulation 仿真软件模拟实际生产随机扰动,采用 GA 算法得到 JSP 问题优化调度方案,提出改进区间型 TOPSIS 瓶颈识别方法。其中,改进的三参数相离度公式解决了属性区间分布概率不相同的权重确定问题,能有效地确定机器属性的权重。

(3)瓶颈识别的多属性决策除了给出系统瓶颈外,还给出了预测机器成为瓶颈可能性的评判指标——贴近度。依据贴近度指标可预测机器可能成为瓶颈的优先顺序,为生产过程管控中保护瓶颈作业、监控次瓶颈能力以及预防瓶颈漂移提供了重要的决策信息。

第 4 章　瓶颈簇识别

在当前瓶颈识别研究实践中,不论是单瓶颈还是多瓶颈场景,现有做法属于对机器集合的一次性划分,因此瓶颈识别结果只有一个集合。实质上,瓶颈不仅有数量差异,更有主次之分、层次之分,应该根据不同的划分层次确定不同的划分粒度,并且根据不同的条件进行多次划分,逐步识别出不同层次的、具有一定主次关系的多个瓶颈候选集的集合。本章介绍基于瓶颈簇的多瓶颈识别方法,提出机器簇、瓶颈簇、主瓶颈簇及阶次等概念,并解决多瓶颈候选集划分时缺乏科学的划分范围、划分层次以及划分依据等问题。进一步地,针对异序作业车间静态瓶颈和漂移瓶颈两种情形,介绍相应的静态瓶颈簇识别方法和漂移瓶颈簇识别方法。

4.1　静态瓶颈簇识别

4.1.1　瓶颈簇定义

瓶颈簇是具有高度相似性的瓶颈的集合,其中瓶颈簇阶次最高的为主瓶颈簇。在不同时间段内,瓶颈簇会发生漂移现象,发生漂移的瓶颈簇称为漂移瓶颈簇。

4.1.1.1　机器簇定义

令机器的编号为 i,$i \in M = \{1, 2, \cdots, m\}$,机器集合为 $A = \{A_1, A_2, \cdots, A_i, \cdots, A_m\}$。$d(A_i, A_b)$ 为机器 A_i 与 A_b 的距离;令机器簇的编号为 k,$k \in W = \{1, 2, \cdots, w\}$,记第 k 个机器簇为 C_k,所有机器簇的集合记为 C,$C = \{C_1, C_2, \cdots, C_k, \cdots, C_w\}$。

定义 4-1　机器簇(machine cluster, MC)。机器 $A_i, A_{i'}, A_b \in C_k$,$A_a \in C_{k'}$,$k' \neq k$,$k' \in W$,当且仅当 $\mathrm{Max}\{d(A_i, A_b) \mid i, b \in M\} < \mathrm{Min}\{d(A_{i'}, A_a) \mid i', a \in M\}$。

机器簇是具有高相似度的机器集合,不同的划分方法及划分标准得到不同的机器簇。一般来说,机器簇内个体间相似度高,簇间个体间相似度低。本节采用层次聚类方法,依据距离度量将异序作业车间的资源划分为不同规模以及不同层次的聚类簇。此处的层次即为机器簇的阶次,简称阶。机器簇除了有阶次这一固有属性外,还有另外一个固有属性——机器簇的成员数量。

已知机器簇的集合 $C = \{C_1, \cdots, C_k, C_{k+1}, \cdots, C_w\}$,则机器簇的阶次和成员数量定义如下:

定义 4-2 机器簇的阶次(machine cluster order)。k 为机器簇 C_k 的阶次,当且仅当 $C_{k+1} \subset C_k \subset \cdots \subset C_1$。

定义 4-3 机器簇的成员数量(quantity of machine cluster member)。机器簇 C_k 的成员数量定义为 $\mathrm{QTY}_{C_k} = |C_k|$。

本节在进行机器簇比较时,选定簇中心作为机器簇的代表。机器簇中心定义如下:

令 G_{A_i} 为机器 A_i 的评价值,$G_{A_i} = f(A_i)$,机器 $A_i \in C_k$,$C_k = \{A_p, \cdots, A_i, \cdots, A_q\}$ 的评价值为 $G_A = \{G_{A_p}, \cdots, G_{A_i}, \cdots, G_{A_q}\}$。

定义 4-4 机器簇中心(machine cluster center)。机器 A_i 为簇 C_k 的簇中心 c_k,当且仅当 $G_{A_i} > \mathrm{Max}\{G_{A_u}, \forall A_u \in C_k, u \neq i\}$。

机器簇中心简称簇中心(cluster center),本节采用多属性决策理论对所有机器成员的评价值进行求解,最终将评价值最高的成员作为此簇的簇中心。

4.1.1.2 瓶颈簇与非瓶颈簇定义

令 G_k 为机器簇 C_k 的评价值,$G_k = f(C_k)$,所有机器簇集合 $C = \{C_1, C_2, \cdots, C_k, \cdots, C_w\}$ 的评价值为 $G = \{G_1, G_2, \cdots, G_k, \cdots, G_w\}$。

定义 4-5 瓶颈簇(bottleneck cluster,BC)。机器簇 C_k 为瓶颈簇 BC,当且仅当 $G_k > \mathrm{Max}\{G_u, u \in W, u \neq k, \forall u\}$。

定义 4-6 非瓶颈簇(non-bottleneck cluster,NBC)。机器簇 C_k 为非瓶颈簇 NBC,当且仅当 $G_k < \mathrm{Max}\{G_u, u \in W, \forall u\}$。

4.1.1.3 主瓶颈簇定义

瓶颈簇内的成员存在主次之分。根据不同的聚类距离对瓶颈簇的子簇进行识别,属性值优的子簇为主瓶颈簇。

瓶颈簇内的成员存在层次之分。在上一级主瓶颈簇识别结果基础上,依次进行下一级主瓶颈簇的识别,可获得不同聚类距离下,规模从大到小、重要性从低到高的主瓶颈簇集合。

定义 4-7 主瓶颈簇(primary bottleneck cluster,PBC)。令瓶颈簇 BC 为第 1 阶主瓶颈簇 PBC_1,即 $\mathrm{BC} \equiv \mathrm{PBC}_1$;第 r 阶主瓶颈簇 PBC_r 下两个子簇 $C_{k'}$,

$C_{k''}$ 的评价值分别为 $G_{k'}$，$G_{k''}$。则子簇 $C_{k'}$ 为第 $r+1$ 阶主瓶颈簇 PBC_{r+1}，当且仅当 $G_{k'} > G_{k''}$。

显而易见，主瓶颈簇 PBC_r 为第 r 阶主瓶颈簇，其成员数量为 $\mathrm{QTY}_{\mathrm{PBC}_r} = |\mathrm{PBC}_r|$。另外，主瓶颈簇的阶次越大，簇间距离越小，则主瓶颈簇规模越小但是重要性越高。

4.1.1.4　机器簇相关定义之间的关系

机器簇、瓶颈簇、主瓶颈簇与支配瓶颈[54]、多瓶颈之间的关系，如图 4-1 所示。

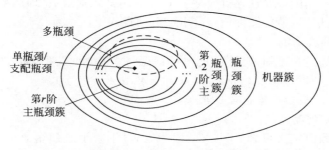

图 4-1　瓶颈相关定义间的关系

主瓶颈簇是对瓶颈簇的进一步挖掘细分，如果瓶颈簇中只包含一个成员，即 $|\mathrm{BC}| = 1$，则说明此识别问题是典型的单瓶颈情形，无需进行进一步的主瓶颈簇识别。如果瓶颈簇中包含多个成员，即 $|\mathrm{BC}| > 1$，则说明此识别问题是典型的多瓶颈情形，进一步根据不同聚类距离识别主瓶颈簇。因此，$|\mathrm{BC}|$ 是否为 1 是区分单瓶颈和多瓶颈问题的依据。

从形式上看，似乎传统意义上的单瓶颈、多瓶颈即为主瓶颈簇的特例。实质上，传统意义上的单瓶颈或支配瓶颈并不等同于最高阶的主瓶颈簇。同理，多瓶颈并不完全与某阶主瓶颈簇等价。

4.1.2　瓶颈簇识别模型

令机器的特征属性的编号为 j，$j \in N = \{1, 2, \cdots, n\}$。针对 m 台机器集 $A = \{A_1, A_2, \cdots, A_i, \cdots, A_m\}$，机器的 n 维特征属性集 $X = \{X_1, X_2, \cdots, X_j, \cdots, X_n\}$，所形成的特征属性值矩阵（feature attribute matrix，FAM）为

$$\mathrm{FAM} = (x_{ij})_{m \times n}, \quad i \in M, j \in N$$

其中，x_{ij} 是第 i 个机器的第 j 个特征属性值。常用的机器特征属性值包括机器利用率、机器负荷、活跃时间、活跃偏差、单位有效产出等，具体可参考 3.1.3 节。

（1）机器簇确定。

由机器簇定义可知，C_k 满足：

$$C_k = \{A_i, i \mid \mathrm{Max}\{d(A_i, A_b) \mid i, b \in M\} < \mathrm{Min}\{d(A_{i'}, A_a) \mid i', a \in M\}\} \tag{4-1}$$

本节依据机器特征属性值矩阵 $\mathrm{FAM} = (x_{ij})_{m \times n}$，通过层次聚类法获得机器属性值相似的机器簇及机器簇树状结构图。

（2）机器簇评价值确定。

机器簇 C_k 的多属性评价值 G_k 通过四元评价模型确定：

$$G_k = f(C_k, X, \mathrm{FAM}, \omega), \quad C_k \in C \tag{4-2}$$

具体地，G_k 使用的多属性评价模型 $f(C_k)$ 由四个元素组成，即簇 C_k 的簇中心 c_k、特征属性集 X、特征属性值矩阵 FAM、属性权重向量 ω。

（3）瓶颈簇确定。

由瓶颈簇定义可知，机器簇 C_k 成为瓶颈簇 BC 时，必须满足：

$$C_k > \mathrm{Max}(C_u, u \in W, u \neq k, \forall u) \tag{4-3}$$

式中 C_k，C_u 为机器簇集合 C 的成员。

（4）主瓶颈簇确定。

由主瓶颈簇定义可知，子簇 $C_{k'}$ 成为第 $r+1$ 阶主瓶颈簇 PBC_{r+1} 时，必须满足：

$$C_{k'} > C_{k''} \tag{4-4}$$

式中，$C_{k'}$，$C_{k''}$ 分别为第 r 阶主瓶颈簇 PBC_r 下的两个子簇；$G_{k'}$，$G_{k''}$ 分别为 $C_{k'}$，$C_{k''}$ 的评价值。在瓶颈簇识别模型中，机器簇划分与瓶颈簇识别、主瓶颈簇识别均采用相同的机器特征属性值矩阵 FAM 和距离函数，统一了机器簇的划分、识别的依据。

4.1.3　瓶颈簇识别方法

传统方法将瓶颈先区分为单瓶颈与多瓶颈，再在多瓶颈中识别主瓶颈，旨在辨识出真正影响系统产出的"单瓶颈"。此方法在小规模问题易于实现，而在现实生产中各种生产因素错综复杂，难以直接找出真正的单瓶颈或者少数多瓶颈集合。因此本节改变现有将瓶颈划分为单瓶颈和多瓶颈的传统做法，提出机器簇的概念，采用聚类方法实现机器资源的科学划分，将具有高相似度的机器划分成簇，考虑机器的多维特征属性，采用多属性决策方法辨识包含占少数比例但重要性高的机器集为瓶颈簇与包含占多数比例但重要性低的机器集为非瓶颈簇。进一步地，考虑簇划分的大小粒度，确定不同相似度下机器簇的规模和重要度，最终获得规模从大到小、重要性从低到高的多阶主瓶颈簇。瓶颈簇识别流程如图 4-2 所示。

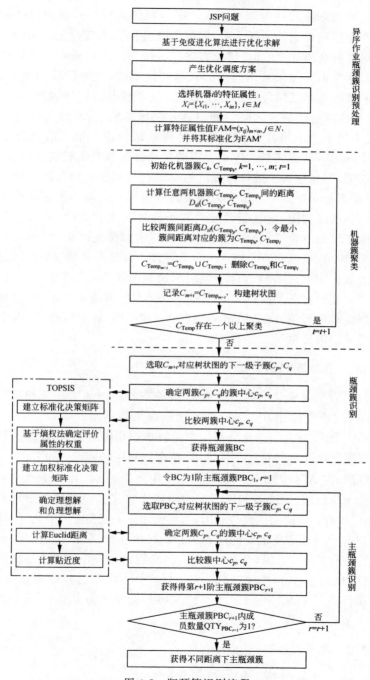

图 4-2　瓶颈簇识别流程

瓶颈簇识别方法共分为四个阶段。第一阶段为瓶颈簇识别预处理。考虑到调度方案与瓶颈识别的关联关系,采用免疫进化算法获得 JSP 方案;确定识别瓶颈的机器特征属性,将调度优化方案作为瓶颈识别的输入及计算机器的特征属性值。整个识别过程采用相同的机器特征属性,为机器簇的划分、识别提供了统一的依据。第二阶段为机器簇聚类。基于机器的特征属性值,采用层次聚类法,挖掘机器特征属性之间的相似性及层次结构,将高相似度的机器划分成簇,获得不同距离下机器簇的集合及其树状结构图。第三阶段为瓶颈簇识别。通过 TOPSIS 法确定最大距离对应的聚类簇下两个子簇的簇中心,比较簇中心的属性值,得到包含少数机器成员的瓶颈簇与包含多数机器成员的非瓶颈簇,将瓶颈资源与非瓶颈资源区分为两大阵营。第四阶段为主瓶颈簇识别。依据机器簇的树状结构图,立足瓶颈簇对其子簇依次比较,逐步确定不同相似度下机器簇的规模和重要度,获得随着阶次逐渐增加而规模逐渐变小、重要性逐渐增加的多阶主瓶颈簇集合。图 4-3 给出包含 5 台机器的瓶颈簇识别过程的示意图。瓶颈簇识别方法不但适合于识别单瓶颈问题,而且适合于多瓶颈问题;不但提供了客观确定瓶颈候选集的规模、层次、主次的决策依据,使得瓶颈候选集范围的划定有据可依,而且输出不同层次关系的多阶主瓶颈簇,为生产管理人员进行科学决策提供了更多的选择空间。

4.1.3.1　瓶颈簇识别预处理

调度优化方案与瓶颈识别息息相关,即使在相同的加工任务和相同的机器情形下,不同的调度优化方案对应的系统瓶颈可能不同。本节采用文献[130]提出的新型优化运作逻辑,先充分利用产能再辨识系统限制,以改变传统瓶颈识别独立于调度优化方案的做法。具体地,在充分利用产能时,采用文献[22]中的免疫进化算法 IA_ADO 对 JSP 问题进行调度优化求解。此处,虽然无法确切识别出瓶颈机器或瓶颈簇,但通过调度方案的整体优化实现调度性能指标的全局优化,进而保证所有机器能力的充分利用,当然也保证了瓶颈能力的充分利用。

预处理阶段另外一项重要的内容为:针对瓶颈识别目的,确定机器的候选特征属性,$X = \{X_1, X_2, \cdots, X_j, \cdots, X_n\}$。然后,根据优化得到的调度优化方案,获得机器集 $A = \{A_1, A_2, \cdots, A_i, \cdots, A_m\}$ 中各机器的特征属性值,建立机器的特征属性值矩阵 $FAM = (x_{ij})_{m \times n}$,并将其标准化为 FAM',用于后续聚类和多属性决策。

4.1.3.2　机器簇聚类

聚类方法主要有三种:基于划分的聚类算法(partition based clustering algorithm)、层次聚类算法(hierarchical clustering algorithm)和基于模型的聚类

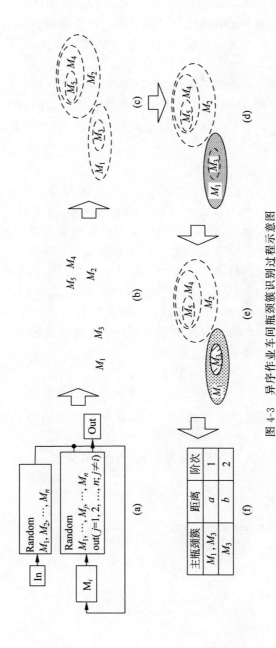

图 4-3　异序作业车间瓶颈簇识别过程示意图

(a) Job Shop 模型；(b) 第一阶段 预处理；(c) 第二阶段 机器簇聚类；(d) 第三阶段 瓶颈簇识别（[M_1,M_3]为瓶颈簇，[M_2,M_4,M_5]为非瓶颈簇；
(e) 第四阶段 主瓶颈簇识别（[M_1,M_3]为第 1 阶主瓶颈簇，[M_3]为第 2 阶主瓶颈簇）；(f) 瓶颈簇识别结果算法(model-based clustering algorithm)$^{[131]}$。对于异序作业车间瓶颈识别而言,其目的是识别出瓶颈簇,并在瓶颈簇基础上挖掘出瓶颈簇成员的主次关系及层次结构。另外,考虑到此类问题难以事先确定出机器簇的数量以及数据集的分布,因此本节选用层次聚类的凝聚方法进行机器簇聚类,以得到机器簇的树状结构图。

在层次聚类算法中,核心是确定两个机器簇间的距离。针对机器簇间的距离,本节选用最近邻方法,将取自两个簇中的最近的两点之间的距离定义为簇间的距离。机器簇 C_p,C_q 的簇间最近邻距离 $D_{sl}(C_p,C_q)$ 计算公式为

$$D_{sl}(C_p,C_q) = \min_{x,y}\{d(x,y) \mid x \in C_p, y \in C_q\} \qquad (4\text{-}5)$$

其中 $d(x,y)$ 是对象 x,y 间的距离。

在求解 $d(x,y)$ 时,有欧氏距离(Euclidean distance)和马氏距离(Mahalanobis distance)两种方法。针对本节研究的瓶颈簇问题,其核心是进行机器簇聚类和(主)瓶颈簇识别。在对(主)瓶颈簇识别时,可通过对两个机器簇的簇中心比较而进行辨识。这样,两个簇中心就限定了机器特征属性值矩阵的行数为 2;而多属性决策时,一般选取的机器特征属性不会低于 2 个。因此造成机器特征属性值矩阵的行数小于列数,从而无法得到机器特征属性协方差矩阵的逆矩阵,所以马氏距离并不适用于(主)瓶颈簇识别。考虑到机器簇聚类和(主)瓶颈簇识别需要保持统一的识别依据,因此均采用相同的机器特征属性值矩阵和距离函数。鉴于此,选用欧式距离,其定义如下:

$$d_E(A_p,A_q) = \sqrt{\sum_{j=1}^{n}(x_{pj} - x_{qj})^2} \qquad (4\text{-}6)$$

考虑到欧式距离函数是在 n 维空间中计算两个点之间的距离,因此需要统一特征属性的量纲,并进行决策变量数据的标准化。令标准化后的机器特征属性值矩阵为 FAM',机器 A_i 的标准化特征属性值为 $X'(i) = \{x'_{i1}, x'_{i2}, \cdots, x'_{in}\}$。

层次聚类过程伪代码为:

For $k = 1, \cdots, m$,令临时机器簇集合为 C_{Temp},$C_{\mathrm{Temp}_k} = \{A_k\}$,$C_k = \{A_k\}$,$t = 1$;
While C_{Temp} 中存在一个以上的簇 do:
    计算任意两个簇 C_{Temp_p},C_{Temp_q} 间的最近邻距离 $D_{sl}(C_{\mathrm{Temp}_p}, C_{\mathrm{Temp}_q})$;
    比较任意两簇间距离 $D_{sl}(C_{\mathrm{Temp}_p}, C_{\mathrm{Temp}_q})$;
    令最小簇间距离对应的簇为 C_{Temp_h},C_{Temp_l};
    $C_{\mathrm{Temp}_{m+t}} = C_{\mathrm{Temp}_h} \bigcup C_{\mathrm{Temp}_l}$;
    从 C_{Temp} 中删除聚类 C_{Temp_h},C_{Temp_l};
    记录 $C_{m+t} = C_{\mathrm{Temp}_{m+t}}$;
    依据 C_{m+t} 构建机器簇的树状图;

$t = t + 1;$
End

判断簇划分粒度是否合理是直接关系到识别结果是否正确的关键。簇粒度划分的合理性采用 Cophenetic 相关系数(Cophenetic correlation coefficient, CPCC)对层次聚类的有效性进行度量[141]。CPCC 为聚类树的 Cophenetic 距离与原始距离的线性相关系数,反映了层次聚类树状图上聚类距离与原始数据点间距离的契合程度。

令 P 为依据原始距离构建的邻近矩阵,P 中向量 x_i 和 x_j 之间的距离记为 $P(i,j)$,P_C 为聚类树状图构建的 Cophenetic 矩阵。在层次聚类首次合并时,向量 x_i 与 x_j 节点高度记为 $P_C(i,j)$,用 $P_C(i,j)$ 值代替 $P(i,j)$ 构建 P_C。显然,CPCC 为表征 P_C 与 P 相似程度的统计指标,其计算公式为

$$\mathrm{CPCC} = \frac{(1/M)\sum\limits_{i=1}^{N-1}\sum\limits_{j=i+1}^{N} P(i,j)P_C(i,j) - \mu_P\mu_C}{\sqrt{\left[(1/M)\sum\limits_{i=1}^{N-1}\sum\limits_{j=i+1}^{N}\left[P(i,j)\right]^2 - \mu_P^2\right]\left[(1/M)\sum\limits_{i=1}^{N-1}\sum\limits_{j=i+1}^{N}\left[P_C(i,j)\right]^2 - \mu_C^2\right]}},$$

$$-1 \leqslant \mathrm{CPCC} \leqslant 1 \tag{4-7}$$

其中,N 为数据集中数据点的总数,$M = N \cdot (N-1)/2$;μ_C 和 μ_P 分别为矩阵 P_C 和 P 的平均值,即

$$\mu_P = (1/M)\sum\limits_{i=1}^{N-1}\sum\limits_{j=i+1}^{N} P(i,j), \quad \mu_C = (1/M)\sum\limits_{i=1}^{N-1}\sum\limits_{j=i+1}^{N} P_C(i,j) \tag{4-8}$$

由式(4-7)可知,CPCC 的值越接近 1,矩阵 P_C 和 P 的相关性越大,表明层次聚类得到的树状图与数据集原始特征越符合,所得到簇粒度的划分也越合理。

4.1.3.3 瓶颈簇识别

瓶颈簇识别以层次聚类得到的机器簇集合及树状图为基础,将树状图中最大距离下各成员组成的聚类簇 C_{m+t} 作为输入,比较判断 C_{m+t} 下的两个子簇,求得属性较优子簇即为瓶颈簇 BC。

瓶颈簇识别步骤如下:

步骤 1 选取 C_{m+t} 对应树状图的下一级子簇 C_p,C_q。

步骤 2 确定两子簇 C_p,C_q 的簇中心 c_p,c_q。

本节选定簇中心(cluster center)作为机器簇的代表,并将其用于机器簇的比较。具体地,采用 TOPSIS 法求解各成员的评价值,将最终评价值最高的成员作为此簇的簇中心。TOPSIS 法[125]是根据有限个评价对象与理想化目标的

接近程度进行排序的方法。其基本原理为:考虑与最优解接近的距离以及与最劣解远离的距离两方面因素,计算评价对象与理想解的贴近度;然后按理想解贴近度的大小对评价对象进行排序,获得评价对象相对优劣的评价顺序。最靠近最优解同时又最远离最劣解的对象的评价值最优,否则较劣。考虑到各属性的偏好,本节采用熵权法[126],求解 n 个机器特征属性的权重向量 $\omega=(\omega_1,\omega_2,\cdots,\omega_n)$,尽量消除各指标权重计算的人为干扰,使评价结果更符合实际。

步骤 3　比较两子簇中心 c_p,c_q,获得属性较优子簇,即为瓶颈簇 BC。

比较两子簇中心 c_p,c_q,将评价值高的子簇中心作为较优子簇中心,较优子簇中心对应的机器簇即为瓶颈簇 BC。

4.1.3.4　主瓶颈簇识别

将识别出的瓶颈簇 BC 设定为第 1 阶主瓶颈簇 PBC_1。通过循环辨识策略,以识别出的第 r 阶主瓶颈簇 PBC_r 为基础,进行第 $r+1$ 阶主瓶颈簇 PBC_{r+1} 的识别,直到第 $r+1$ 阶主瓶颈簇 PBC_{r+1} 中的成员数量 $QTY_{PBC_{r+1}}$ 为 1 时结束循环,输出多阶主瓶颈簇集合 $PBC=\{PBC_u,QTY_{PBC_u}=|PBC_u|,u=1,2,\cdots,r+1\}$。

主瓶颈簇识别步骤如下:

步骤 1　令 BC 为第 1 阶主瓶颈簇 PBC_1,$r=1$。

r 为计数器,用于记录循环次数,标记主瓶颈簇的阶数。

步骤 2　选取第 r 阶主瓶颈簇 PBC_r 对应树状图的下一级子簇 C_p,C_q。

步骤 3　确定两簇 C_p,C_q 的簇中心 c_p,c_q。

步骤 4　比较两簇中心 c_p,c_q,获得属性较优子簇。

步骤 5　确定第 $r+1$ 阶主瓶颈簇 PBC_{r+1}。

步骤 6　判断主瓶颈簇 PBC_{r+1} 内成员数量 $QTY_{PBC_{r+1}}$ 是否为 1。

如果 $QTY_{PBC_{r+1}}$ 为 1 则执行下一步;如果主瓶颈簇 PBC_{r+1} 内成员数量 $QTY_{PBC_{r+1}}$ 大于 1 则执行步骤 2。

步骤 7　输出不同距离下对应的不同阶次的主瓶颈簇。

其中,步骤 3 与步骤 4 均采用 TOPSIS 法[125]求解簇中心和属性较优子簇。

4.1.4　算例仿真及分析

4.1.4.1　算例仿真

选取 JSP 问题 LA 类的 24 个标准算例作为测试算例。具体地,选取 6 种规模($10\times5,15\times5,10\times10,15\times10,20\times10,30\times10$),每种规模选取 4 个算例,共

24 个算例。

本节使用文献[22]提出的免疫进化算法对 24 个标准算例进行优化求解以得到最好的调度方案。机器的特征属性集为 $X = \{$机器负荷,机器利用率,平均活跃时间$\}$,决策者没有属性偏好。采用瓶颈簇识别方法得到不同距离下对应不同阶次的主瓶颈簇识别结果,并将本节提出的瓶颈簇识别方法与目前文献中的三种方法进行比较:①文献[32]提出的 SBD 法,其定义平均持续活跃时间总和最长的机器为系统的瓶颈机器;②文献[127]提出的正交试验瓶颈识别法,其定义对于试验指标影响最大的因素(机器)为系统的瓶颈机器;③常用的机器负荷最大的瓶颈识别法[31]。识别结果及算例比较结果如表 4-1 所示。

表 4-1 瓶颈簇识别结果及比较

算例	规模 $(n \times m)$	SBD 法识别的瓶颈	正交试验法识别的瓶颈	负荷最大机器	本节识别方法				makespan
					主瓶颈簇	欧式距离	阶次	CPCC	
LA01	10×5	5	5	5	5	0.5038	1	0.9882	666
LA02	10×5	4	1	4	4	0.6238	1	0.9873	655
LA03	10×5	2	2	2	1,2,5	0.1709	1	0.7278	597
					1,2	0.1105	2		
					2	0.1012	3		
LA04	10×5	3,1	5,1,3	5	1	0.4308	1	0.9577	590
LA06	15×5	1	1	1	1	0.4963	1	0.9658	926
LA07	15×5	1	1	1	1	0.6502	1	0.9874	890
LA08	15×5	5	3	5	4,5	0.3108	1	0.8810	863
					5	0.0895	2		
LA09	15×5	2	2	2	2,4	0.4584	1	0.9724	951
					2	0.0261	2		
LA16	10×10	3,1	1,3	1	3	0.4339	1	0.9575	946
LA17	10×10	4	4	4	4	0.5423	1	0.9446	784
LA18	10×10	4	1	1	1,4	0.2743	1	0.9495	848
					1	0.0236	2		
LA19	10×10	7	2	7	7	0.1992	1	0.9062	842
LA21	15×10	10	10	1	10	0.3190	1	0.9486	1069
LA22	15×10	5	5	8	5	0.3402	1	0.8815	944
LA23	15×10	7	7	7	7	0.7462	1	0.9924	1032
LA24	15×10	9	10	10	6,2,7,4,8,1,3,9,10	0.1079	1	0.8276	950
					9,10	0.1065	2		
					9	0.0922	3		

算　例	规　模 $(n \times m)$	SBD 法识别的瓶颈	正交试验法识别的瓶颈	负荷最大机器	本节识别方法				makespan
					主瓶颈簇	欧式距离	阶次	CPCC	
LA26	20×10	1	5	1	1,9	0.4738	1	0.9869	1218
					1	0.0635			
LA27	20×10	4	4	7	4	0.4583	1	0.9858	1265
LA28	20×10	2	2	2	2	0.2639	1	0.9426	1250
LA29	20×10	4	4	4	4	0.6028	1	0.9921	1251
LA31	30×10	1	1	1	1	0.7112	1	0.9907	1784
LA32	30×10	7	9	7	7	0.7299	1	0.9961	1850
LA33	30×10	4	4	4	4	0.7657	1	0.9953	1719
LA34	30×10	7	7	7	7	0.4390	1	0.9551	1721

以算例 LA09 为例说明具体识别过程。图 4-4 给出了 LA09 层次聚类结果树状图和瓶颈簇识别过程,图 4-5 为 LA34 层次聚类树状图。

4.1.4.2　算例结果分析

瓶颈簇识别法立足于机器簇及机器簇树状结构,同时考虑到机器的多维特征属性,进行有层次的综合识别。识别结果分析如下:

(1) 本节识别结果为多个瓶颈候选集,并非传统意义上的一个瓶颈集,改变了传统方法要么识别单瓶颈、要么识别多瓶颈且识别结果都为一个瓶颈集的做法。

(2) 本节识别的多个瓶颈候选集之间具有层次、主次关系,即低阶次的主瓶颈簇包含高阶次的主瓶颈簇,而且随着主瓶颈簇阶次的增加,主瓶颈簇属性间的距离逐渐减小,主瓶颈簇的规模逐渐变小,但主瓶颈簇的重要性逐渐增加,最终主瓶颈簇只包含 1 个机器成员。特别地,主瓶颈簇成员规模的变化并不随阶次呈线性变化,因此人为将机器集合中的前 10% 或者 20% 等确定多瓶颈的成员规模缺乏科学性。

(3) 本节所识别的单瓶颈结果并非与现有传统识别方法的结果完全相同。这是由于本节识别过程中采用了多属性决策方法,挖掘了丰富的多维机器特征属性,比采用单一识别指标评价更全面。

(4) 对于算例 LA21,LA22,LA27,本节提出的瓶颈簇识别方法与 SBD 法、正交试验瓶颈识别法的识别结果一致,但与机器负荷最大的瓶颈识别法结果不同。因此,负荷高的机器并不一定是系统的瓶颈。

(5) 各算例的 CPCC 值大都接近于 1,表明本方法得到的机器簇粒度划分合理,为瓶颈簇识别奠定了基础。

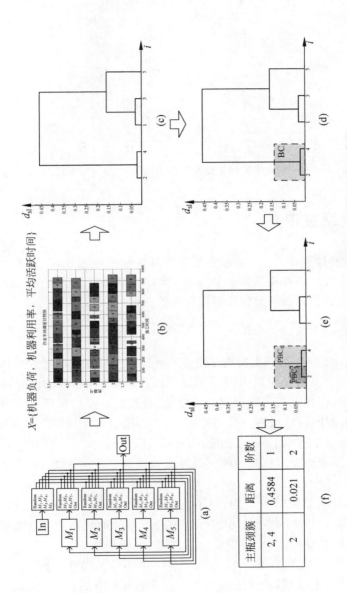

图 4-4 LA09 的层次聚类结果和瓶颈簇识别结果及过程（见文后彩图）

(a) 算例 LA09 的 Job shop 调度模型；(b) 基于 LA09 的优化调度结果及选取的特征属性进行初始化；(c) LA09 层次聚类结果；(d) 瓶颈簇 BC，距离 0.4584；(e) 主瓶颈簇 PBC_2，距离 0.0261，$r=2$；(f) 瓶颈簇识别结果

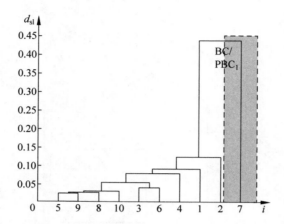

图 4-5　LA34 层次聚类树状图及瓶颈识别结果（见文后彩图）

4.2　漂移瓶颈簇识别

　　本节立足于具体调度方案，通过分析不同时间段的瓶颈簇，提出漂移瓶颈簇概念，并进一步给出漂移瓶颈簇识别方法，为车间现场管理人员预测瓶颈漂移时间、瓶颈持续时长及瓶颈漂移路线提供决策依据。

4.2.1　漂移瓶颈簇定义

　　4.1 节讨论的瓶颈簇是从机器维度出发并针对一个调度周期进行总体评价而得到。事实上，一个调度周期内的不同时间段内，可能存在不同的异序作业车间瓶颈簇。本节在静态瓶颈簇识别的基础上，对机器维度的瓶颈簇在时间维度进行细分，对各时间段依次进行瓶颈簇识别，获得随时间变动的漂移瓶颈。

　　定义 4-8　漂移瓶颈簇（shifting bottleneck cluster，SBC）。随着不同时间段发生漂移的瓶颈簇称为漂移瓶颈簇。漂移瓶颈簇立足于时间维度，是对机器维度瓶颈簇的进一步细分。

　　瓶颈簇漂移并不是时时发生的，而是出现诸如加急订单、工艺超越等新的变动打破了现有生产系统的平衡，引发了现有生产系统的状态变迁，进而导致了漂移瓶颈簇现象的发生。

　　由前述研究可知，主瓶颈簇是瓶颈簇的进一步细分。同样，对于漂移瓶颈簇而言，也存在漂移主瓶颈簇（shifting primary bottleneck cluster，SPBC）。对于生产车间现场管理人员而言，在某种程度上，对漂移主瓶颈簇的关注胜于对漂移瓶颈簇的关注。

　　因此，本节提出漂移瓶颈簇的概念，通过识别不同时间段的瓶颈簇，重点分析最高阶主瓶颈簇的变动情况,并用漂移瓶颈簇来具体表达异序作业车间的瓶颈漂移现象。

设 $Du = \{du_1, du_2, \cdots, du_{al}\}$ 为生产车间中成员数量为 1 的最高阶主瓶颈簇的时间段,$Tu = \{0, tu_1, tu_2, \cdots, tu_{al}\}$ 为各时间段的时刻。异序作业车间的漂移瓶颈簇为 $SBC = \{BC(du_1), BC(du_2), \cdots, BC(du_{al})\}$,漂移主瓶颈簇为 $SPBC = \{PBC(du_1), PBC(du_2), \cdots, PBC(du_{al})\}$,其中 $PBC(du_{al}) = \{PBC_1, PBC_2, \cdots, PBC_p\}$。

4.2.2　漂移瓶颈簇识别方法

在调度模型求解得到特征属性值的基础上,本节提出了漂移瓶颈簇识别方法,其主要步骤如下:首先,确定漂移时刻和漂移时间段。漂移瓶颈簇关注最高阶主瓶颈簇的变动情况,因此漂移瓶颈簇识别的起始点或漂移点是确定生产现场具有唯一的、最高阶主瓶颈簇成员数量为 1 的时间段;其次,识别各时间段内的瓶颈簇和主瓶颈簇,得到对应于具体调度方案且按时间变化的漂移瓶颈簇;最后,分析漂移瓶颈簇的变动情况,指导生产现场在不同的时间段采取不同的瓶颈管理和瓶颈漂移应对策略。漂移瓶颈簇的识别过程如图 4-6 所示。

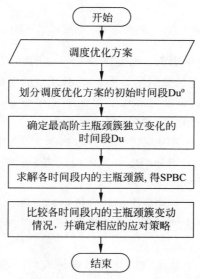

图 4-6　漂移瓶颈簇识别的过程

步骤 1　划分调度优化方案的初始时间段 Du^o。

首先以调度优化方案上所有工序各自的完工时刻作为划分的时间点 $Tu^o =$

$\{0,tu_1^o,tu_2^o,\cdots,tu_{al}^o\}$，然后将调度优化方案划分为许多小的分段，得到初始时间段 $Du^o=\{du_1^o,du_2^o,\cdots,du_{al}^o\}$。图 4-7 给出了标准算例 FT06 的调度方案初始时间段划分结果。

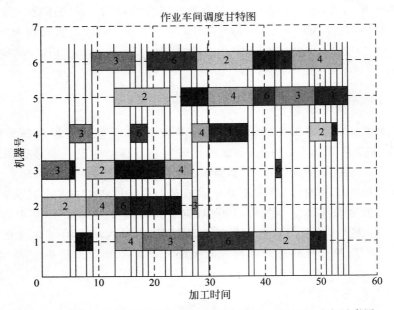

图 4-7　标准算例 FT06 的调度方案初始时间段划分结果（见文后彩图）

初始时间段的划分原则为：既要保证划分度的细致，又要保证后续步骤的高效和准确，能为后续步骤提供足够小但又不冗余的时间段。经过优化的调度方案，在工件维度和机器维度已尽可能保证了工序安排的相对紧凑。因此以下两种划分方法适合于初始时间段的划分，具体为：

（1）以各个工序的开工时刻作为划分依据的方法。即首先将调度方案上每一个工序的开工时刻作为划分调度方案的时间点，再将调度方案的执行时间段划分为许多小的时间段。

（2）以各个工序的完工时刻作为划分依据的方法。即首先将调度方案上每一个工序的完工时刻作为划分调度方案的时间点，再将调度方案的执行时间段划分为许多小的时间段。

使用以上两种划分方法求得的调度方案执行时间段划分结果大致相同，但是以开工时刻作为划分依据的方法将会丢失最后一个工序的部分加工时间。所以，以调度方案上各个工序的完工时刻作为划分的依据，既能保证划分出的时间段包含所有的工序等待、开始，加工和结束状态，又不会将单纯的加工状态多次划分，从而达到初始时间段划分的要求。

步骤 2　确定最高阶主瓶颈簇独立变化的时间段 Du。

以步骤 1 获得的初始时间段 Du^o 为依据，自初始时刻 0 开始，检索初始时间段 du_1^o 上属性值最大的机器，如果此类机器的数量等于 1 则此时间段即为所找的时间段；否则将 du_1^o 与其紧后时间段 du_2^o 合并为新的时间段，检索新时间段上属性值最大的机器；重复上述操作，直到新时间段上属性值最大的机器只有 1 个或到达最终完工时刻，获得第 1 个最高阶主瓶颈簇独立变化的时间段 du_1^o；然后，以上一时间段的结束时刻作为起始时间，依次进行后续时间段的确定，直到到达最后一道工序的完工时刻，获得 Du。

前面的研究得出机器特征属性决定机器聚类的质量和瓶颈簇识别的结果，因此通过比较机器特征属性即可确定最高阶主瓶颈簇独立变化的时间段。在多属性情形下，通过比较机器的属性值以求得属性值最大的机器是比较困难的。虽然可以采用诸如多属性决策等方法，但是其求解过程较为复杂。4.1节的研究表明机器的各个特征属性具有不同的重要度，并且某个机器特征属性具有决定性的影响。因此，通过正交试验法求得机器特征属性对机器聚类识别具有决定性的影响，通过熵权法求得平均活跃时间是最重要的机器特征属性，进而使用具有决定性影响的属性来快捷、高效地确定主瓶颈簇漂移时刻。以标准算例 FT06 为例，选取平均活跃时间作为评价机器的特征属性，对应的最高阶主瓶颈簇独立变化时间段的划分结果如图 4-8 所示。

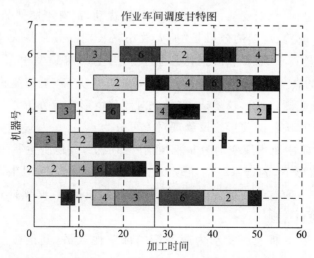

图 4-8　标准算例 FT06 的最高阶主瓶颈簇独立变化时间段划分结果（见文后彩图）

步骤 3　求解各时间段内的主瓶颈簇。

利用 4.1 节使用的机器聚类方法和静态瓶颈簇识别方法进行各时间段对

应主瓶颈簇的识别,获得 SPBC。

步骤 4　比较各时间段内的主瓶颈簇变动情况,并确定相应的应对策略。

按时间顺序比较各时间段的主瓶颈簇,重点分析最高阶主瓶颈簇变动情况,其次分析其他阶主瓶颈簇变动情况。

(1)当随着时间段的改变最高阶主瓶颈簇发生变动时,生产车间的瓶颈管理重心需要进行改变以适应瓶颈发生漂移的现实。

(2)当随着时间段的改变最高阶主瓶颈簇未发生变动而其他阶主瓶颈簇发生改变时,生产车间的瓶颈管理重心不需要改变,仅需进行细微的调整即能适应由较低阶主瓶颈簇的变动所引起的生产现场的细微变化。

(3)当随着时间段的改变,最高阶主瓶颈簇和其他阶主瓶颈簇均未发生变动时,生产车间的瓶颈管理重心不需要改变。

4.2.3　瓶颈簇漂移管理对策

TOC 的管理思想是抓"重中之重",使最严重的制约因素凸显出来并进行提升改善,从技术上消除了"避重就轻""一刀切"等管理弊病发生的可能,避免了管理者陷入大量的事务处理当中而不能自拔的情形。但是瓶颈并非一成不变,随着环境的变化,如实际生产过程中出现机器故障、加急订单、刀具破损、物料短缺、工艺超越、交期变动、人员缺勤等随机扰动,都有可能使瓶颈发生漂移。对瓶颈的持续改善,短期的效果是"抓大放小",长期的效果是大小问题齐抓共管,使企业的整体管理水平得到持续提升。当生产瓶颈发生了实际漂移后,TOC 再以新的真实瓶颈进行生产调度。如此迭代循环,进行生产管控持续改善。鉴于瓶颈簇漂移情形较复杂,需要先对漂移情形进行分析。

瓶颈簇漂移按其漂移形式及管理对策可分为:

(1)最高阶主瓶颈簇变动为非瓶颈簇内部成员,其他阶主瓶颈簇发生变化。

在此种情形下,制造系统的瓶颈发生了根本性的漂移,对生产瓶颈管理产生了重要影响。原有的瓶颈管理已不适用于新的瓶颈簇,必须针对新的瓶颈簇进行重新规划和管理。

(2)最高阶主瓶颈簇变动为瓶颈簇内部其他成员,其他阶主瓶颈簇发生变化。

在此种情形下,最高阶主瓶颈簇虽然发生变动,但是依然在原瓶颈簇的范围内,所以对生产现场瓶颈管理带来的影响相对较大。因此,生产现场的管理人员只需将瓶颈的管理重心调整为当前识别出的最高阶主瓶颈簇,并将原来的针对瓶颈簇的管理进行相关的调整即可。

（3）最高阶主瓶颈簇不变动,其他阶主瓶颈簇发生变动。

在此种情形下,最高阶主瓶颈簇未发生变动,对生产现场瓶颈管理带来的影响相对较小。因此,生产现场的管理人员只需将原来的针对瓶颈簇的管理进行相关的调整即可。

（4）最高阶主瓶颈簇和其他阶主瓶颈簇均未发生变动。

在此种情形下,生产车间的瓶颈管理重心不需要改变。

4.2.4　算例仿真及分析

4.2.4.1　算例仿真

选取 JSP 问题 LA 类的 24 个标准算例作为测试算例。具体地,选取 6 种规模（10×5,15×5,10×10,15×10,20×10,30×10）,每种规模选取 4 个算例,共 24 个算例。

使用 4.1.3 节求得的 24 个标准算例的最好的调度方案作为调度方案,选择机器的特征属性集为 $X=\{$机器负荷,机器利用率,平均活跃时间$\}$,选取平均活跃时间作为确定时间段的属性,所求得的各个算例的漂移瓶颈簇的识别结果如表 4-2 所示。

图 4-9 为标准算例 LA24 的漂移瓶颈簇识别结果。从图中得出:各个时间段具有不同的主瓶颈簇,例如在 0～241 时间段,第 1 阶主瓶颈簇为机器 4、3、9、10,第 2 阶主瓶颈簇为机器 3、9、10,第 3 阶主瓶颈簇为机器 3;在 241～394 时间段,第 1 阶主瓶颈簇为机器 4、2、9、5、10,第 2 阶主瓶颈簇为机器 4、2、9,第 3 阶主瓶颈簇为机器 2、9,第 4 阶主瓶颈簇为机器 9。从时间段 0～241 到时间段 241～394,主瓶颈簇发生了漂移,其中最高阶主瓶颈也从机器 3 漂移为机器 9。

4.2.4.2　算例结果及分析

1. 瓶颈簇漂移识别结果及分析

（1）各算例的调度优化方案都被划分为不同的时间段,每个时间段都有各自独立的最高阶主瓶颈,且时间段的划分数量较少,方便生产现场的高效管理。算例 LA27 的最后一个时间段的最高阶主瓶颈簇包含两个成员,究其原因

表 4-2　漂移瓶颈簇识别结果

左半部分：

标准算例	时间段	时间	主瓶颈簇识别结果	阶次
LA01	1	0~503	2,5	1
			5	2
	2	503~666	3,5,1,4	1
			5,1,4	2
			5	3
LA02	1	0~80	1,4,2,5	1
			4,2,5	2
			2,5	3
			5	4
	2	80~283	4,1,3	1
			4	2
	3	283~627	1,4	1
			4	2
	4	627~655	4	1
LA03	1	0~91	3,5	1
			5	2
	2	91~376	2,5	1
			2	2
	3	376~588	4,1,2,3	1
			1,2,3	2
			2,3	3
			2	4
	4	588~597	2	1
LA04	1	0~182	1,2,3,	1
			2,3,	2

右半部分：

标准算例	时间段	时间	主瓶颈簇识别结果	阶次
LA04	1	0~182	3	3
	2	182~482	1,3	1
			1	2
	3	482~569	1,5	1
			5	2
	4	569~581	2	1
	5	581~590	1,3	1
			1	2
LA06	1	0~493	1,5	1
			1	2
	2	493~857	1,5	1
			1	2
	3	857~926	1,4	1
			1	2
LA07	1	0~489	4,1,3	1
			4	2
	2	489~850	2	1
	3	850~875	4,5	1
	4	875~890	5	1
LA08	1	0~796	5	1
	2	796~834	5	1
	3	834~863	2,4	1
LA09	1	0~928	2	2

续表

标准算例	时间段	时间	主瓶颈簇识别结果	阶次
LA09	2	928~951	1	1
LA16	1	0~154	2,3	1
			3	2
	2	154~256	3,4,5,7	1
			3	2
	3	256~359	9,2,7,10,3,5	1
			2,7,10,3,5	2
			7,10,3,5	3
			3,5	4
			3	5
	4	359~481	3,2,4,9,5,8,6,7,10	1
			3	2
	5	481~650	1,7	1
			1	2
	6	650~698	6,1,4,8,5,9,3,7,10	1
			1,4,8,5,9,3,7,10	2
			4,8,5,9,3,7,10	3
			8,5,9,3,7,10	4
			5,9,3,7,10	5
			5,9	6
			5	7
	7	698~768	5,1,6,7,10	1
			1,6,7,10	2
			1,6	3
			1	4
LA16	8	768~886	6,8,1,7,2,9	1
			8,1,7,2,9	2
			8	3
	9	886~946	5,6,8	1
			6,8	2
			6	3
LA17	1	0~159	2,3	1
			2	2
	2	159~516	4,8	1
			4	2
	3	516~692	10,4,7	1
			4,7	2
			7	3
	4	692~761	10,1,2,5,6,7	1
			1,2,5,6,7	2
			2,5,6,7	3
			2	4
	5	761~784	2	1
LA18	1	0~129	5,1,4,2,9,6,7	1
			5,1,4	2
			1,4	3
			4	4
	2	129~235	8,10,1,4,3,2,5	1
			10,1,4,3,2,5	2
			10,1,4	3

标准算例	时间段	时间	主瓶颈簇识别结果	阶次
LA18	2	129~235	1,4	4
	3	235~455	1,5	5
	4	455~534	7,1,4,3,6	1
			7	2
	5	534~683	6,7,9	1
			7,9	2
			9	3
	6	683~778	4,1,6,7,8,9,10	1
			4,1,6	2
			1,6	3
			1	4
	7	778~847	5,6,7,8	1
			5,6	2
			6	3
	8	847~848	6	1
LA19	1	0~351	7,2,6	1
			7	2
	2	351~522	4,5	1
			4	2
	3	522~682	8,10,2,4,1,3,7,9	1
			8,10	2
			10	3
	4	682~782	3,6,1,2,10,7,8	1

标准算例	时间段	时间	主瓶颈簇识别结果	阶次
LA19	4	682~782	1,2,10,7,8	2
			2,10,7,8	3
			2,10	4
			10	5
	5	782~841	6,1,7	1
			6	2
	6	841~842	6	1
LA21	1	0~167	10,5,3,9,8,4,1,2,6	1
			10,5,3,9	2
			5,3,9	3
			5	4
	2	167~689	3,10	1
			10	2
	3	689~867	2,1,8,10	1
			1,8,10	2
			8,10	3
			8	4
	4	867~1018	5,1,7	1
			5	2
	5	1018~1065	8	1
	6	1065~1069	5	1
LA22	1	0~543	5,7	1
			5	2
	2	534~771	6,8	1
			8	2

续表

标准算例	时间段	时间	主瓶颈簇识别结果	阶次
LA22	3	771~937	6,8,3,5	1
			6,8	2
			6	3
	4	937~944	4,6	1
			6	2
LA23	1	0~424	6,7	1
			7	2
	2	424~641	7,8	1
			7	2
	3	641~823	7,9	1
			7	2
	4	823~1032	10,1,2,7	1
			1,2,7	2
			2,7	3
			7	4
LA24	1	0~241	4,3,9,10	1
			3,9,10	2
			3	3
	2	241~394	4,2,9,5,10	1
			4,2,9	2
			2,9	3
			9	4
	3	394~584	2,9	1
			9	2
	4	584~916	1,10	1
LA24	4	584~916	1	2
	5	916~950	7,10,5,8	1
			10,5,8	2
			10	3
LA26	1	0~1124	1,9	1
			1	2
	2	1124~1218	8,1,10	1
			1,10	2
			1	3
LA27	1	0~788	4,6	1
			4	2
	2	788~1068	7,9	1
			7	2
	3	1068~1241	4,1,7,9,10	1
			1,7,9,10	2
			7,9,10	3
			9,10	4
			10	5
	4	1241~1265	1,2,5	1
			2,5	2
LA28	1	0~558	3,5	1
			3	2
	2	558~734	5,8,9,2,7	1
			8,9,2,7	2
			2,7	3

续表

左半部分

标准算例	时间段	时间	主瓶颈簇识别结果	阶次
LA28	2	558~734	2	4
	3	734~1246	2,10	1
			10	2
	4	1246~1250	10	1
LA29	1	744	3,4	1
			4	2
	2	744~1129	4,1,8	1
			1,8	2
			8	3
	3	1129~1251	10,7,2,8	1
			7,2,8	2
			2,8	3
			8	4
LA31	1	0~936	1,4	1
			1	2
	2	936~1427	7,1,5	1
			1,5	2
			1	3
	3	1427~1672	1,8	1
			1	2
	4	1672~1784	2,7,1,10,3,4,5	1
			7,1,10,3,4,5	2
			1,10,3,4,5	3
			1,10	4

右半部分

标准算例	时间段	时间	主瓶颈簇识别结果	阶次
LA31	4	1672~1784	1	5
LA32	1	0~733	3,7	1
			2,7	2
	2	733~1621	7	1
			9,5,7,1,6	2
	3	1621~1850	9,5,7	1
			5,7	2
			7	3
			4,5	4
LA33	1	0~600	4	1
			4,5	2
	2	600~1467	4	1
			4,5	2
	3	1467~1713	3,9,4,6,7,1,10	1
			4,6,7,1,10	2
			4,6,7	3
			4	4
	4	1713~1719	4	1
LA34	1	0~1459	4,7	1
			7	2
	2	1459~1721	2,10,6,7	1
			10,6,7	2
			6,7	3
			7	4

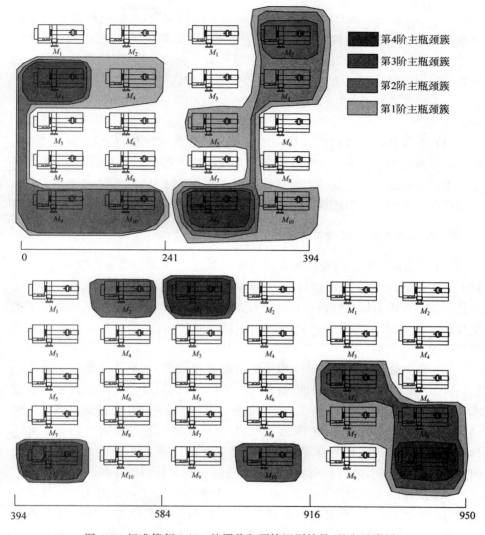

图 4-9　标准算例 LA24 的漂移瓶颈簇识别结果(见文后彩图)

是存在两个最终完工时间相同的机器。包含 5 台机器的标准算例的最佳调度优化方案的时间段划分数量分布在 2～5 之间；包含 10 台机器的标准算例的最佳调度优化方案的时间段划分数量分布在 2～9 之间。

（2）各算例的各个时间段都具有各自独立的瓶颈簇，并且随着时间的变化而变化，整体构成了调度方案的漂移瓶颈簇。漂移瓶颈簇识别方法，实现了单瓶颈漂移情形和多瓶颈漂移情形下漂移瓶颈的形式统一和定量识别，同时使瓶颈漂移的表达更直观、更全面。

（3）部分算例的各个时间段具有相同的最高阶主瓶颈簇，瓶颈没有发生实质性的漂移，但是其他阶的主瓶颈簇存在变动，如算例 LA01、LA06、LA08、LA23、LA31、LA32、LA33 和 LA34。通过分析发现，这些算例的最佳调度优化方案的时间段划分数量相对较少，分布在 2～4 之间。究其原因，调度优化方案一方面保证了各机器的负载均衡；另一方面实现了工件安排和机器利用两者的最佳匹配。

（4）多数算例的漂移瓶颈簇在不同的时间段发生变化，如标准算例 LA24 的漂移瓶颈簇识别结果。这种变化既包含最高阶主瓶颈簇的变动，又伴随着其他阶主瓶颈簇的变动。这一方面反映了异序作业车间瓶颈漂移的复杂性；另一方面证明了本节漂移瓶颈簇识别方法的优越性。

2. 瓶颈簇漂移管理对策分析

（1）最高阶主瓶颈簇变动为非瓶颈簇内部成员，其他阶主瓶颈簇发生变化。以 LA03 为例，前两个时间段（0～91 和 91～376）最高阶主瓶颈簇由 5 变成 2，并且瓶颈 2 并不是瓶颈簇内部成员。在此种情形下，制造系统的瓶颈发生了根本性的漂移，原有的瓶颈管理已不适用于新的瓶颈簇，必须针对新的瓶颈簇进行重新规划和管理。

（2）最高阶主瓶颈簇变动为瓶颈簇内部其他成员，其他阶主瓶颈簇发生变化。以 LA02 为例，前两个时间段（0～80 和 80～283），最高阶主瓶颈簇由 5 变成 4，而 4 是低阶瓶颈簇内部成员。在此种情形下，最高阶主瓶颈簇虽然发生变动，但是依然在原瓶颈簇的范围内，所以对生产现场瓶颈管理带来的影响并不具有颠覆性。生产现场的管理人员只需将瓶颈的管理重心调整为当前识别出的最高阶主瓶颈簇，并对原来瓶颈簇的管理进行相关的调整即可。

（3）最高阶主瓶颈簇不变，其他阶主瓶颈簇发生变动。以 LA01 算例为例，虽然两个时间段其他阶主瓶颈簇发生变动，但是最高阶主瓶颈簇都是 5，并未发生改变。此种情形对生产现场瓶颈管理带来的影响相对较小，生产现场的管理人员只需将原来的针对瓶颈簇的管理进行相关的调整即可。

4.3　本章小结

本章考虑机器的主次之分和多维特征属性，基于聚类思想及多属性决策理论提出了异序作业车间瓶颈簇的识别方法。主要内容如下：

（1）静态瓶颈簇识别。首先提出了瓶颈簇、主瓶颈簇以及阶次的概念，建立了瓶颈簇识别模型。然后考虑机器的多维特征属性，基于改进熵权法的

TOPSIS 提出了静态多阶主瓶颈簇识别方法；同时，基于改进熵权法，分析了机器多维特征属性的重要性。最后采用 24 组 JSP 标准算例，将本方法与 SBD 法、正交试验瓶颈识别法、机器负荷识别法等进行了比较，证明了本方法的有效性。

（2）漂移瓶颈簇识别。首先针对不同时间段作业车间瓶颈发生的漂移现象，提出了漂移时刻和时间段的科学划分方法。然后，在对调度优化方案的执行时间段细分的基础上，提出了漂移瓶颈簇识别方法，并对瓶颈簇漂移情形进行了分析。最后针对 24 组 JSP 标准算例，给出了各算例瓶颈漂移的漂移时刻、瓶颈持续时长和瓶颈漂移路线，并针对各种漂移形式给出了对应的管控策略，方便生产管理人员进行现场管理与瓶颈管理。

未来正视扰动无处不在的事实，研究机器故障、加急订单、工艺超越等动态扰动对瓶颈簇漂移的作用机理，总结瓶颈漂移的内在规律，为生产管理人员提供科学的瓶颈漂移风险预测和管控方法。另外，考虑到瓶颈簇识别方法具有很强的通用性，研究将其推广到计算机网络、交通网络等领域的瓶颈识别问题中。

第 5 章 经典产品组合优化

产品组合优化(product mix optimization,PMO)是指在有限的企业制造资源能力下,选择企业所要生产的产品种类及其数量以使企业收益最优。产品组合优化是企业面向既定市场需求、优化企业资源能力利用的规划层决策问题。产品组合优化问题属于运筹学中的组合优化(combinatorial optimization)问题,是典型的 NP-hard 问题。产品组合优化得到产品加工的优先次序和资源的占用以及分配情况,将为企业产品战略调整、资源能力设计、资源能力调整、企业投资分析等提供重要的数据支持和决策依据,产品组合方案直接关系到企业利润、在制品水平、顾客满意度等性能。高德拉特立足于 TOC 思想,提出基于瓶颈驱动的启发式算法用于解决产品组合优化问题,即 TOC 启发式算法(TOC heuristics,TOCh)。本章介绍几类 TOC 启发式算法,包括传统 TOCh 及其改进算法 RTOCh,以及基于漂移瓶颈驱动的 TOC 启发式算法,即 STOCh。

5.1 经典产品组合优化问题及模型

假设企业拥有 m 种制造资源,可用于生产 n 种不同的产品。单位数量产品 i 对资源 j 的消耗为 t_{ij},资源 j 的能力限制为 β_j,目标是需要确定在各资源能力限制下各产品的生产数量 y_i,使得企业收益最大化。因此,产品组合优化问题的数学模型为

$$\max \sum_{i=1}^{n} y_i \cdot \mathrm{TP}_i \tag{5-1}$$

s. t.

$$\begin{cases} \sum_{i=1}^{n} y_i \cdot t_{ij} \leqslant \beta_j, & j \in M \\ l_i \leqslant y_i \leqslant D_i, & i \in N \\ y_i \in Z^+, & i \in N \end{cases} \tag{5-2}$$

式中,i 为产品序号,$i \in N = \{1, 2, \cdots, n\}$; j 为资源序号,$j \in M = \{1, 2, \cdots, m\}$; TP_i 为单位数量产品 i 的有效产出;y_i 是模型的决策变量,为产品 i 的计划生产数量;t_{ij} 为单位数量产品 i 对资源 j 的消耗;β_j 为资源 j 的可用能力;D_i 为产品 i 的市场需求量;l_i 为产品 i 的最低生产数量,l_i 不得小于 0; Z^+ 为非负整数集。

式(5-1)为产品组合优化问题的目标函数,即使企业总的有效产出(收益)最大。式(5-2)为产品组合优化问题的约束条件,其中第一项为资源能力限制;第二项为产品数量上、下限限制,即产品生产数量必须不大于市场需求,不小于最低生产数量;第三项为产品数量为正整数。

制造系统中不能满足所有产品的市场需求的资源被定义为系统瓶颈资源,如果系统中只存在一个瓶颈资源,则对应的问题为单瓶颈产品组合优化问题,如果存在多个瓶颈资源,则对应的问题为多瓶颈产品组合优化问题。产品组合优化结果是主生产计划(master production schedule,MPS)的重要支撑。主生产计划是企业在综合计划指导下基于独立需求的最终实体产品(或物料)的计划。MPS 详细规定了每个具体产品在每个具体时间段的生产数量,时间段通常以周为单位,也可能是日、旬或月。MPS 的制订需要充分考虑企业生产能力,协调企业运营和市场战略目标,其合理性关系到后续物料需求计划(material requirements planning,MRP)的计算执行效果和准确性。

传统产品组合优化问题的单瓶颈特例等价于背包问题,本节基于背包问题(knapsack problem)分析产品组合优化问题的复杂性。

背包问题　背包容量为 C,有 n 个待装物品,物品 i 的价值为 v_i、重量为 w_i,$i = 1, 2, \cdots, n$。决策哪些物品装入背包,在背包内物品重量总和不超过背包容量的前提下,最大化背包内所装物品的总价值。

单瓶颈是指所有资源中只有一个资源不能按产品的市场需求生产所有产品。与背包问题对应的是:有 n 种可供选择生产的产品,每种产品的单位利润对应背包问题中物品的价值 v_i,单个产品对瓶颈资源的需求对应背包问题中物品的重量 w_i,瓶颈资源的最大可用能力对应背包问题中背包的容量 C。因而背包问题的最优解一定也是产品组合优化问题的最优解。由于背包问题是NP-hard 问题,因此单瓶颈产品组合优化问题也是 NP-hard 问题。

5.2　静态瓶颈驱动的 TOC 启发式算法

5.2.1　传统 TOC 启发式算法

传统 TOCh 方法由高德拉特于 1990 年基于 TOC 运作逻辑而提出[2],其立足瓶颈并充分利用瓶颈的启发式信息,基于"瓶颈优先、非瓶颈次之"的原则以解决产品组合优化问题的一种瓶颈驱动的启发式算法。TOCh 基本思路是辨识瓶颈、确定产品优先级、依据产品优先级分配瓶颈资源、确定产品组合优化方案。TOCh 将优化的过程以一种"可视"的方式展现出来,优先安排瓶颈上的生产任务,充分利用瓶颈能力,高效地得到产品组合优化方案,其处理逻辑简单、直观,易于掌握,适合生产管理人员在实践中使用。传统 TOCh 具体步骤如下:

（1）辨识系统瓶颈

对于每一个生产资源 j,计算该资源的产能(即能力限制)与该资源的需求的差值 d_j:

$$d_j = \beta_j - \sum_{i=1}^{n} (D_i \times t_{ij}) \tag{5-3}$$

式中,β_j 表示资源 j 的可用生产能力,D_i 表示第 i 个产品的市场需求量,t_{ij} 表示单位产品 i 占用资源 j 的时间。若 $d_j < 0$,则资源 j 即为瓶颈资源。

（2）计算产品优先级

首先计算产品 i 的单位产品有效产出与其在瓶颈资源上的加工时间比值,即单位时间的有效产出,计算公式为

$$r_{i,\mathrm{BN}} = \frac{\mathrm{TP}_i}{t_{i,\mathrm{BN}}} \tag{5-4}$$

然后,针对产品是否在瓶颈资源上加工的两种情况,基于下述规则分别对产品进行排序,得到产品基于瓶颈资源的生产优先次序。具体规则如下:

① 在瓶颈资源上加工的产品优先级排序规则:若 $t_{ij} > 0$,则按照优先级 $r_{i,\mathrm{BN}}$ 值的大小降序排列;若 $r_{i,\mathrm{BN}}$ 相同,则按有效产出 TP_i 值的大小降序排列。

② 不在瓶颈资源上加工的产品优先级排序规则:若 $t_{ij} = 0$,则按有效产出 TP_i 值的大小降序排列在瓶颈资源上产品优先级序列末尾。

（3）根据产品优先级次序分配瓶颈资源

根据产品优先级依次分配瓶颈资源,即将全部资源先给优先级最高的产品,若资源数量足够满足其市场需求量,则在满足了其市场需求后将剩余资源向低优先级产品依次传递;若资源数量不满足其市场需求,则资源耗尽后所得的产品数量即为最终的产品组合。

传统 TOCh 算法流程图如图 5-1 所示。

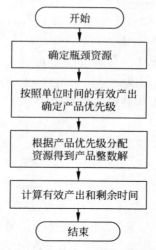

图 5-1　传统 TOCh 算法流程图

进一步通过算例对传统 TOCh 算法的求解过程进行说明,并对结果进行分析。算例描述见表 5-1。

表 5-1　算例描述

产　　品	市场需求	有效产出	加工时间
A	40	167	57
B	30	176	65
C	50	43	43
D	60	39	39
资源能力限制(R)			2400

使用传统 TOCh 算法对表 5-1 的算例求解的过程如下:

(1) 辨识系统瓶颈

由式(5-3)可知,

$$d_R = \beta_R - \sum_{i=1}^{n}(D_i \times t_{iR}) = 2400 - 8720 = -6320$$

所以资源 R 为瓶颈资源。

(2) 确定产品优先级

根据式(5-4)计算产品优先级的值

$$r_{A,R} = \frac{\text{TP}_A}{t_{A,R}} = \frac{167}{57} = 2.9, \quad r_{B,R} = \frac{\text{TP}_B}{t_{B,R}} = \frac{176}{65} = 2.7,$$

$$r_{C,R} = \frac{\text{TP}_C}{t_{C,R}} = \frac{43}{43} = 1, \quad r_{D,R} = \frac{\text{TP}_D}{t_{D,R}} = \frac{39}{39} = 1$$

优先级结果为 $A>B>C(C=D)$；产品 C 和 D 的优先级值相等，根据传统 TOC 算法可知，若 $r_{i,\mathrm{BN}}$ 相同，则按有效产出 TP_i 值的大小降序排列，由于产品 C 的有效产出值要大于产品 D 的，所以产品 C 的优先级要比产品 D 的优先级高。因此，最终的产品优先级次序为：$A>B>C>D$。

（3）根据产品优先级次序分配瓶颈资源

A：40

B：$\lfloor(2400-40\times57)/65\rfloor=\lfloor1.85\rfloor=1$

C：$\lfloor(2400-40\times57-65)/43\rfloor=\lfloor1.28\rfloor=1$

D：$\lfloor(2400-40\times57-65-43)/39\rfloor=\lfloor0.308\rfloor=0$

因此，$40A,1B,1C,0D$ 为传统 TOCh 算法求出的产品组合。此时瓶颈资源 R 上的剩余能力为 12。显见，基于传统 TOCh 算法求出的产品组合方案中，瓶颈资源有部分能力剩余，可能存在一定程度的资源浪费。

5.2.2　修订 TOC 启发式算法

Frendendall 等[21]通过分析发现，传统 TOCh 算法并不能在所有的算例中都得到最优解，因此提出了修订 TOCh 算法（revised TOCh，RTOCh）。修订 TOCh 算法在传统 TOCh 算法的基础上增加了邻域搜索的过程。运用邻域搜索方法对传统 TOCh 算法所得结果进行调整，可进一步提高瓶颈资源的利用率，提升系统的有效产出。算法的具体步骤如下：

（1）辨识系统瓶颈

对于每一个生产资源 j，计算需求产能与总产能（即能力限制）之间的差值 d_j，若 $d_j<0$，则资源 j 即为瓶颈资源。d_j 的计算方法见式(5-3)。

（2）计算产品优先级

首先，计算产品 i 的有效产出与其在瓶颈资源上的加工时间的比值，即单位时间的有效产出，计算方法见式(5-4)。然后根据产品是否在瓶颈资源上加工对产品进行排序，得到产品基于瓶颈资源的生产优先次序。具体排序规则如下：

① 在瓶颈资源上加工的产品优先级排序规则：若 $t_{ij}>0$，则按照优先级 $r_{i,\mathrm{BN}}$ 值的大小降序排列；若 $r_{i,\mathrm{BN}}$ 的值相同，则按有效产出 TP_i 值的大小降序排列。

② 不在瓶颈资源上加工的产品优先级排序规则：若 $t_{ij}=0$，则按有效产出 TP_i 值的大小降序排列在产品优先级序列末尾。

（3）根据产品优先级次序分配瓶颈资源

根据产品优先级依次分配瓶颈资源，直到产品市场需求被满足或资源能力不足,得到一组产品组合。

（4）确定待调整产品候选集

在（2）中所确定的产品优先级序列之中,同时满足式（5-5）、式（5-6）两个判断条件的第一个产品以及其后的所有产品就构成了待调整产品候选集。

$$\frac{TP_{i+1}}{t_{i+1}}\frac{(t_{\text{left}}+t_i)}{TP_i}\geqslant 1 \tag{5-5}$$

$$Q_i < D_i \quad 或 \quad Q_{i+1} < D_{i+1} \tag{5-6}$$

式（5-5）中,t_{left} 为剩余能力,是指产品组合初始解确定后,瓶颈资源上尚未被利用的资源能力,$t_{\text{left}}=\beta_j-\sum_{i=1}^{n}(y_i\times t_{ij})$;$TP_i$ 为单位产品 i 的有效产出;t_i 为单位产品 i 所占瓶颈资源的时间。式（5-6）中,Q_i 为产品 i 的实际生产数量;D_i 为产品 i 的市场需求数量。

式（5-5）的物理含义是:判断将减少 1 个单位的高优先级产品得到的资源与剩余资源累加在一起用来生产低一级优先级产品是否有利于增加制造系统有效产出。如果是则进行相应的调整,如果否则无须进行调整。

式（5-6）的物理含义是:调整过程不能使产品 i 的数量大于其市场需求。

（5）循环调整

减少 1 个单位的可调整候选集的第 1 个产品,将所得资源和剩余资源按产品优先级分配到候选集的其他产品。计算每次调整后所有产品的总有效产出,直至达到终止条件。循环终止的条件为:有效产出变化量的和

$$Gain = \Delta TP_k + \Delta TP_{k+1} + \cdots + \Delta TP_{k+n} \tag{5-7}$$

小于零或 $Q_k > D_k$。

（6）选择最佳方案

比较各调整步骤所有产品总的有效产出,有效产出最大的一组解即为最佳产品组合方案。

RTOCh 算法的流程图如图 5-2 所示。

根据 RTOCh 算法的步骤和流程图可知,RTOCh 算法实际是在传统 TOCh 算法的基础上加上邻域搜索而得到的。

通过求解表 5-1 的算例对 RTOCh 算法求解过程进行说明,并对求解结果进行分析。具体求解过程如下:

（1）识别系统瓶颈

由式（5-3）可知,

$$d_R = \beta_R - \sum_{i=1}^{n}(D_i \times t_{iR}) = 2400 - 8720 = -6320$$

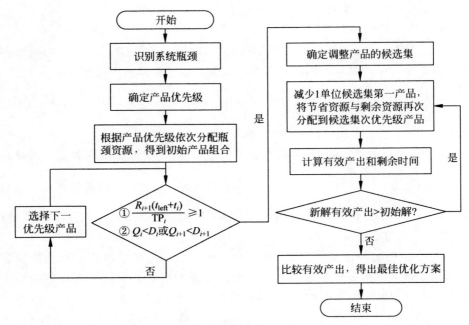

图 5-2　RTOCh 算法流程图

所以资源 R 为瓶颈资源。

（2）确定产品优先级

根据式（5-4）计算产品优先级的值，

$$r_{A,R} = \frac{\text{TP}_A}{t_{A,R}} = \frac{167}{57} = 2.9, \quad r_{B,R} = \frac{\text{TP}_B}{t_{B,R}} = \frac{176}{65} = 2.7,$$

$$r_{C,R} = \frac{\text{TP}_C}{t_{C,R}} = \frac{43}{43} = 1, \quad r_{D,R} = \frac{\text{TP}_D}{t_{D,R}} = \frac{39}{39} = 1$$

根据上述计算结果可知，优先级结果为 $A>B>(C=D)$。产品 C 和 D 的优先级值相等，根据算法可知，若 $r_{i,\text{BN}}$ 相同，则按有效产出 TP_i 值的大小降序排列，由于产品 C 的有效产出值要大于产品 D 的，所以产品 C 的优先级要比产品 D 的高。因此，最终的产品优先级次序为：$A>B>C>D$。

（3）根据产品优先级次序分配瓶颈资源

A：40

B：$\lfloor (2400-40\times57)/65 \rfloor = \lfloor 1.85 \rfloor = 1$

C：$\lfloor (2400-40\times57-65)/43 \rfloor = \lfloor 1.28 \rfloor = 1$

D：$\lfloor (2400-40\times57-65-43)/39 \rfloor = \lfloor 0.308 \rfloor = 0$

此时有效产出为 $40\times167+1\times176+1\times43=6899$，瓶颈资源剩余能力为

$2400-40\times57-1\times65-1\times43=12$。这也是传统 TOCh 算法所得的解。

（4）确定待调整产品候选集

对于产品 A 和 B，根据可调整判断条件式(5-5)，有

$$\frac{\text{TP}_{i+1}}{t_{i+1}}\cdot\frac{(t_{\text{left}}+t_i)}{\text{TP}_i}=\frac{176}{65}\cdot\frac{12+57}{167}=1.07>1$$

所以可调整候选集为 $\{B,C,D\}$。

（5）循环调整

减少 1 个单位的可调整候选集的第 1 个产品，将所得资源和剩余资源按产品优先级分配到候选集的其他产品，具体调整过程见表 5-2。

表 5-2　修订 TOCh 算法的调整过程

产品数量				剩余能力	有效产出
A	B	C	D		
40	1	1	0	12	6899
39	2	1	0	4	6908
38	2	2	0	18	6784

（6）选择最佳方案

由表 5-2 得出：当产品 A 的数量由 40 减小到 39 时，系统的有效产出最大。此时的产品组合为 $39A,2B,1C,0D$，有效产出为 6908，瓶颈资源剩余能力 4。

采用 CPLEX 对表 5-1 中算例进行求解，得到的产品组合为：$38A,3B,0C$，$1D$，有效产出为 6913，瓶颈资源剩余能力为 0。

分别利用传统 TOCh、RTOCh 算法以及 CPLEX 对表 5-2 中算例进行求解，所得结果见表 5-3。

表 5-3　不同算法的求解结果

算法	产品数量				剩余能力	有效产出
	A	B	C	D		
传统 TOCh	40	1	1	0	12	6899
RTOCh	39	2	1	0	4	6908
CPLEX	38	3	0	1	0	6913

对比表 5-3 中的求解结果可知，RTOCh 算法的解要优于传统 TOCh 算法的，而 CPLEX 的解要比 RTOCh 算法的解更优。对比三种求解结果得出：瓶颈资源剩余能力越少，则最终的产品组合的有效产出越高。因此，对剩余能力进行再利用有助于提升产品组合问题的有效产出。

5.3   漂移瓶颈驱动的 TOC 启发式算法

对于多瓶颈产品组合优化问题而言,系统中往往存在瓶颈资源漂移的现象,然而传统 TOCh 算法在解决多瓶颈产品组合优化问题时使用固定的单瓶颈或者固定次序的多瓶颈[2,21,59,60],导致算法难以找到满意的优化解,甚至出现算法求解失效的情况。本节将针对多瓶颈产品组合优化问题,在考虑多瓶颈漂移情形下,提出漂移瓶颈驱动的 TOC 启发式算法(shifting bottleneck-driven TOCh,STOCh)。该算法是解决多瓶颈产品组合优化问题的一种 TOC 启发式算法,其能够有效地识别漂移瓶颈,进而基于漂移瓶颈使用动态的产品优先级,通过充分挖掘瓶颈的生产能力以实现资源的有效分配[63]。

5.3.1   算法设计

本节提出的 STOCh 算法主要包括两个阶段:MPS 生成阶段和局部调整阶段。第一阶段立足于漂移瓶颈而不是传统 TOCh 算法的固定瓶颈,并使用动态产品优先级,以提高资源分配效果。具体地,首先对满足所有产品的市场需求但能力小于市场需求的资源能力都辨识为瓶颈,其中能力与市场需求差距最大的资源即为主瓶颈;然后根据主瓶颈计算产品优先级,将主瓶颈上的产品按照产品优先级由低到高减少数量,在这过程中如果主瓶颈发生漂移,则重新识别新的主瓶颈及计算产品优先级,直到资源约束得到满足(即产品的生产数量小于资源能力)则停止算法,得到初始的 MPS 方案。

第二阶段针对已经生成的 MPS 方案,提出了新的局部调整策略。首先识别系统中剩余能力最少的资源,然后计算各产品在该资源上的优先级,最后通过减少优先级高的产品的生产数量,增加优先级低的产品的生产数量。如果整个过程能提高系统的总有效产出,则成功挖掘了瓶颈资源的剩余能力。基于问题导向的解空间精炼策略缩减了解空间范围,提升了 STOCh 算法搜索效率。算法具体的流程如下:

5.3.1.1   第一阶段:MPS 生成

步骤 1   产品数量初始化。

将各产品生产数量设定为对应市场需求:$Q_i = D_i, i = 1, 2, \cdots, n$,生成一个初始 MPS。

步骤 2   识别系统的瓶颈。

所有市场需求超过资源能力的资源都辨识为瓶颈。其中,主瓶颈是市场需求与资源能力相差最大的资源。

（1）计算资源需求和资源能力的差值 d_j：

$$d_j = \beta_j - \sum_{i=1}^{n} t_{ij} \cdot Q_i \qquad (5\text{-}8)$$

（2）确定主瓶颈 BN，即 d_j 值最小的资源：

$$BN = \arg \min_{j=1,2,\cdots,n} \{d_j \mid d_j \leqslant 0\} \qquad (5\text{-}9)$$

d_j 值越小说明市场需求与资源能力相差越大。如果只有一个资源满足 $d_j \leqslant 0$ 则说明只存在一个瓶颈；如果有多个资源满足 $d_j \leqslant 0$ 则是多瓶颈情形。

步骤 3　计算产品的优先级。

（1）计算主瓶颈上产品的优先级系数 R_i：

$$R_i = TP_i / t_{i,BN} \qquad (5\text{-}10)$$

（2）根据 R_i 值非增的顺序对产品进行排序。因此，得到产品的优先级列表为 $H_0 = \{P_1, P_2, \cdots, P_n\}$，其中 $P_1 > P_2 > \cdots > P_n$。显然，如果 R_i 越大说明产品对于挖掘主瓶颈生产能力越重要。

（3）确定产品数量大于零的优先级最低的产品 P_L：

$$P_L = \arg\max_{i=1,2,\cdots,n} \{R_i \mid Q_i > 0\} \qquad (5\text{-}11)$$

步骤 4　生产初始 MPS。

通过降低优先级较低产品的数量，使得资源数量不大于生产能力，生成可行的 MPS 方案。具体思路是：逐个降低产品 P_L 数量；如果当前产品 P_L 的数量降低到零时，则根据产品优先级列表，选择优先级低的产品作为新的 P_L；如果主瓶颈发生漂移，则识别新的主瓶颈，更新新的主瓶颈上面产品优先级列表。步骤 4 的具体算法描述如下：

```
while BN ∉ ∅
    If d_BN <  min   {d_j | j ≠ BN}
           j=1,2,…,m
        If Q_L = 0
            根据步骤 3 中的③更新 P_L
        Else
            Q_L = Q_L - 1
        End
    Else
        根据步骤 2 更新瓶颈 BN
        根据步骤 3 更新产品优先级列表 H_0 = {P_1, P_2, …, P_n}和优先级最低的产品 P_L
    End
End
```

5.3.1.2 第二阶段：局部调整

通过研究发现在第一阶段生成的初始 MPS 方案中，瓶颈能力有时并非得到充分利用，第二阶段进行局部调整的目的是对瓶颈剩余能力进行充分优化，以提高 MPS 方案的性能。

步骤 5 识别剩余能力最小的资源 LR。

(1) 根据步骤 2 中的(1)计算资源 j 的剩余时间 d_j。

(2) 识别出 d_j 最小的资源即为 LR，即

$$LR = \underset{j=1,2,\cdots,n}{\mathrm{argmin}} \{d_j \mid d_j \geqslant 0\} \tag{5-12}$$

步骤 6 针对资源 LR 生成产品优先级列表。

(1) 计算资源 LR 上的产品优先级系数 $R_{i,\mathrm{LR}}$：

$$R_{i,\mathrm{LR}} = \mathrm{TP}_i / t_{i,\mathrm{LR}} \tag{5-13}$$

(2) 根据 $R_{i,\mathrm{LR}}$ 值非增的顺序对产品进行排序。因此，得到产品的优先级列表为 $H_1 = \{P_1, P_2, \cdots, P_n\}$，其中 $P_1 > P_2 > \cdots > P_n$。

步骤 7 进行局部调整。

(1) 确定局部调整列表。

局部调整通过减少某些产品 P_k 的数量，将占用的资源分配给其他产品，进而增加整个系统的有效产出。可见，降低一个单位的 P_k 能够增加资源 LR 上的 $d_{\mathrm{LR}} + t_{k,\mathrm{LR}}$ 的空闲时间，这些时间用来加工 H_1 中优先级较低的产品 P_i，其中 $i > k, i = 1, 2, \cdots, n$。所以，得到调整列表为

$$H_2(k) = \{P_i \mid P_i \subset H_1, i > k, i = 1, 2, \cdots, n\} \tag{5-14}$$

命题 5-1 产品 P_i 只有在满足 $R_{i,\mathrm{LR}}(d_{\mathrm{LR}} + t_{k,\mathrm{LR}})/\mathrm{CM}_k \geqslant 1$ 和 $Q_i < D_i$ 时，才能作为产品 P_k 的局部调整产品。

证明 因为产品优先级满足 $R_{k,\mathrm{LR}} > R_{i,\mathrm{LR}}$，如果资源 LR 上没有剩余能力，很明显用 P_i 代替 P_k 并不能增加产品的有效产出。所以，资源 LR 必定存在剩余能力。另外，只有当满足条件 $R_{i,\mathrm{LR}} \geqslant \mathrm{TP}_k/(d_{\mathrm{LR}} + t_{k,\mathrm{LR}})$ 时，有效产出才能增加。另外，P_i 产品的生产数量必须小于其市场需求，即 $Q_i < D_i$。命题得证。

因此，基于命题 5-1，局部调整列表进一步优化为

$$H_2(k) = \{P_i \mid P_i \subset H_1, R_{i,\mathrm{LR}}(d_{\mathrm{LR}} + t_{k,\mathrm{LR}})/\mathrm{TP}_k \geqslant 1,$$
$$Q_i < D_i, i > k, i = 1, 2, \cdots, n\} \tag{5-15}$$

(2) 确定最大调整数量。

这个步骤是确定产品 P_k 减少的数量，这些减少的资源能力服务于局部调整列表 $H_2(k)$。将调整数量 $\lambda_k(H_2(k))$ 简化表示为 $\lambda_k(H_2)$，令 λ_i 表示产品

P_i 增加的数量，$P_i = H_2(k)(1)$ 表示列表 $H_2(k)$ 中的第一个产品，可给出如下命题。

命题 5-2　产品 P_k 的最大调整数量满足上界关系：

$$\lambda_k(H_2) \leqslant \min(\text{TP}_i \cdot d_{\text{LR}}/(\text{TP}_k \cdot t_{i,\text{LR}} - \text{TP}_i \cdot t_{k,\text{LR}}), Q_k)$$

证明　首先，减少产品 P_k 的加工时间与剩余能力时间的总和必须大于增加产品 P_i 的时间，即满足

$$\lambda_k(H_2) \cdot t_{k,\text{LR}} + d_{\text{LR}} \geqslant \lambda_i \cdot t_{i,\text{LR}}$$

另外，增加 P_i 带来的有效产出增加量应该大于减少产品 P_k 带来的有效产出的减小量，即

$$\lambda_k(H_2) \cdot \text{TP}_k \leqslant \lambda_i \cdot \text{TP}_i$$

综合上述两个式子，得到

$$\lambda_k(H_2) \cdot \left(\frac{\text{TP}_k}{\text{TP}_i} - \frac{t_{k,\text{LR}}}{t_{i,\text{LR}}}\right) \leqslant \frac{d_{\text{LR}}}{t_{i,\text{LR}}}$$

简化表述为

$$\lambda_k(H_2) \leqslant \text{TP}_i \cdot d_{\text{LR}}/(\text{TP}_k \cdot t_{i,\text{LR}} - \text{TP}_i \cdot t_{k,\text{LR}})$$

考虑到调整的数量必须小于其市场需求，即 $\lambda_k(H_2) \leqslant Q_k$，可得

$$\lambda_k(H_2) \leqslant \min(\text{TP}_i \cdot d_{\text{LR}}/(\text{TP}_k \cdot t_{i,\text{LR}} - \text{TP}_i \cdot t_{k,\text{LR}}), Q_k) \quad (5\text{-}16)$$

命题 5-2 得证。

（3）局部调整流程。

针对产品 P_k，逐步增加调整数量 λ_k，将空出的资源重新分配给其局部调整列表 $H_2(k)$，其中 $\lambda_k(H_2) \leqslant \min(\text{TP}_i \cdot d_{\text{LR}}/(\text{TP}_k \cdot t_{i,\text{LR}} - \text{TP}_i \cdot t_{k,\text{LR}}), Q_k)$。对于每个数量 λ_k，按照给定的顺序分配可用资源 $\lambda_k \cdot t_{k,\text{LR}} + d_{\text{LR}}$ 给列表 $H_2(k)$ 中的产品 P_i，尽量安排最大的数量。

为了提高局部调整的性能，考虑多个调整列表，例如，列表里有四个产品 $\{P_1, P_2, P_3, P_4\}$，对于产品 P_1，其调整列表为 $H_2(1) = \{P_2, P_3, P_4\}$；在减少产品 P_1 的过程中，首选满足列表 $\{P_2, P_3, P_4\}$，其次是 $\{P_3, P_4\}$，最后是 $\{P_4\}$。在调整过程中，针对某个列表 $H_2(k)$，根据优先级顺序逐一满足列表中的产品。具体的局部调整过程如下：

```
x = 1;
For k = 1 to n = 1
    λ_k = 1;
    H'_2(k) = H_2(k);
    While H'_2(k) ∉ ∅
        While λ_k(H'_2) ≤ min(TP_i · d_LR/(TP_k · t_i,LR - TP_i · t_k,LR), Q_k)
            TQ_i = Q_i, for i = 1, 2, ···, n;
            TQ_k = TQ_k - λ_k(H'_2);
```

$$\tau_k = \lambda_k(H_2') \cdot t_{k,\text{LR}} + d_{\text{LR}};$$

$$\text{For } i \in H_2'(k)$$

$$\text{while } \tau_k > t_{i,\text{LR}}$$

$$\text{TQ}_i = \text{TQ}_i + \left\lfloor \frac{\tau_k}{t_{i,\text{LR}}} \right\rfloor;$$

$$\tau_k = \tau_k - \left\lfloor \frac{\tau_k}{t_{i,\text{LR}}} \right\rfloor \cdot t_{i,\text{LR}};$$

$$\text{End}$$

$$\text{End}$$

$$\text{TP}(x) = \sum_{i=1}^{n} \text{TQ}_i \cdot \text{CM}_i;$$

$$x = x + 1;$$

$$H_2'(k) = H_2'(k) \backslash H_2'(k)(1)$$

$$\text{End}$$

$$\lambda_k(H_2') = \lambda_k(H_2') + 1;$$

$$\text{End}$$

$$\text{End}$$

其中，$\text{TP}(x)$ 为第 x 代 MPS 方案的总有效产出，具有最大的 $\text{TP}(x)$ 的 MPS 为最终的产品组合方案。

5.3.2　算例分析

考虑 5 种产品 A、B、C、D、E，三种资源 S、T、U，每种产品的市场需求、产品价格，以及需要的资源能力信息见表 5-4。

表 5-4　算例基本信息

产品	需求/个	价格/$	加工时间/min		
			资源 S	资源 T	资源 U
A	51	99	27	32	35
B	56	114	27	22	21
C	46	116	32	25	31
D	42	100	29	38	35
E	54	114	29	27	32
资源能力			2000	2000	2000

5.3.2.1　STOCh 算法的第一阶段：初始 MPS 生成

步骤 1　产品数量初始化。

将各产品生产量设定为对应市场需求：

$$Q_A = 51, \quad Q_B = 56, \quad Q_C = 46, \quad Q_D = 42, \quad Q_E = 54$$

计算资源需求,得到表 5-5 的结果。

表 5-5　满足最大市场需求的不可行 MPS

产品	需求/个	CM/ $	Q_i	加工时间/min		
				资源 S	资源 T	资源 U
B	56	114	56	27	22	21
C	46	116	46	32	25	31
E	54	114	54	29	27	32
D	42	100	42	29	38	35
A	51	99	51	27	32	35
资源能力限制				2000	2000	2000
资源需求				7145	7068	7585
差值(d_j)				-5145	-5068	-5585

步骤 2　识别系统的瓶颈

(1)计算资源能力与资源需求的差值,得

$$d_S = -5145, \quad d_T = -5068, \quad d_U = -5585$$

(2)差值最大的资源为主瓶颈,即资源 U 是主瓶颈。

步骤 3　计算主瓶颈的产品优先级。

(1)主瓶颈产品优先级系数计算如下:

$$R_A = \frac{\mathrm{TP}_A}{t_{A,U}} = 2.8286, \quad R_B = \frac{\mathrm{TP}_B}{t_{B,U}} = 5.4286, \quad R_C = \frac{\mathrm{TP}_C}{t_{C,U}} = 3.7419,$$

$$R_D = \frac{\mathrm{TP}_D}{t_{D,U}} = 2.8571, \quad R_E = \frac{\mathrm{TP}_E}{t_{E,U}} = 3.5625$$

(2)根据 R_i 值非增进行排序,得到产品优先级列表 $H_0 = \{B, C, E, D, A\}$。

(3)产品优先级最低的产品为 A。

步骤 4　生成初始 MPS。

逐步减少产品 A 的数量,当产品 A 的数量减少到 0 时,主瓶颈仍然是 U,如表 5-6 所示。

表 5-6　$Q_A = 0$ 时的不可行 MPS

产品	需求/个	CM/ $	Q_i	加工时间/min		
				资源 S	资源 T	资源 U
B	56	114	56	27	22	21
C	46	116	46	32	25	31
E	54	114	54	29	27	32

产品	需求/个	CM/$	Q_i	加工时间/min		
				资源 S	资源 T	资源 U
D	42	100	42	29	38	35
A	51	99	0	27	32	35
资源能力限制				2000	2000	2000
资源需求				5768	5436	5800
差值(d_j)				-3768	-3436	-3800

根据产品优先级 $H_0 = \{B, C, E, D, A\}$,继续减少产品 D 的数量。当产品 D 的数量等于 36 时,主瓶颈从资源 U 漂移为资源 S,如表 5-7 所示。

表 5-7　$Q_D = 36$ 时的不可行 MPS

产品	需求/个	CM/$	Q_i	加工时间/min		
				资源 S	资源 T	资源 U
B	56	114	56	27	22	21
C	46	116	46	32	25	31
E	54	114	54	29	27	32
D	42	100	36	29	38	35
A	51	99	0	27	32	35
资源能力限制				2000	2000	2000
资源需求				5594	5208	5590
差值(d_j)				-3594	-3208	-3590

新主瓶颈 S 上的产品优先级更新为 $H_0 = \{B, C, E, D, A\}$。首先减少 D 的数量,当 D 的数量下降为 0 时,主瓶颈仍然是 S。继续减少 C 的数量,当 C 的数量下降为 0 时,主瓶颈仍然为 S。继续减少 E 的数量,当 E 的数量下降为 16 时,所有的资源能力能够满足调度的产品需求,因此得到一个初始的 MPS 方案,即 $Q_A = Q_C = Q_D = 0$,$Q_B = 56$,$Q_E = 16$,其有效产出为 $56 \times 114 + 16 \times 114 = 8208$。初始 MPS 方案的具体内容见表 5-8。

表 5-8　初始 MPS 方案

产品	需求/个	CM/$	Q_i	加工时间/min		
				资源 S	资源 T	资源 U
B	56	114	56	27	22	21
E	54	114	16	29	27	32
A	51	99	0	27	32	35

续表

产品	需求/个	CM/$	Q_i	加工时间/min		
				资源 S	资源 T	资源 U
C	46	116	0	32	25	31
D	42	100	0	29	38	35
资源能力限制				2000	2000	2000
资源需求				1976	1664	1688
差值(d_j)				24	336	312

在介绍 STOCh 的第二阶段之前,先介绍传统 TOC 启发式算法生成初始 MPS 方案过程,并比较 STOCh 算法和传统 TOC 启发式算法生成初始 MPS 方案的差别。

（1）识别系统的瓶颈。

① 计算资源能力与资源需求的差值：

$$d_S = -5145, \quad d_T = -5068, \quad d_U = -5585$$

② 根据差值,得到瓶颈的优先级列表,即 U, S, T,资源 U 为主瓶颈。

（2）计算主瓶颈上的产品优先级。

① 计算主瓶颈产品优先级系数：

$$R_A = \frac{\text{TP}_A}{t_{A,U}} = 2.8286, \quad R_B = \frac{\text{TP}_B}{t_{B,U}} = 5.4286, \quad R_C = \frac{\text{TP}_C}{t_{C,U}} = 3.7419$$

$$R_D = \frac{\text{TP}_D}{t_{D,U}} = 2.8571, \quad R_E = \frac{\text{TP}_E}{t_{E,U}} = 3.5625$$

② 根据产品优先级系数非增的顺序对产品进行排序,得到产品优先级列表为

$$H_0 = \{B, C, E, D, A\}$$

（3）生成初始 MPS。

根据产品优先级列表,首先增加产品 B 的数量为 56,此时并没有超过资源能力限制。然后增加产品 C 的数量,设定 $Q_C = 15$,因为当 $Q_C = 16$ 时,资源 S 将违反资源能力限制。最后,得到初始 MPS 方案为 $Q_D = 56, Q_C = 15, Q_E = Q_D = Q_A = 0$,其有效产出为 8124,这个方案明显劣于 STOCh 算法生成的初始 MPS 方案。传统 TOC 启发式算法生成的 MPS 方案的具体内容见表 5-9。

表 5-9　传统 TOC 启发式算法生成的 MPS 方案

产品	需求/个	CM/$	Q_i	加工时间/min		
				资源 S	资源 T	资源 U
B	56	114	56	27	22	21
C	46	116	15	32	25	31

产品	需求/个	CM/\$	Q_i	加工时间/min		
				资源 S	资源 T	资源 U
E	54	114	0	29	27	32
D	42	100	0	29	38	35
A	51	99	0	27	32	35
资源能力限制				2000	2000	2000
资源需求				1992	1607	1641
差值(d_j)				8	393	359

从表 5-9 中得出：主瓶颈 U 在生成初始 MPS 方案的整个过程中没有发生改变，这也是传统 TOC 启发式算法和 STOCh 算法的最主要的区别。后续算例运算过程也证明了考虑瓶颈漂移将对 MPS 方案的性能提升具有显著的影响。

5.3.2.2　STOCh 算法的第二阶段：局部调整

步骤 5　识别剩余能力最小的资源 LR。

计算得到 $d_S = 24, d_T = 336, d_U = 312$，可知资源 S 是剩余能力最小的资源。

步骤 6　针对资源 LR 生产产品优先级列表。

（1）计算资源 S 上的产品优先级系数：

$$R_{A,\text{LR}} = \frac{\text{TP}_A}{t_{A,S}} = 3.6667, \quad R_{B,\text{LR}} = \frac{\text{TP}_B}{t_{B,S}} = 4.2222, \quad R_{C,\text{LR}} = \frac{\text{TP}_C}{t_{C,S}} = 3.625,$$

$$R_{D,\text{LR}} = \frac{\text{TP}_D}{t_{D,S}} = 3.4483, \quad R_{E,\text{LR}} = \frac{\text{TP}_E}{t_{E,S}} = 3.9310$$

（2）根据 $R_{i,\text{LR}}(i = A, B, C, D, E)$ 值非增的顺序对产品进行排序，得到产品的优先级列表为

$$H_1 = \{B, E, A, C, D\}$$

步骤 7　进行局部调整。

（1）首先减少产品 B 的数量，其调整列表为

$$H_2(B) = \{E, A, C, D\}, \quad H_2(E) = \{A, C, D\},$$

$$H_2(A) = \{C, D\}, \quad H_2(C) = \{D\}$$

（2）最大的调整数量计算得到为

$$\lambda_B(\{E, A, C, D\}) \leqslant 12, \quad \lambda_B(\{A, C, D\}) \leqslant 5, \quad \lambda_B(\{C, D\}) \leqslant 2,$$

$\lambda_B(\{D\}) \leqslant 1$，　$\lambda_E(\{A,C,D\}) \leqslant 11$，　$\lambda_E(\{C,D\}) \leqslant 9$，

$\lambda_E(\{D\}) \leqslant 5$，　$\lambda_A(\{C,D\}) = 0$，　$\lambda_A(\{D\}) = 0$，　$\lambda_C(\{D\}) = 0$

（3）进行局部调整，具体过程见表 5-10。

表 5-10　局部调整

$\lambda_k(H_2(k))$	P_k 减少的数量	增加的有效产出
$\lambda_B(\{E,A,C,D\}) \leqslant 12$	1	0
	2	0
	3	0
	4	0
	5	0
	6	0
	7	0
	8	0
	9	0
	10	0
	11	0
	12	0
$\lambda_B(\{A,C,D\}) \leqslant 5$	1	-15
	2	-30
	3	-45
	4	-60
	5	-75
$\lambda_B(\{C,D\}) \leqslant 2$	1	2
	2	4
$\lambda_B(\{D\}) \leqslant 1$	1	-14
$\lambda_E(\{A,C,D\}) \leqslant 11$	1	-15
	2	69
	3	54
	4	39
	5	24
	6	9
	7	-6
	8	-21
	9	-36
	10	-51
	11	-66

续表

$\lambda_k(H_2(k))$	P_k 减少的数量	增加的有效产出
	1	2
	2	4
	3	6
	4	8
$\lambda_E(\{C,D\})\leqslant 9$	5	10
	6	12
	7	14
	8	16
	9	2
	1	−14
	2	−28
$\lambda_E(\{D\})\leqslant 5$	3	−42
	4	−56
	5	−70

最佳的调整方案为减少 2 个产品 E，增加 3 个产品 A，得到最大的有效产出为 $8208+69=8277$，具体的 MPS 方案为 $Q_B=56$，$Q_E=14$，$Q_A=3$，$Q_C=Q_D=0$。此 MPS 方案恰好是该算例的最优解。当然，STOCh 算法作为一种启发式算法，并不能一定保证求得所有产品组合优化问题的最优解。

5.3.3　算法对比与性能分析

本节通过与文献中三个经典的 TOC 启发式算法（即 RTOCh[21]，TOC_AK[59] 和 TOC_SN[60]）对比，验证所提 STOCh 算法的有效性。为了尽量全面地比较几个算法的性能，设计了小规模算例和大规模算例两组算例，其基本参数设置如下：

- 小规模算例：产品数量 $n=5,7,9$，资源数量 $m=6,8$，资源能力上限 $\beta_j=2000$。
- 大规模算例：产品数量 $n=60,80,100$，资源数量 $m=70,90$，资源能力上限 $\beta_j=50000$。

其他参数设置如下：市场需求 D_i 满足均匀分布 $D_i\sim U(40,60)$；每个产品的有效产出 TP_i 满足均匀分布 $TP_i\sim U(80,120)$；每个产品在各资源上的加工时间 t_{ij} 满足泊松分布 $t_{ij}\sim P(30)$。算法运行设备是一台配置为 Inter Core i7 3.40GHz，RAM 8GB 的联想台式机，使用 MATLAB R2014a 软件实现算法编程及对比分析。每一个算例运算 1000 次，即 $N=1000$。

为了评价算法的性能,引入如下性能指标:

- BSP = $|\{r: f_r(\text{STOCh}) > f_r(h)\}|/N, r = 1, 2, \cdots, N$。BSP 表示 STOCh 算法比 TOC 启发式算法 h 获得更好解的比例,其中 $f_r(\text{STOCh})$ 是 STOCh 生成的算例 r 的目标函数,$f_r(h)$ 是启发式算法 h 生成的目标函数,$h = \text{RTOCh}, \text{TOC\_AK}, \text{TOC\_SN}$。

- ESP = $|\{r: f_r(\text{STOCh}) = f_r(h)\}|/N, r = 1, 2, \cdots, N$。ESP 表示 STOCh 算法与 TOC 启发式算法 h 获得相同解的比例。

- WSP = $|\{r: f_r(\text{STOCh}) < f_r(h)\}|/N, r = 1, 2, \cdots, N$。WSP 表示 STOCh 算法比 TOC 启发式算法 h 获得更劣解的比例。

- ARD = $\sum\limits_{r}^{N} \dfrac{f_r(\text{STOCh}) - f_r(h)}{f_r(h)}/N$。ARD 表示 STOCh 算法求得的解与 TOC 启发式算法 h 求得的解的平均相对偏差,$h = \text{RTOCh}, \text{TOC\_AK}, \text{TOC\_SN}$。

5.3.3.1 算法性能及计算时间比较

1. 算法性能比较

STOCh 与 RTOCh,TOC_AK,TOC_SN 的性能比较结果见表 5-11。从 BSP 指标看出,针对小规模算例,STOCh 在平均 83.7% 的算例中得到的解的性能比 RTOCh 的更好,在平均 8.8% 的算例获得更劣的解,在平均 7.6% 的算例获得的解的性能相同。针对所有的大规模算例,STOCh 算法获得解的性能都比 RTOCh 的更好。相对于 RTOCh 算法,STOCh 算法使得小规模算例和大规模算例的有效产出分别提升了 5.8% 和 6.4%。

类似地,相较于 TOC_AK 和 TOC_SN,STOCh 在性能上同样具有较大优势。与 TOC_AK 相比,STOCh 在平均 90.4% 的小规模算例和全部的大规模算例中都得到更好的解。同时,STOCh 算法使得小规模算例和大规模算例的有效产出分别提升了 8.7% 和 6.3%。与 TOC_SN 算法相比,STOCh 在平均 70.6% 的小规模算例和 88.4% 的大规模算例中都得到更好的解。同时,STOCh 算法使得小规模算例和大规模算例的有效产出分别提升了 2.6% 和 1.2%。

2. 计算时间比较

从表 5-12 中得出:针对小规模算例,STOCh 需要比 RTOCh,TOC_AK 和 TOC_SN 更多的计算时间,但是不到 0.1s 的计算时间在企业应用中是可以接受的。另外,当处理大规模问题时,STOCh 花费的时间比 TOC_AK 更少。实际上,STOCh 的计算时间主要用于瓶颈机器的动态识别和瓶颈能力的挖掘利用。考虑到产品组合优化是计划层面的问题,STOCh 的计算时间在企业应用中是可以接受的。

表 5-11　STOCh 与 RTOCh,TOC＿AK 和 TOC＿SN 性能比较

%

类型	m	n	RTOCh				TOC＿AK				TOC＿SN			
			BSP	ESP	WSP	ARD	BSP	ESP	WSP	ARD	BSP	ESP	WSP	ARD
小规模算例	6	5	73.7	14.6	11.7	3.6	88.0	5.2	6.8	6.6	58.7	19.3	22.0	1.6
		7	82.2	7.8	10.0	5.6	89.5	2.4	8.1	8.7	69.5	11.1	19.4	2.5
		9	88.1	4.3	7.6	7.1	92.4	1.0	6.6	9.9	73.4	7.9	18.7	2.8
	8	5	77.4	10.5	12.1	4.1	88.3	4.1	7.6	6.9	65.1	15.5	19.4	2.1
		7	86.6	6.4	7.0	6.2	90.3	1.9	7.8	9.5	75.1	8.3	16.6	2.9
		9	93.9	2.0	4.1	8.4	94.1	1.3	4.6	10.7	81.8	4.7	13.5	3.9
	平均值		83.7	7.6	8.8	5.8	90.4	2.7	6.9	8.7	70.6	11.1	18.3	2.6
大规模算例	70	60	100.0	0.0	0.0	5.0	100.0	0.0	0.0	4.9	87.9	0.0	12.1	1.1
		80	100.0	0.0	0.0	6.6	100.0	0.0	0.0	6.5	89.5	0.0	10.5	1.2
		100	100.0	0.0	0.0	7.6	100.0	0.0	0.0	7.4	86.9	0.0	13.1	1.3
	90	60	100.0	0.0	0.0	5.0	100.0	0.0	0.0	4.9	88.3	0.0	11.7	1.1
		80	100.0	0.0	0.0	6.6	100.0	0.0	0.0	6.5	87.6	0.0	12.4	1.2
		100	100.0	0.0	0.0	7.7	100.0	0.0	0.0	7.5	90.0	0.0	10.0	1.3
	平均值		100.0	0.0	0.0	6.4	100.0	0.0	0.0	6.3	88.4	0.0	11.6	1.2

表 5-12　RTOCh,TOC_AK,TOC_SN 和 STOCh 的计算时间

类型	m	n	计算时间/s			
			RTOCh	TOC-AK	TOC-SN	STOCh
小规模算例	6	5	0.003	0.002	0.012	0.035
		7	0.004	0.002	0.014	0.052
		9	0.005	0.003	0.017	0.071
	8	5	0.004	0.002	0.012	0.042
		7	0.005	0.003	0.015	0.066
		9	0.007	0.004	0.018	0.090
大规模算例	70	60	0.179	13.221	0.469	3.560
		80	0.288	57.991	0.581	6.769
		100	0.399	172.694	0.723	10.663
	90	60	0.227	23.857	0.550	4.457
		80	0.385	118.874	0.753	8.903
		100	0.526	335.126	0.926	14.016

5.3.3.2　STOCh 两阶段性能分析

综上所述,STOCh 算法比 RTOCh,TOC_AK 和 TOC_SN 算法在性能上具有较大的优势。本节深入探讨 STOCh 算法的两个阶段:初始 MPS 生成阶段和局部调整阶段,以进一步揭示 STOCh 算法的内在运行机制。

1. 初始 MPS 生成阶段性能比较

通过算例对比,STOCh 算法与 RTOCh,TOC_AK 和 TOC_SN 算法的初始 MPS 生成阶段的性能所得结果见表 5-13。从表中可看出针对小规模算例,STOCh 在平均 94% 的算例中求得的解比其他算法更好;针对大规模算例,STOCh 的初始 MPS 生成阶段得到的所有解都比其他三个算法更好。比较表 5-11 和表 5-13 发现,相较于其他算法,STOCh 初始 MPS 生成阶段的性能比局部调整阶段具有更大的优势。这是因为 STOCh 动态识别漂移瓶颈,能够充分挖掘瓶颈资源的能力,从而实现了有效产出的最大化。而其他三个 TOC 启发式算法虽然也考虑多瓶颈情况,但是瓶颈的次序固定,并不能准确地识别和利用漂移瓶颈。

2. 局部调整阶段性能比较

为排除初始 MPS 生成阶段的影响,聚焦局部调整阶段的比较,本节只考虑单瓶颈情形。同时,通过满足非瓶颈资源的能力,生成单瓶颈算例。上述算法的比较结果见表 5-14。

表 5-13　STOCh 与 RTOCh、TOC_AK 和 TOC_SN 的初始解生成阶段性能比较　　%

类型	m	n	RTOCh				TOC_AK				TOC_SN			
			BSP	ESP	WSP	ARD	BSP	ESP	WSP	ARD	BSP	ESP	WSP	ARD
小规模算例	6	5	90.7	8.0	1.3	11.5	90.7	8.0	1.3	11.5	88.8	9.5	1.7	16.0
		7	93.8	4.5	1.7	14.2	93.8	4.5	1.7	14.2	93.7	4.3	2.0	18.6
		9	95.6	2.3	2.1	16.2	95.6	2.3	2.1	16.2	96.7	2.8	0.5	20.3
	8	5	92.0	6.5	1.5	13.3	92.0	6.5	1.5	13.3	91.2	7.2	1.6	16.9
		7	95.3	2.4	2.3	15.6	95.3	2.4	2.3	15.6	96.2	2.4	1.4	19.2
		9	98.1	1.3	0.6	17.9	98.1	1.3	0.6	17.9	97.1	1.5	1.4	22.2
	平均值		94.3	4.2	1.6	14.8	94.3	4.2	1.6	14.8	94.0	4.6	1.4	18.9
大规模算例	70	60	100.0	0.0	0.0	5.3	100.0	0.0	0.0	5.3	100.0	0.0	0.0	6.1
		80	100.0	0.0	0.0	7.0	100.0	0.0	0.0	7.0	100.0	0.0	0.0	7.4
		100	100.0	0.0	0.0	7.9	100.0	0.0	0.0	7.9	100.0	0.0	0.0	8.6
	90	60	100.0	0.0	0.0	5.3	100.0	0.0	0.0	5.3	100.0	0.0	0.0	6.0
		80	100.0	0.0	0.0	6.9	100.0	0.0	0.0	6.9	100.0	0.0	0.0	7.4
		100	100.0	0.0	0.0	8.0	100.0	0.0	0.0	8.0	100.0	0.0	0.0	8.3
	平均值		100.0	0.0	0.0	6.7	100.0	0.0	0.0	6.7	100.0	0.0	0.0	7.3

表 5-14　STOCh 与 RTOCh、TOC_AK 和 TOC_SN 的局部调整阶段性能比较　　%

类型	n	RTOCh				TOC_AK				TOC_SN			
		BSP	ESP	WSP	ARD	BSP	ESP	WSP	ARD	BSP	ESP	WSP	ARD
小规模算例	5	68.9	31.1	0.0	0.3	52.3	47.3	0.4	0.4	68.9	31.1	0.0	0.3
	7	69.9	30.1	0.0	0.3	54.5	45.3	0.2	0.4	69.9	30.1	0.0	0.3
	9	70.8	29.2	0.0	0.3	58.0	42.0	0.0	0.4	70.8	29.2	0.0	0.3
	平均值	69.9	30.1	0.0	0.3	54.9	44.9	0.2	0.4	69.9	30.1	0.0	0.3
大规模算例	60	74.1	25.0	0.9	0.006	90.4	9.6	0.0	0.020	58.6	38.1	3.3	0.005
	80	70.7	28.0	1.3	0.006	89.7	10.3	0.0	0.019	59.0	36.5	4.5	0.004
	100	67.9	30.8	1.3	0.005	88.8	11.2	0.0	0.018	56.4	37.7	5.9	0.003
	平均值	70.9	27.9	1.2	0.006	89.6	10.4	0.0	0.019	58.0	37.4	4.6	0.004

从表 5-14 中得出：STOCh 能够得到比 RTOCh,TOC_AK 和 TOC_SN 更好的解。例如,对于平均 69.9% 的小规模算例和平均 70.9% 的大规模算例,STOCh 得到的解比 RTOCh 得到的解更好。但是,与初始 MPS 生成阶段相比,STOCh 在局部调整阶段较另外三个算法的优势不是那么明显。这也说明了,STOCh 在初始 MPS 生产阶段的优势才是 STOCh 算法性能优异的主要原因。

5.3.3.3　STOCh 算法与 CPLEX 生成的最优解比较

为了进一步分析 STOCh 算法的性能,将 STOCh 算法与 CPLEX 生成的最优解进行对比。考虑到计算时间的限制,对小规模和大规模算例的每个算例分别运算 1000 次和 15 次,在算法对比中,采用的评价指标为 ARD,其定义为 STOCh 算法与 CPLEX 的平均相对偏差,即

$$\text{ARD} = \sum_{r}^{N} \frac{f_r(\text{CPLEX}) - f_r(\text{STOCh})}{f_r(\text{CPLEX})} / N$$

在小规模算例中,算法结果比较如表 5-15 所示。针对资源能力限制为 2000,1000 和 500 的算例,相对于 CPLEX 生成的最优解,STOCh 算法的 ARD 只有分别 1.14%,2.10% 和 3.19%。并且,CPLEX 和 STOCh 都能在 1s 之内找到结果。

表 5-15　STOCh 与 CPLEX 生成的最优解比较（小规模算例）

m	n	$\beta_j = 2000$			$\beta_j = 1000$			$\beta_j = 500$		
		ARD /%	CPLEX 计算时间/s	STOCh 计算时间/s	ARD /%	CPLEX 计算时间/s	STOCh 计算时间/s	ARD /%	CPLEX 计算时间/s	STOCh 计算时间/s
8	5	0.81	0.021	0.042	1.63	0.023	0.037	2.78	0.022	0.039
	7	1.19	0.027	0.066	2.16	0.029	0.055	3.27	0.021	0.055
	9	1.41	0.031	0.090	2.52	0.033	0.069	3.52	0.032	0.072
平均值		1.14	0.026	0.066	2.10	0.028	0.054	3.19	0.025	0.055

在大规模算例中,算法结果比较如表 5-16 所示。从表中得出：STOCh 求解大规模算例与最优解的 ARD 比较小。例如,对于算例 $m = 140, n = 200$,STOCh 与最优解的 ARD 只有 2.42%。同时,STOCh 和 CPLEX 的计算时间随算例规模的增大而增大。但是,CPLEX 的时间增长速率明显大于 STOCh。例如,当问题 $m = 140$ 的规模从 150 增加到 170 和 200 时,CPLEX 的计算时间从 1877s 增加到 3526s 和 10209s,然而,STOCh 的计算时间只需要不到 100s。

表 5-16　STOCh 与 CPLEX 生成的最优解比较(大规模算例)

m	n	$\beta_j=50000$			$\beta_j=40000$			$\beta_j=30000$		
		ARD /%	CPLEX 计算时间/s	STOCh 计算时间/s	ARD /%	CPLEX 计算时间/s	STOCh 计算时间/s	ARD /%	CPLEX 计算时间/s	STOCh 计算时间/s
90	60	1.12	0.193	2.437	1.42	2.936	2.956	2.01	13.755	4.090
	80	1.63	1.147	5.245	2.05	12.940	5.777	2.20	79.141	6.844
	100	1.79	1.554	8.498	2.03	65.813	9.454	2.48	130.897	10.478
平均值		1.51	0.964	5.392	1.83	27.230	6.062	2.23	74.597	7.137
140	150	2.48	1877.03	19.27	2.58	3218.72	28.38	2.75	10365.50	20.03
	170	2.31	3526.93	24.29	2.03	20243.34	26.00	—		25.88
	200	2.42	10209.22	32.84		—	32.83			35.45
平均值		2.40	5204.39	25.47						

注:—表示 CPLEX 在 10 个小时内不能找到最优解。

另外,随着资源能力限制的减小,CPLEX 的计算时间明显出现增加的趋势。例如,对于算例 $m=90$,当资源能力限制 β_j 从 50000 变为 40000 和 30000 时,CPLEX 的平均计算时间从 0.0964s 增加到 27.230s 和 74.597s。对于更大规模的问题,比如算例 $m=140(\beta_j=40000,n=200)$,CPLEX 不能在 10h 内找到最优解。然而,对于算例 $m=90$,STOCh 的计算时间只是从 5.392s 增加到 6.062s 和 7.137s。更重要的是,STOCh 的 ARD 表现得非常稳定且数值较小,仅为 2% 左右,证明了 STOCh 在处理资源能力稀缺的产品组合问题上具有较好的性能和计算效率。

5.3.3.4　敏感性分析

1. 瓶颈数量

本节测试瓶颈数量对 STOCh 性能的影响。考虑产品数量 $n=80$,瓶颈数量从 1~10 个的算例,其中每个算例都运行 1000 次,并与 RTOCh、TOC_AK 和 TOC_SN 进行比较。

为了更好地进行比较,引入评价指标 RD-UB。其定义为 STOCh、RTOCh、TOC_AK 和 TOC_SN 4 个启发式算法得到的有效产出与问题上界的相对偏差。其中,问题上界通过松弛模型整数约束之后采用单纯形法计算获得。因此,RD-UB 的表达式为

$$RD - UB = \frac{f_r(UB) - f_r(h)}{f_r(UB)}$$

将 1000 次计算的 RD-UB 的平均值记为 ARD-UB,所得的结果见图 5-3。从图中观察发现,4 个算法在单瓶颈算例性能表现接近。但是,从 2 个瓶颈的算例开始,STOCh 的 ARD-UB 一直小于 RTOCh,TOC_AK 和 TOC_SN。例如,针对 2 个瓶颈的算例,STOCh 的 ARD_UB 仅为 1.1%,分别小于 RTOCh、TOC_AK 和 TOC_SN 的 9.1%、8.2% 和 1.6%。并且,随着瓶颈数量的增多,STOCh 相对其他算法的优势呈现先增多后稳定的趋势。这再次验证了STOCh 算法在求解多瓶颈产品组合优化问题上的优异性能。

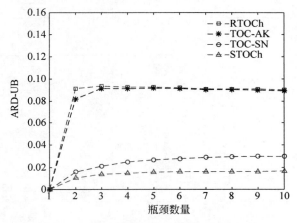

图 5-3 不同瓶颈数量下的 STOCh 的性能

图 5-4 是 4 种算法具体结果的箱型图。从图中看出,箱型图 RD-UB 结果与上面的 ARD-UB 结果类似。重要的是,STOCh 的箱型图比 RTOCh、TOC_AK 和 TOC_SN 的箱型图在上下限的区间、Q3 和 Q1 的区间方面具有明显的优势。这说明在多瓶颈情形下,STOCh 产生的解比 RTOCh、TOC_AK 和 TOC_SN 的解方差更小,质量更稳定。另外,STOCh 产生的解在中位数上也明显优于 RTOCh、TOC_AK 和 TOC_SN 算法。STOCh 产生的异常解也比RTOCh、TOC_AK 和 TOC_SN 算法的更少且更集中。

2. 瓶颈资源稀缺程度

本节测试瓶颈资源稀缺程度对 STOCh 性能的影响。针对 $n=7, m=6$ 的小规模算例,分别考虑资源能力上限为 5000,4000,3000,2000 和 1000,模拟 5 种瓶颈资源稀缺水平下 STOCh 的性能。针对 $n=80, m=70$ 的大规模算例,分别考虑资源能力上限为 70000,60000,50000,40000 和 30000,模拟 5 种瓶颈资源稀缺水平下 STOCh 的性能。每个算例分别运算 1000 次,所得的结果见表 5-17。

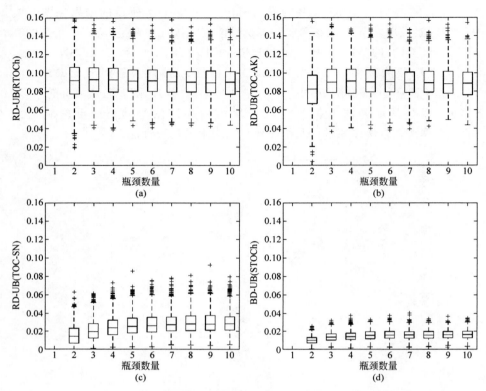

图 5-4 不同瓶颈数量下 TOC 启发式算法箱型图比较

(a) RTOCh；(b) TOC_AK；(c) TOC_SN；(d) STOCh

表 5-17 不同瓶颈稀缺程度下 STOCh 性能

类型	m, n	瓶颈资源能力上限	ARD		
			RTOCh	TOC_AK	TOC_SN
小规模算例	6, 7	5000	4.20%	4.40%	1.70%
		4000	5.20%	5.80%	2.00%
		3000	6.20%	5.90%	2.50%
		2000	6.70%	8.40%	3.60%
		1000	6.90%	6.90%	6.70%
大规模算例	70, 80	70000	5.30%	5.30%	2.00%
		60000	6.30%	6.30%	2.20%
		50000	7.50%	7.40%	2.70%
		40000	8.80%	8.70%	3.20%
		30000	10.20%	10.10%	4.00%

从表 5-17 中得出：不管是小规模算例还是大规模算例，随着资源能力上限的逐渐减小，ARD 的值逐渐增大。这说明瓶颈能力越稀缺，STOCh 相对于 RTOCh、TOC_AK、TOC_SN 的性能优势越明显。这进一步表明了 STOCh 在处理多瓶颈和瓶颈资源稀缺的产品组合优化问题时性能优异。

5.4　本章小结

本章针对企业计划层的产品组合优化问题，建立了相应的数学模型，立足静态瓶颈和漂移瓶颈，分别介绍了静态瓶颈和漂移瓶颈驱动的 TOC 启发式算法。主要内容如下：

（1）静态瓶颈驱动的 TOC 启发式算法。首先介绍了传统 TOC 启发式算法 TOCh 的基本流程：先识别瓶颈，然后基于瓶颈计算产品优先级，再根据产品优先级分配制造资源，实现产品组合优化。其次，考虑到产品数量的整数限制，传统 TOCh 算法存在不能充分利用瓶颈资源的现象，对 TOCh 算法进行修订，提出了 RTOCh 算法，在传统 TOCh 算法的基础上增加了解的调整过程，适用于单瓶颈和多瓶颈产品组合优化问题，其邻域搜索机制提高了瓶颈资源利用率，进而增加了系统的有效产出。

（2）漂移瓶颈驱动的 TOC 启发式算法。复杂制造系统中往往存在瓶颈资源的漂移现象，然而大多数传统 TOCh 算法在解决多瓶颈产品组合优化问题时使用固定的单瓶颈或者固定次序的多瓶颈，导致算法难以找到满意的优化解，甚至出现失效的情况。因此针对多瓶颈产品组合优化问题，考虑多瓶颈漂移现象，提出了漂移瓶颈驱动的 TOC 启发式算法，即 STOCh。STOCh 通过识别动态瓶颈，确定动态的产品优先级实现资源分配，充分挖掘瓶颈的生产能力。进一步地，比较了 STOCh 与其他三种产品组合优化算法 RTOCh、TOC_AK、TOC_SN 的性能。结果表明：无论对小规模算例还是大规模算例，STOCh 均表现出优异的性能。进一步地，通过敏感性分析发现：针对多瓶颈和瓶颈资源稀缺的情况下的产品组合优化问题，STOCh 求解性能更加优异。STOCh 采用瓶颈驱动的优化策略，借助漂移瓶颈启发信息的赋能优化能力，为生产计划与调度等优化问题提供了一种有效的求解思路和可借鉴的求解方法。

第 6 章　新型产品组合优化

除了经典的产品组合优化问题外,本章介绍几类新型的产品组合优化问题及其瓶颈驱动的方法。其中,6.1 节通过改变传统的有效产出与产品数量不相关的假设,在考虑有效产出随数量减少的情形下,给出了数学解析方法;6.2 节通过改变传统制造资源能力仅为企业内部资源的限制,考虑外包能力的产品组合优化问题,给出了有效的 TOC 启发式算法;6.3 节将计划层的产品组合优化与调度层的生产排产相结合,考虑产品组合与调度协同优化问题,给出了瓶颈驱动的求解方法。

6.1　有效产出随产品数量线性减少的产品组合优化

本节针对产品有效产出随产品数量呈线性减少情形下的产品组合优化问题,首先从两产品组合优化问题入手,构建了产品组合优化的非线性模型,提出了产品优先级的确定方法,确定了产品组合方案的寻优路径,提出了基于产品优先级驱动的启发式(product priority-driven TOCh,PPD-TOCh)方法。然后,基于卡罗需-库恩-塔克(Karush-Kuhn-Tuker,KKT)条件证明了所提出的 PPD-TOCh 方法有效地获得了最优解。最后,将 PPD-TOCh 方法由两产品扩展至多产品,提出了单瓶颈情形下多产品组合优化模型。

6.1.1　数学模型

单瓶颈资源下产品有效产出线性减小的产品组合优化的数学模型为

$$\max z = \sum_{i=1}^{n} y_i \mathrm{TP}_i$$

$$\mathrm{TP}_i = f(y_i) = b_i - c_i y_i, \quad i \in N$$

$$\mathrm{s.t.} \sum_{i=1}^{n} t_i y_i \leqslant \beta$$

$$l_i \leqslant y_i \leqslant d_i, \quad i \in N \tag{6-1}$$

式中,b_i 指有效产出初值;c_i 反映有效产出随产品数量下降速度;其余参数含义与 5.1 节的模型相同；$TP_i = f(y_i) = b_i - c_i y_i$ 表示产品的有效产出随产品数量线性减少。

本节首先研究两产品组合优化模型的求解方法,然后将其扩展至多产品。单瓶颈能力限制下两产品组合问题模型为

$$\max z = y_1 TP_1 + y_2 TP_2$$
$$TP_i = f(y_i) = b_i - c_i y_i, \quad i = 1, 2, b_i > 0, c_i > 0$$
$$\text{s. t. } t_1 y_1 + t_2 y_2 \leqslant \beta$$
$$0 \leqslant y_1 \leqslant d_1$$
$$0 \leqslant y_2 \leqslant d_2 \tag{6-2}$$

将 $TP_i = f(y_i) = b_i - c_i y_i$ 代入目标函数,并整理得到

$$c_1 \left(y_1 - \frac{b_1}{2c_1} \right)^2 + c_2 \left(y_2 - \frac{b_2}{2c_2} \right)^2 = -z + \frac{b_1^2}{4c_1} + \frac{b_2^2}{4c_2} \tag{6-3}$$

式(6-3)是以点 $\left(\dfrac{b_1}{2c_1}, \dfrac{b_2}{2c_2} \right)$ 为中心的椭圆(或圆)方程,显然,如果不考虑市场需求限制和资源能力限制时,即 $y_1 = \dfrac{b_1}{2c_1}, y_2 = \dfrac{b_2}{2c_2}$ 时,目标函数有最大值。

令竖轴为总的有效产出 z,x 轴和 y 轴分别为两产品数量。目标函数为凸函数,其在空间上的特性如图 6-1 所示。图中,大红点为不考虑任何约束时目标函数最大值点,红线为资源能力限制线,蓝线为寻优路线。

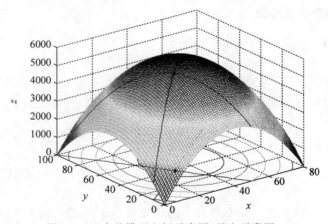

图 6-1　两产品模型空间示意图(见文后彩图)

图 6-1 的底平面投影平面图如图 6-2 所示。其中,同一椭圆代表在椭圆上的点有相同的有效产出 z,并且随着椭圆变小,有效产出 z 变大。图 6-2 中所标注的大红点为图 6-1 中最高点在底平面的投影点,即为不考虑资源能力和市场

需求限制时有效产出最大的点。红线为资源能力限制线,不同 β 表示不同的资源能力限制。小红点表示与资源能力限制线相切的最小椭圆的切点,其表示考虑该资源能力限制下产品组合的最优解。

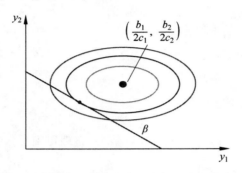

图 6-2　两产品模型平面投影图(见文后彩图)

6.1.2　两产品模型优化

6.1.2.1　优化方法

本节求解两产品模型思路为:首先,确定产品优先级。其次,给出产品优先级驱动的寻优路线。再次,在只考虑资源能力限制不考虑市场需求情形下得到最优产品组合。最后,在同时考虑资源能力和市场需求限制情形下得到产品组合最优解。

1. 确定产品优先级

定义 6-1　产品的优先级函数为

$$\varphi(y_i) = \frac{\partial z / \partial y_i}{t_i} = \frac{b_i - 2c_i y_i}{t_i} \tag{6-4}$$

定理 6-1　两产品的产品优先级都会随着产品数量的增加而减小。

推论 6-1　当 $y_1 = 0, y_2 = 0$ 时,两产品的优先级分别取得最大值 $\dfrac{b_1}{t_1}, \dfrac{b_2}{t_2}$。

推论 6-2　当 $y_1 = \dfrac{b_1}{2c_1}, y_2 = \dfrac{b_2}{2c_2}$ 时,两产品的产品优先级都取 0。

推论 6-3　当 $y_i > \dfrac{b_i}{2c_i}$ 时,产品 i 的优先级小于 0,即产品 i 不再具有生产的价值。

推论 6-3 的管理启示为:当产品的数量增加到一定程度后,即使企业的资源能力足够,也不宜再增加产品的数量。因为再生产该产品,已经不能为企业盈利,甚至会给企业带来亏损。这与传统的有效产出为定值情形有所不同:在传统的有效产出为定值的情形下,如果能力足够,则产品数量会一直增加,企业盈利能力也会一直增加,而不会出现盈利减少的情况。

定义 6-2　产品盈利拐点。在有效产出随产品数量线性减少的情况下,产品 i 的盈利拐点为

$$y_i = \frac{b_i}{2c_i}$$

图 6-3 为产品 i 有效产出 TP_i 与数量 y_i 的关系,图 6-4 为该产品总的有效产出 z_i 与产品数量 y_i 的关系。由图 6-4 可知,当产品数量小于盈利拐点时,该产品创造的总的有效产出随着产品数量的增加而增加,在盈利拐点达到最大值;一旦产品数量超过盈利拐点,该产品创造的总的有效产出随着产品数量的增加而减小。

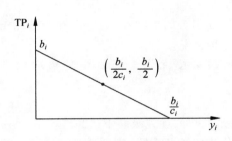

图 6-3　单产品有效产出变化图

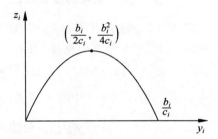

图 6-4　单产品总的有效产出变化图及盈利拐点

推论 6-4　考虑当 $y_1 \in \left(0, \frac{b_1}{2c_1}\right)$,$y_2 \in \left(0, \frac{b_2}{2c_2}\right)$ 时,两产品优先级最小值都为 0,即 $\varphi(y_1)_{\min} = \varphi\left(\frac{b_1}{2c_1}\right) = \varphi(y_2)_{\min} = \varphi\left(\frac{b_2}{2c_2}\right) = 0$,根据产品优先级的初始值大小关系有以下 3 种情况:

① $\varphi(y_1)_{\max} = \varphi(y_2)_{\max}$,　即 $\varphi(y_1)\mid_{y_1=0} = \varphi(y_2)\mid_{y_2=0}$;

② $\varphi(y_1)_{\max} > \varphi(y_2)_{\max}$,　即 $\varphi(y_1)\mid_{y_1=0} > \varphi(y_2)\mid_{y_2=0}$;

③ $\varphi(y_1)_{\max} < \varphi(y_2)_{\max}$,　即 $\varphi(y_1)\mid_{y_1=0} < \varphi(y_2)\mid_{y_2=0}$。

定义 6-3　优先级等值拐点。假设 $\varphi(y_1)_{\max} > \varphi(y_2)_{\max}$,$\exists y_{10} \in \left(0, \frac{b_1}{2c_1}\right)$,使得 $\varphi(y_{10}) = \varphi(y_2)_{\max}$,则 y_{10} 称作优先级等值拐点。

定义 6-4　优先级等值线。两产品优先级相等的所有点连成的直线称为优先级等值线,如图 6-5 所示的 3 条由左至右、从优先级等值拐点向有效产出最大点的斜线段即为优先级等值线。

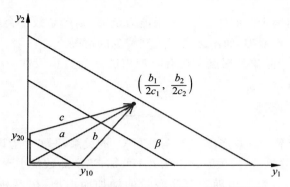

图 6-5　不同优先级关系对应的 3 种寻优路径

2. 产品优先级驱动的寻优路线

定理 6-2　随着资源能力 β 的增大,产品组合的最优解 (y_1,y_2) 在产品优先级的驱动下,有 3 种寻优路线,对应以下 3 种情况:

(1) $\varphi(y_1)_{\max} = \varphi(y_2)_{\max}$,两产品数量按优先级等值线交替增加到 $\left(\dfrac{b_1}{2c_1},\dfrac{b_2}{2c_2}\right)$,对应图 6-5 中的 a 寻优路线;

(2) $\varphi(y_1)_{\max} > \varphi(y_2)_{\max}$,初始阶段产品 1 的优先级高于产品 2,资源优先加工产品 1;随着产品 1 数量的增加,其优先级不断下降,直到达到与产品 2 的优先级相等的优先级拐点 y_{10};在此以后,产品 1 和产品 2 的数量按优先级等值线交替增加到 $\left(\dfrac{b_1}{2c_1},\dfrac{b_2}{2c_2}\right)$,对应图 6-5 中的 b 寻优路线;

(3) $\varphi(y_1)_{\max} < \varphi(y_2)_{\max}$,初始阶段产品 2 的优先级高于产品 1,资源优先加工产品 2;随着产品 2 数量的增加,其优先级不断下降,直到达到与产品 1 的优先级相等的优先级拐点 y_{20};在此以后,产品 1 和产品 2 的数量按优先级等值线交替增加到 $\left(\dfrac{b_1}{2c_1},\dfrac{b_2}{2c_2}\right)$,对应图 6-5 中的 c 寻优路线。

证明　① 证明产品优先级等值线是一条直线。

令 $\varphi(y_1) - \varphi(y_2) = \dfrac{b_1 - 2c_1 y_1}{t_1} - \dfrac{b_2 - 2c_2 y_2}{t_2} = 0$,得到

$$y_1 = \frac{c_2 t_1}{c_1 t_2}y_2 + \left(\frac{b_1}{t_1} - \frac{b_2}{t_2}\right)\frac{t_1}{2c_1} \tag{6-5}$$

上式为直线方程,处处有 $\varphi(y_1) = \varphi(y_2)$,即两产品优先级相等。

② 证明式(6-5)表示的直线代表 y_1,y_2 的寻优路径。

以情况(1)为例,如图 6-6 所示,通过分析资源能力分配过程进行证明。

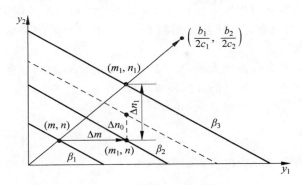

图 6-6　情况(1)资源分配图

寻优直线过点$(0,0)$和$\left(\dfrac{b_1}{2c_1},\dfrac{b_2}{2c_2}\right)$时,直线方程为

$$y_2=\frac{b_2c_1}{b_1c_2}y_1 \tag{6-6}$$

设在产品优先级相等时,资源优先分配给产品 1,再分配给产品 2。在点$(0,0)$和点$\left(\dfrac{b_1}{2c_1},\dfrac{b_2}{2c_2}\right)$处,都有 $\varphi(y_1)=\varphi(y_2)$。设在点$(m,n)$处,有 $\varphi(m)=\varphi(n)$,对应能力限制为β_1。当资源能力增加 $\Delta\beta_1=\Delta mt_1$,产品 1 增加 Δm,此时有 $\varphi(m+\Delta m)<\varphi(n)$,即产品 2 的优先级要高于产品 1。若要增加资源的话,则应当优先分配给产品 2。设资源增加为 β_2:

$$\beta_2=\beta_1+\Delta\beta_1$$

假设资源增加量 $\Delta\beta_2$ 由 0 逐渐增大,产品 2 增加的数量为 Δn_0,并且 $\varphi(m+\Delta m)=\varphi(n+\Delta n_1)$。在 $\Delta\beta_2$ 由 0 增大的过程中,Δn_0 逐渐增大,$\varphi(y_2)$ 逐渐减小,但是依然有 $\varphi(y_2)>\varphi(y_1)$。当 $\Delta n_0=\Delta n_1$,$\Delta\beta_2=\Delta n_1t_2$ 时,两产品优先级相等。再次增加资源能力,又会从产品 1 开始增加。以上过程进一步描述为:资源能力增加 $\Delta\beta_1=\Delta mt_1$,产品 1 增加 Δm,资源能力再次增加 $\Delta\beta_2=\Delta n_1t_2$,产品 2 增加 Δn_1,使得 $\varphi(m+\Delta m)=\varphi(n+\Delta n_1)$。因为 $\Delta\beta_1\to0$,$\Delta m\to0$,$\Delta n_1\to0$,所以 y_1 在 $\left[0,\dfrac{b_1}{2c_1}\right]$ 上连续增加,y_2 在 $\left[0,\dfrac{b_2}{2c_2}\right]$ 上也是连续增加,且处处有 $\varphi(y_1)=\varphi(y_2)$。因此,此路线为情况(1)的寻优路径。

情况(2)(3)同理可证。定理 6-2 证毕。

3. 只考虑资源能力限制不考虑市场需求模型优化

基于产品优先级驱动的寻优路线,推导出只考虑资源能力限制不考虑市场

需求模型的产品组合最优解。设只考虑资源能力限制下的最优解为 y_{1r}, y_{2r}。

推论 6-5　当只考虑资源能力限制时，产品组合的最优解是资源能力限制线和寻优路径的交点。

证明　在只考虑资源能力限制下求解产品组合的最优解等价为求解得到资源能力限制线和寻优路径的交点即可得证。

对情况（1），寻优路径为直线，其方程为

$$y_{2r} = \frac{b_2 c_1}{b_1 c_2} y_{1r}$$

联立寻优路径方程和资源能力限制方程，可得

$$\begin{cases} y_{2r} = \dfrac{b_2 c_1}{b_1 c_2} y_{1r} \\ t_1 y_{1r} + t_2 y_{2r} = \beta \end{cases} \tag{6-7}$$

求解上式，可得产品组合为

$$\begin{cases} y_{1r} = \dfrac{c_2 \beta t_1}{c_1 t_2^2 + c_2 t_1^2} \\ y_{2r} = \dfrac{c_1 \beta t_2}{c_1 t_2^2 + c_2 t_1^2} \end{cases} \tag{6-8}$$

联立不考虑资源能力和市场需求限制时最大有效产出，取两者最小为产品组合的最优解。

对情况（2），设拐点为 y_{10}，则有

$$\varphi(y_{10}) = \frac{b_1 - 2c_1 y_{10}}{t_1} = \varphi(y_2)_{\max} = \frac{b_2}{t_2} \tag{6-9}$$

$$y_{10} = \frac{1}{2c_1}\left(b_1 - b_2 \frac{t_1}{t_2}\right) \tag{6-10}$$

① 当资源能力限制线与 y_1 轴的交点 $\dfrac{\beta}{t_1}$ 不超过拐点 y_{10}，即 $\dfrac{\beta}{t_1} \leqslant y_{10}$ 时，则

$$y_{1r} = \frac{\beta}{t_1}, \quad y_{2r} = 0 \tag{6-11}$$

② 当 $\dfrac{\beta}{t_1} > y_{10}$ 时，过点 $(y_{10}, 0)$，$\left(\dfrac{b_1}{2c_1}, \dfrac{b_2}{2c_2}\right)$ 的直线方程为

$$y_{2r} = \frac{c_1}{c_2} \frac{t_2}{t_1}\left(y_{1r} - \frac{b_1}{2c_1}\right) + \frac{b_2}{2c_2} \tag{6-12}$$

联立直线方程和资源能力限制方程，可得

$$\begin{cases} y_{2r} = \dfrac{c_1}{c_2} \dfrac{t_2}{t_1}\left(y_{1r} - \dfrac{b_1}{2c_1}\right) + \dfrac{b_2}{2c_2} \\ t_1 y_{1r} + t_2 y_{2r} = \beta \end{cases} \tag{6-13}$$

求解上式,得到在情况(2)下的最优产品组合为

$$\begin{cases} y_{1r} = \dfrac{2c_2\beta t_1 + t_2^2 b_1 - t_2 t_1 b_2}{2(c_1 t_2^2 + c_2 t_1^2)} \\[4mm] y_{2r} = \dfrac{2c_1\beta t_2 + t_1^2 b_2 - t_2 t_1 b_1}{2(c_1 t_2^2 + c_2 t_1^2)} \end{cases} \tag{6-14}$$

联立不考虑资源能力和市场需求限制时最大有效产出,可得

$$y_{1r} = \min\left(\frac{2c_2\beta t_1 + t_2^2 b_1 - t_2 t_1 b_2}{2(c_1 t_2^2 + c_2 t_1^2)}, \frac{b_1}{2c_1}\right),$$

$$y_{2r} = \min\left(\frac{2c_1\beta t_2 + t_1^2 b_2 - t_2 t_1 b_1}{2(c_1 t_2^2 + c_2 t_1^2)}, \frac{b_2}{2c_2}\right) \tag{6-15}$$

情况(3)的分析过程同情况(2)。其优先级拐点为

$$y_{20} = \frac{1}{2c_2}\left(b_2 - b_1 \frac{t_2}{t_1}\right) \tag{6-16}$$

① 当 $\dfrac{\beta}{t_2} \leqslant y_{20}$ 时,则有

$$y_{1r} = 0, \quad y_{2r} = \frac{\beta}{t_2} \tag{6-17}$$

② 当 $\dfrac{\beta}{t_2} > y_{20}$ 时,则

$$y_{1r} = \min\left(\frac{2c_2\beta t_1 + t_2^2 b_1 - t_2 t_1 b_2}{2(c_1 t_2^2 + c_2 t_1^2)}, \frac{b_1}{2c_1}\right),$$

$$y_{2r} = \min\left(\frac{2c_1\beta t_2 + t_1^2 b_2 - t_2 t_1 b_1}{2(c_1 t_2^2 + c_2 t_1^2)}, \frac{b_2}{2c_2}\right),$$

上式与式(6-15)相同。推论 6-5 证毕。

总结上述结果,在只考虑资源能力限制下产品组合的最优解 y_{1r}, y_{2r} 如表 6-1 所示。

表 6-1　只考虑资源能力限制下产品组合最优解

情　况	条　件		y_{1r}	y_{2r}
(1)	$\dfrac{b_1}{t_1} = \dfrac{b_2}{t_2}$		$\min\left(\alpha_1, \dfrac{b_1}{2c_1}\right)$	$\min\left(\alpha_2, \dfrac{b_2}{2c_2}\right)$
(2)	$\dfrac{b_1}{t_1} > \dfrac{b_2}{t_2}$	$\dfrac{\beta}{t_1} \leqslant \alpha_3$	$\dfrac{\beta}{t_1}$	0
		$\dfrac{\beta}{t_1} > \alpha_3$	$\min\left(\alpha_5, \dfrac{b_1}{2c_1}\right)$	$\min\left(\alpha_6, \dfrac{b_2}{2c_2}\right)$

续表

情　况	条　件		y_{1r}	y_{2r}
(3)	$\dfrac{b_1}{t_1}<\dfrac{b_2}{t_2}$	$\dfrac{\beta}{t_2}\leqslant\alpha_4$	0	$\dfrac{\beta}{t_2}$
		$\dfrac{\beta}{t_2}>\alpha_4$	$\min\left(\alpha_5,\dfrac{b_1}{2c_1}\right)$	$\min\left(\alpha_6,\dfrac{b_2}{2c_2}\right)$

表 6-1 中，$\alpha_1=\dfrac{c_2\beta t_1}{c_1 t_2^2+c_2 t_1^2}$；$\alpha_2=\dfrac{c_1\beta t_2}{c_1 t_2^2+c_2 t_1^2}$；$\dfrac{\beta}{t_1}$，资源能力限制和 y_1 轴的交点；$\alpha_3=\dfrac{1}{2c_1}\left(b_1-b_2\dfrac{t_1}{t_2}\right)$，情况（2）下 y_{1r} 的拐点；$\dfrac{\beta}{t_2}$，资源能力限制和 y_2 轴的交点；$\alpha_4=\dfrac{1}{2c_2}\left(b_2-b_1\dfrac{t_2}{t_1}\right)$，情况（3）下 y_{2r} 的拐点；$\alpha_5=\dfrac{2c_2\beta t_1+t_2^2 b_1-t_2 t_1 b_2}{2(c_1 t_2^2+c_2 t_1^2)}$；$\alpha_6=\dfrac{2c_1\beta t_2+t_1^2 b_2-t_2 t_1 b_1}{2(c_1 t_2^2+c_2 t_1^2)}$。

4. 同时考虑资源能力和市场需求限制模型优化

定理 6-3　设只考虑资源能力限制下的最优解为 y_{1r}，y_{2r}，两产品市场需求分别为 d_1，d_2，同时考虑资源能力限制和市场需求限制下的最优解为 y_1，y_2，则可得如下结论：

（1）不存在 $y_{1r}>d_1$，$y_{2r}>d_2$；

（2）当 $y_{1r}<d_1$，$y_{2r}<d_2$ 时，$y_1=y_{1r}$，$y_2=y_{2r}$；

（3）当 $y_{1r}>d_1$，$y_{2r}<d_2$ 时，$y_1=d_1$，$y_2=\dfrac{\beta-t_1 y_1}{t_2}$。

同时考虑资源能力限制和市场需求限制下产品组合的最优解如表 6-2 所示。

表 6-2　同时考虑资源能力限制和市场需求限制下产品组合的最优解

情况	条　件		y_1	y_2
(1)	$\dfrac{b_1}{t_1}=\dfrac{b_2}{t_2}$	$\alpha_1>d_1$，$\alpha_2<d_2$	$\min\left(d_1,\dfrac{b_1}{2c_1}\right)$	$\min\left(\dfrac{\beta-t_1 y_1}{t_2},\dfrac{b_2}{2c_2}\right)$
		$\alpha_1<d_1$，$\alpha_2>d_2$	$\min\left(\dfrac{\beta-t_2 y_2}{t_1},\dfrac{b_1}{2c_1}\right)$	$\min\left(d_2,\dfrac{b_2}{2c_2}\right)$
		$\alpha_1<d_1$，$\alpha_2<d_2$	$\min\left(\alpha_1,\dfrac{b_1}{2c_1}\right)$	$\min\left(\alpha_2,\dfrac{b_2}{2c_2}\right)$

续表

情况	条 件			y_1	y_2
(2)	$\dfrac{b_1}{t_1}>\dfrac{b_2}{t_2}$	$\min\left(d_1,\dfrac{\beta}{t_1}\right)\leqslant\alpha_3$		$\min\left(d_1,\dfrac{\beta}{t_1}\right)$	$\dfrac{\beta-t_1y_1}{t_2}$
		$\min\left(d_1,\dfrac{\beta}{t_1}\right)$ $<\alpha_3$	$\alpha_5>d_1,$ $\alpha_6<d_2$	$\min\left(d_1,\dfrac{b_1}{2c_1}\right)$	$\min\left(\dfrac{\beta-t_1y_1}{t_2},\dfrac{b_2}{2c_2}\right)$
			$\alpha_5<d_1,$ $\alpha_6>d_2$	$\min\left(\dfrac{\beta-t_2y_2}{t_1},\dfrac{b_1}{2c_1}\right)$	$\min\left(d_2,\dfrac{b_2}{2c_2}\right)$
			$\alpha_5<d_1,$ $\alpha_6<d_2$	$\min\left(\alpha_5,\dfrac{b_1}{2c_1}\right)$	$\min\left(\alpha_6,\dfrac{b_2}{2c_2}\right)$
(3)	$\dfrac{b_1}{t_1}<\dfrac{b_2}{t_2}$	$\min\left(d_2,\dfrac{\beta}{t_2}\right)<\alpha_4$		$\dfrac{\beta-t_2y_2}{t_1}$	$\min\left(d_2,\dfrac{\beta}{t_2}\right)$
		$\min\left(d_2,\dfrac{\beta}{t_2}\right)$ $>\alpha_4$	$\alpha_5>d_1,$ $\alpha_6>d_2$	$\min\left(d_1,\dfrac{b_1}{2c_1}\right)$	$\min\left(\dfrac{\beta-t_1y_1}{t_1},\dfrac{b_1}{2c_1}\right)$
			$\alpha_5<d_1,$ $\alpha_6>d_2$	$\min\left(\dfrac{\beta-t_2y_2}{t_1},\dfrac{b_1}{2c_1}\right)$	$\min\left(d_2,\dfrac{b_2}{2c_2}\right)$
			$\alpha_5<d_1,$ $\alpha_6<d_2$	$\min\left(\alpha_5,\dfrac{b_1}{2c_1}\right)$	$\min\left(\alpha_6,\dfrac{b_2}{2c_2}\right)$

6.1.2.2 最优解证明

根据 KKT 条件[42]，模型中目标函数为凸函数，约束条件为凹函数，只要存在(u_1,u_2,u_3)满足式（6-18），那么(y_1,y_2)就是非线性模型的一组最优解，即

$$\begin{cases}
b_1-2c_1y_1-u_1t_1-u_2\leqslant 0 \\
b_2-2c_2y_2-u_1t_2-u_3\leqslant 0 \\
y_1(b_1-2c_1y_1-u_1t_1-u_2)=0 \\
y_2(b_2-2c_2y_2-u_1t_2-u_3)=0 \\
t_1y_1+t_2y_2-\beta\leqslant 0 \\
y_1-d_1\leqslant 0 \\
u_1(t_1y_1+t_2y_2-\beta)=0 \\
u_2(y_1-d_1)=0 \\
u_3(y_2-d_2)=0 \\
y_1\geqslant 0,y_2\geqslant 0 \\
u_1\geqslant 0,u_2\geqslant 0,u_3\geqslant 0
\end{cases} \quad (6\text{-}18)$$

(y_1,y_2)及对应(u_1,u_2,u_3)如表 6-3 所示,其满足 KKT 条件要求,因此所求解即为最优解。

表 6-3　两产品组合模型最优解(y_1,y_2)及其对应(u_1,u_2,u_3)

y_1	y_2	u_1	u_2	u_3
$\dfrac{b_1}{2c_1}$	$\dfrac{b_2}{2c_2}$	0	0	0
$\dfrac{b_1}{2c_1}$	d_2	0	0	$b_2-2c_2d_2$
d_1	$\dfrac{b_2}{2c_2}$	0	$b_1-2c_1d_1$	0
d_1	d_2	0	$b_1-2c_1d_1$	$b_2-2c_2d_2$
α_1	α_2	$\dfrac{b_1}{t_1}-\dfrac{2c_1c_2\beta}{c_1t_2^2+c_2t_1^2}$	0	0
α_5	α_6	$\dfrac{b_1t_1c_2+b_2t_2c_2-2c_1c_1\beta}{c_1t_2^2+c_2t_1^2}$	0	0
d_1	$\dfrac{\beta-t_1d_1}{t_2}$	$\dfrac{b_2}{t_2}-\dfrac{2c_2(\beta-t_1d_1)}{t_2^2}$	$b_1-2c_1d_1-\dfrac{b_2t_1}{t_2}-\dfrac{2c_2(\beta-t_1d_1)t_1}{t_2^2}$	0
$\dfrac{\beta-t_2d_2}{t_1}$	d_2	$\dfrac{b_1}{t_1}-\dfrac{2c_1(\beta-t_2d_2)}{t_1^2}$	0	$b_2-2c_2d_2-\dfrac{b_2t_2}{t_2}-\dfrac{2c_2(\beta-t_2d_2)t_2}{t_1^2}$
$\dfrac{\beta}{t_1}$	0	$\dfrac{b_1}{t_1}-\dfrac{2c_1\beta}{t_1^2}$	0	0
0	$\dfrac{\beta}{t_2}$	$\dfrac{b_2}{t_2}-\dfrac{2c_2\beta}{t_2^2}$	0	0

6.1.3　参数敏感性分析

6.1.3.1　资源能力对产品组合最优解的影响

本节分析资源能力对产品组合最优解的影响,只考虑资源能力限制、不考虑市场需求下产品组合最优解见式(6-14)。

以表 6-1 中情况（2）为例，优先级等值拐点 $y_{1O}=\dfrac{1}{2c_1}b_1-b_2\dfrac{t_1}{t_2}$，最高点

$\left(\dfrac{b_1}{2c_1},\dfrac{b_2}{2c_2}\right)$，如图 6-5 中 b 寻优路线所示。

设拐点对应资源限制为 β_O，则

$$\beta_O=y_{1O}\times t_1=\frac{t_1^2}{2c_1}\frac{b_1}{t_1}-\frac{b_2}{t_2} \tag{6-19}$$

设最高点时对应资源限制为 β_D，则

$$\beta_D=y_1t_1+y_2t_2=\frac{b_1t_1}{2c_1}+\frac{b_2t_2}{2c_2} \tag{6-20}$$

β_D 物理含义为：在有效产出线性减少的情况下，企业为了增加总的有效产出所允许的最大资源限制值。超过此值，利润不增反降，即再增加资源能力并不能改变最优产品组合方案。另外，$\beta_O\leqslant\beta_D$。

在资源能力 β 由 $0\sim\infty$ 变化的过程中，β_O，β_D 将区间 $(0,\infty)$ 分为三个子区间 $(0,\beta_O)$，(β_O,β_D)，(β_D,∞)。在不考虑市场需求限制情况时，可推得如下结论：

① $\beta\in(0,\beta_O)$，产品 1 的优先级一直高于产品 2 的优先级，资源首先满足产品 1，而不生产产品 2；因此，$y_{1r}=\dfrac{\beta}{t_1}$，$y_2=0$。

② $\beta\in(\beta_O,\beta_D)$，在拐点 $(y_{1O},0)$ 处产品 1 的优先级与产品 2 的优先级相等，而后两产品数量的按照寻优直线的方向增长，y_{1r}，y_{2r} 即是寻优直线与资源能力限制线的交点。产品组合最优解见式（6-14）。

③ $\beta\in(\beta_D,\infty)$，在点 $\left(\dfrac{b_1}{2c_1},\dfrac{b_2}{2c_2}\right)$ 处，产品 1 的优先级与产品 2 的优先级相等并且都为 0，意味着如果产品数量再增加，产品优先级将变为负数，企业会损失效益。所以，产品数量不会再增加。因此，$y_{1r}=\dfrac{b_1}{2c_1}$，$y_{2r}=\dfrac{b_2}{2c_2}$。

资源能力对产品组合的影响如表 6-4 和图 6-7 所示。

表 6-4　资源能力变化对最优产品组合影响表

β 变化区间	y_{1r}	y_{2r}
$(0,\beta_O)$	$\dfrac{\beta}{t_1}$	0
(β_O,β_D)	$\dfrac{2c_2\beta t_1+t_2^2b_1-2t_1t_2b_2}{2(c_1t_2^2+c_2t_1^2)}$	$\dfrac{2c_1\beta t_2+t_1^2b_2-2t_2t_1b_1}{2(c_1t_2^2+c_2t_1^2)}$
(β_D,∞)	$\dfrac{b_1}{2c_1}$	$\dfrac{b_2}{2c_2}$

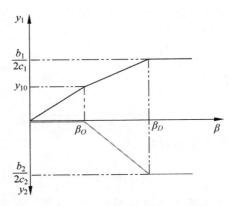

图 6-7　资源能力对产品组合最优解影响规律

6.1.3.2　市场需求对产品组合最优解的影响

本节分析市场需求 d_1, d_2 对产品组合最优解的影响。在 d_1 由 $0\sim\infty$ 变化的过程中，y_{1r} 将区间 $(0,\infty)$ 分为两个子区间 $(0, y_{1r})$，(y_{1r},∞)；在 d_2 由 $0\sim\infty$ 变化的过程中，y_{2r} 将区间 $(0,\infty)$ 分为两个子区间 $(0, y_{2r})$，(y_{2r},∞)。显然，此时根据 d_1, d_2 区间的选择情况，会有以下 4 种情况：

（1）$d_1 \in (0, y_{1r})$，$d_2 \in (0, y_{2r})$，即两产品资源限制下的最优解都超过了市场需求。考虑到产品 1 和产品 2 需要满足资源能力的限制，即

$$t_1 y_{1r} + t_2 y_{2r} \leqslant \beta$$

考虑此资源为单瓶颈资源，则有 $t_1 d_1 + t_2 d_2 - \beta > 0$，即 $t_1 d_1 + t_2 d_2 > \beta$。由于 $y_{1r} \geqslant d_1$，$y_{2r} \geqslant d_2$ 同时满足，则有 $t_1 y_{1r} + t_2 y_{2r} > \beta$，这与资源能力限制相矛盾，显然不能同时有 $y_{1r} > d_1$，$y_{2r} > d_2$。

（2）$d_1 \in (0, y_{1r})$，$d_2 \in (y_{2r},\infty)$，即产品 1 在资源限制下的最优解已经超过市场需求，而产品 2 的数量并没有超过市场需求，求解情况如图 6-8 情形③所示。

$$y_1 = d_1, \quad y_2 = \frac{\beta - t_1 y_1}{t_2} \tag{6-21}$$

（3）$d_1 \in (y_{1r},\infty)$，$d_2 \in (0, y_{2r})$，即产品 2 在资源限制下的最优解已经超过市场需求，而产品 1 的数量并没有超过市场需求，求解情况如图 6-8 情形②所示。

$$y_1 = \frac{\beta - t_2 y_2}{t_1}, \quad y_2 = d_2 \tag{6-22}$$

（4）$d_1 \in (y_{1r}, \infty), d_2 \in (y_{2r}, \infty)$，即产品 1 和产品 2 在资源限制下的最优解都没有超过市场需求，求解情况如图 6-8 情形④所示。

$$y_1 = y_{1r}, \quad y_2 = y_{2r} \tag{6-23}$$

总结市场需求对产品组合最优解的影响如表 6-5 和图 6-8 所示。

表 6-5　市场需求对产品组合最优解的影响

情况		产品 1 最优解 y_1	产品 2 最优解 y_2
d_1 区间	d_2 区间		
$(0, y_{1r})$	$(0, y_{2r})$	—	—
$(0, y_{1r})$	(y_{2r}, ∞)	d_1	$\dfrac{\beta - t_1 y_1}{t_2}$
(y_{1r}, ∞)	$(0, y_{2r})$	$\dfrac{\beta - t_2 y_2}{t_1}$	d_2
(y_{1r}, ∞)	(y_{2r}, ∞)	y_{1r}	y_{2r}

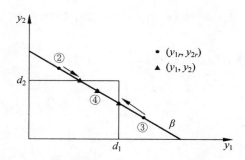

图 6-8　市场需求对产品组合最优解影响图

6.1.3.3　加工时间对产品最优解的影响

本节分析加工时间对产品组合最优解的影响，t_1, t_2 分别表示两产品在资源上的加工时间。假设 t_2 不变，t_1 变化，且有 $\dfrac{\beta}{t_2} \geqslant \dfrac{b_2}{2c_2}$，同时 t_1, t_2 满足式（6-24），则研究加工时间的变化可转化为研究参数 α 的变化对产品组合最优解的影响，即

$$t_1 = \alpha t_2, \quad \alpha \in (0, \infty) \tag{6-24}$$

分析加工时间对资源能力限制下产品组合解的影响，可得定理 6-4。其中，可允加工时间 t_{1D} 是指在有效产出线性减小的情况下，企业为了增加总的有效产出所允许的最小加工时间，如式（6-27）所示。当加工时间缩短到可允加工时间，产品组合优化方案最优。若再缩小产品的加工时间，却并不能改变最优产品组合方案。

定理 6-4　当产品在资源上的加工时间小于可允加工时间 t_{1D} 时,继续缩短加工时间,并不能改变最优解,企业总的有效产出也不会再提高;当加工时间超过可允加工时间 t_{1D} 时,产品 1 的数量随加工时间的增加而单调递减,产品 2 的数量随加工时间的增加先减后增,并在某点取得最小值,如图 6-9 所示。

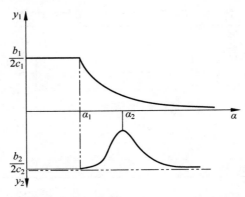

图 6-9　加工时间对产品组合最优解影响图

证明　当资源能力限制线过点 $\left(\dfrac{b_1}{2c_1},\dfrac{b_2}{2c_2}\right)$ 时,则

$$\alpha_1 t_2 \frac{b_1}{2c_1} + t_2 \frac{b_2}{2c_2} = \beta \tag{6-25}$$

$$\alpha_1 = \frac{t_1 b_1}{2c_2\beta - t_{12} b_2} \tag{6-26}$$

此时,产品 1 的加工时间为

$$t_{1D} = \alpha_1 t_2 = \frac{t_1 b_1}{2c_2\beta - t_2 b_2} t_2 \tag{6-27}$$

α_1 将 $\alpha \in (0,\infty)$ 分为两个区间 $(0,\alpha_1)$ 和 (α_1,∞),如图 6-10 所示。

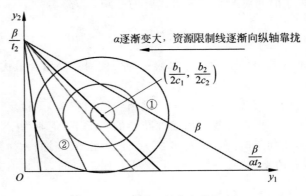

图 6-10　不同 α 对应产品组合

（1）当 $\alpha \in (0, \alpha_1)$ 时，如图 6-10 中的①所示，资源能力限制线覆盖了点 $\left(\dfrac{b_1}{2c_1}, \dfrac{b_2}{2c_2} \right)$，因此 $y_1 = \dfrac{b_1}{2c_1}$，$y_2 = \dfrac{b_2}{2c_2}$；

（2）当 $\alpha \in (\alpha_1, \infty)$ 时，如图 6-10 中的②所示，此时，$y_1 = \dfrac{2c_2\beta t_1 + t_1^2 b_1 - t_2 t_1 b_2}{2(c_1 t_2^2 + c_2 t_1^2)}$，$y_2 = \dfrac{2c_1\beta t_2 + t_1^2 b_2 - t_2 t_1 b_1}{2(c_1 t_2^2 + c_2 t_1^2)}$。

将 $t_1 = \alpha t_2$ 分别代入 y_1, y_2，可得

$$y_1 = \frac{\dfrac{2\alpha c_2 \beta}{t_2} + b_1 - \alpha b_2}{2(c_1 + \alpha^2 c_2)}, \quad y_2 = \frac{\dfrac{2c_1 \beta}{t_2} + \alpha^2 b_2 - \alpha b_1}{2(c_1 + \alpha^2 c_2)} \tag{6-28}$$

$$\lim_{\alpha \to \infty} y_1 = 0, \quad \lim_{\alpha \to \infty} y_2 = \frac{b_2}{2c_2} \tag{6-29}$$

显然，y_1 随 α 增加单调递减。将 y_2 对 α 求导，可得

$$\frac{\mathrm{d}y_2}{\mathrm{d}\alpha} = \frac{\alpha^2 b_1 c_2 + 2\alpha c_1 b_2 - \dfrac{4\alpha c_1 c_2 \beta}{t_2} - b_1 c_1}{2(c_1 + \alpha^2 c_2)^2} \tag{6-30}$$

令 $\dfrac{\mathrm{d}y_2}{\mathrm{d}\alpha} = 0$，解得

$$\alpha_2 = \frac{(4b_2 c_1^2 c_2 - 4\beta b_1 c_1^2 c_2 t_2 + b_1^2 c_1^2 t_2^2 + b_1^2 c_1 c_2 t_2^2)^{1/2} + 2\beta c_1 c_2 - b_1 c_1 t_2}{b_1 c_1 t_2} \tag{6-31}$$

此时 y_2 有最小值。定理 6-4 得证。

6.1.4　多产品模型优化

本节首先将 PPD-TOCh 方法由两产品扩展至多产品，再求解单瓶颈下多产品组合优化模型。最后，给出典型算例，并通过优化求解验证了所提方法的有效性。

6.1.4.1　优化方法

由定义 6-1 及式(6-4)可知，当产品数量为 0 时，产品优先级的初值为 $\dfrac{b_i}{t_i}$，并且产品优先级随着产品数量的增加而减小；当产品数量达到 $\dfrac{b_i}{2c_i}$ 时，产品优先级

为 0,产品数量达到最大值,不再增加。

使用多产品 PPD-TOCh 方法求解模型时,应当遵循以下基本原则:

原则 6-1　优先级高的产品优先获得资源。

原则 6-2　产品数量不超过 $\dfrac{b_i}{2c_i}$ 或者市场需求 d_i。

多产品 PPD-TOCh 方法产品组合模型求解步骤如下:

步骤 1　将产品按照初始产品优先级 $\dfrac{b_i}{t_i}$ 非增序列排列,设为 $P_{(1)},P_{(2)},\cdots,$ $P_{(i)},\cdots,P_{(n)}$。

步骤 2　首先增加 $P_{(1)}$ 的数量,若满足步骤 6 中的结束条件,则产品组合结束;否则直到 $P_{(1)}$ 的优先级与 $P_{(2)}$ 的初始优先级相等,产品组合才结束。

步骤 3　按照 $\dfrac{b_1-2c_1y_1}{t_1}=\dfrac{b_2-2c_2y_2}{t_2}$ 的关系增加 $P_{(1)},P_{(2)}$ 的数量,若满足步骤 6 中的结束条件,则产品组合结束;否则直到 $P_{(1)},P_{(2)}$ 的优先级与 $P_{(3)}$ 的初始优先级相等,产品组合才结束。

步骤 4　按照 $\dfrac{b_1-2c_1y_1}{t_1}=\dfrac{b_2-2c_2y_2}{t_2}=\dfrac{b_3-2c_3y_3}{t_3}$ 的关系增加 $P_{(1)},P_{(2)},$ $P_{(3)}$ 的数量,若满足步骤 6 中的结束条件,则产品组合结束;否则直到 $P_{(1)},$ $P_{(2)},P_{(3)}$ 的优先级与 $P_{(4)}$ 的初始优先级相等,产品组合才结束。

步骤 5　依次进行,直到产品组合结束。

步骤 6　当满足以下条件之一时,产品组合结束:

① 该产品的数量达到数量限制 $\dfrac{b_i}{2c_i}$ 或者 d_i;

② 资源能力耗尽。

多产品 PPD-TOCh 方法的整个过程如表 6-6 所示,用方程表示为

$$\sum_{i=1}^{k}t_iy_i=\beta$$

$$\frac{b_1-2y_1c_1}{t_1}=\frac{b_2-2y_2c_2}{t_2}=\cdots=\frac{b_k-2y_kc_k}{t_k} \tag{6-32}$$

$$y_m=\min\left(d_m,\frac{b_m}{2c_m}+\frac{a_m}{2}\right)$$

$$y_{k+1}=0,\cdots,y_n=0$$

此时,求解方程式(6-32)即可得到最优解。

表 6-6　多产品 PPD-TOCh 方法步骤

步骤	$P_{(1)}$	$P_{(2)}$	$P_{(3)}$	...	$P_{(m)}$	...	$P_{(j)}$	...	$P_{(k)}$	...	$P_{(n)}$	数量限制判断	资源限制判断
0	0	0	0	...	0	...	0	...	0	...	0	N	N
1	y_{12}	0	0	...	0	...	0	...	0	...	0	N	N
2	y_{13}	y_{23}	0	...	0	...	0	...	0	...	0	N	N
...	...	...	...	...	...	...	...	...	...	...	...	N	N
j	$y_{1(j+1)}$	$y_{2(j+1)}$	$y_{3(j+1)}$	...	$y_m=\min\left(d_m,\dfrac{b_m}{2c_m}\right)$	...	$y_{j(j+1)}$	0	0	...	0	Y	N
...	...	...	...	...	...	...	...	...	...	...	...	N	N
k	$y_{1(k+1)}$	$y_{2(k+1)}$	$y_{3(k+1)}$	...	$\min\left(d_m,\dfrac{b_m}{2c_m}\right)$	...	$y_{j(k+1)}$	...	$y_{k(k+1)}$	0	0	N	Y

注：① 表中 y_{12} 指产品 $P_{(1)}$ 的初始优先级与 $P_{(2)}$ 的初始优先级相等时 $P_{(1)}$ 的数量，即 $\dfrac{b_1-2c_1}{t_1}$，$y_{12}=\dfrac{b_2}{t_2}$；产品 $P_{(m)}$ 优先级与 $P_{(j)}$ 初始优先级相等时 $P_{(m)}$ 的数量 $y_{m(j+1)}$ 超过其最大数量限制，即 $y_{m(j+1)}>\min\left(d_m,\dfrac{b_m}{2c_m}\right)$，则 $y_m=\min\left(d_m,\dfrac{b_m}{2c_m}\right)$，且不再变化。

② 假设表中第 j 步，产品 $P_{(m)}$ 优先级与 $P_{(j)}$ 初始优先级相等时 $P_{(m)}$ 的数量 $y_{m(j+1)}$ 超过其最大数量限制，即 $y_{m(j+1)}>\min\left(d_m,\dfrac{b_m}{2c_m}\right)$，则 $y_m=\min\left(d_m,\dfrac{b_m}{2c_m}\right)$，且不再变化。

6.1.4.2 算例验证

某企业可生产 4 种产品 A、B、C、D，企业瓶颈资源为 R，资源的可用时间为 11420。产品的有效产出 TP_i，在资源上的加工时间 t_i 和市场需求 d_i 如表 6-7 所示。

表 6-7 多产品有效产出线性下降产品组合算例

产　　品	有效产出 TP_i	加工时间 t_i	市场需求 d_i
A	$600-5A$	20	110
B	$500-4B$	40	80
C	$400-2C$	40	100
D	$300-D$	50	100

根据前文分析得到 4 种产品的优先级和数量的关系如表 6-8 所示。根据表 6-8 容易得到产品优先级具有以下关系：

表 6-8 产品的优先级与数量关系表

$\varphi(A)$	$\varphi(B)$	$\varphi(C)$	$\varphi(D)$
$30,A=0$	$12.5,B=0$	$10,C=0$	$6,D=0$
$30-0.5A$	$12.5-0.2B$	$10-0.1C$	$6-0.04D$
$0,A=60$	$0,B=62.5$	$0,C=100$	$0,D=150$

① 当 $A=35$ 时，$\varphi(A)=12.5=\varphi(B=0)$，即此时 A 的优先级与 B 的初始优先级相等；

② 当 $A=40,B=12.5$ 时，$\varphi(A)=\varphi(B)=10=\varphi(C=0)$，即此时 A 的优先级和 B 的优先级都与 C 的初始优先级相等；

③ 当 $A=48,B=32.5,C=40$ 时，$\varphi(A)=\varphi(B)=\varphi(C)=6=\varphi(D=0)$，即此时 A 的优先级，B 的优先级和 C 的优先级都与 D 的初始优先级相等。

根据多产品 PPD-TOCh 方法，整个求解过程如下：

(1) 将产品按照初始产品优先级降序排列，即 $A>B>C>D$。

(2) 首先增加 A 的数量，当 $A=35$ 时，A 的优先级与 B 的初始优先级相等；A 没有达到数量限制（市场需求限制或者最大盈利数量限制）时，资源没有耗尽。

(3) 按照 $30-0.5A=12.5-0.2B$ 的关系增加 A、B，直到 A 的优先级和 B 的优先级都与 C 的初始优先级相等，此时 $A=40,B=12.5$，A、B 没有达到数量限制，资源没有耗尽。

（4）按照 $30-0.5A=12.5-0.2B=10-0.1C$ 的关系增加 A、B、C，直到 A、B、C 的优先级与 D 的初始优先级相等，此时 $A=48$，$B=32.5$，$C=40$；A、B、C 没有达到数量限制，资源没有耗尽。

（5）按照 $30-0.5A=12.5-0.2B=10-0.1C=6-0.04D$ 的关系和资源能力要求 $20A+40B+40C+50D=11420$ 增加 A、B、C、D 的数量，同时考虑 A、B、C、D 的数量限制，得到 $D=100$，此时达到市场需求，数量不再增加，此时 $A=56$，$B=52.5$，$C=80$，资源耗尽，产品组合结束。

综上可知由多产品 PPD-TOCh 方法所得产品组合为 $56A$，$52.5B$，$80C$，$100D$。

采用商业软件 LINGO 求解算例对所得产品组合方案进行验证。产品组合优化 ILP 模型为

$$\max z = \sum_{i=1}^{4} y_i \mathrm{TP}_i$$

$$\mathrm{TP}_1 = f(y_1) = 600 - 5y_1$$

$$\mathrm{TP}_2 = f(y_2) = 500 - 4y_2$$

$$\mathrm{TP}_3 = f(y_3) = 400 - 2y_3$$

$$\mathrm{TP}_4 = f(y_4) = 300 - y_4$$

$$\mathrm{s.\,t.}\ 20y_1 + 40y_2 + 40y_3 + 50y_4 \leqslant 11420$$

$$0 \leqslant y_1 \leqslant 110$$

$$0 \leqslant y_2 \leqslant 80$$

$$0 \leqslant y_3 \leqslant 100$$

$$0 \leqslant y_4 \leqslant 100$$

用 LINGO 求解得到最优产品组合为 $56A$，$52.5B$，$80C$，$100D$，与多产品 PPD-TOCh 方法所得最优产品组合方案一致。

6.1.4.3　PPD-TOCh 方法的优点分析

相比数学规划方法，PPD-TOCh 方法具有以下优点：

（1）简单、易于掌握，更适合非数学专业人员使用。数学规划求解需要建立数学模型并借助求解软件，专业性要求较高，而 PPD-TOCh 方法将二次非线性问题求解转化为线性问题的求解，降低了求解幂次，只需要将参数值代入即可得到最优解。

（2）产品组合优化过程直观透明，适合生产管理人员使用。PPD-TOCh 方法思路清晰、步骤明确，为生产管理人员得到产品组合最优解提供了直观透明

的求解过程,且产品盈利能力的变化过程一目了然;而数学规划求解只能给出最终的实数解,且其求解过程不透明。

(3)易于确定最优解所在区间,方便生产管理人员进行计划调整。PPD-TOCh方法通过判断产品优先级关系,方便得到最优解所在区间;在不需要精确求得最优解前提下,易于判断产品组合的数量区间,方便生产管理人员进行生产计划调整。而数学规划方法只能得到精确解,并且计算量大。

(4)易于分析产品组合参数对最优解的影响。PPD-TOCh方法基于解析解分析资源能力、市场需求、加工时间等参数对产品组合最优解的影响,为企业资源能力投入、资源优化配置等决策提供支撑,而数学规划方法较难实现。

6.2 考虑外包能力拓展的产品组合优化

常见的产品组合优化问题仅考虑系统内部的生产能力,然而在当前供应链分工协作的体系下,企业外包已经成为网络化协同模式下的一种重要生产方式[71-72]。本节探讨外包能力拓展下的产品组合优化问题,并研究相应的瓶颈驱动的启发式方法。

6.2.1 数学模型

外包作为一种生产能力拓展手段,可以提高企业产能,增强客户满意度,并使企业利益最大化。考虑产品外包的产品组合优化(product mix optimization with outsourcing,PMOO)是指在企业制造资源能力有限的情形下,将自己非核心或非盈利的产品、零部件或工序转包给外部制造单元,通过合理配置内、外资源并确定自制和外包任务种类及其数量以使企业收益最优。从外包任务粒度粗细看,外包分为产品外包、零部件外包、工序外包三种类型。从外包根据是否提供原材料给外包商看,外包可分为带料外包(外包商包工不包料)和不带料外包(外包商包工包料)两种类型。其中外包需要支付的外包费用在理论上等同于任务的拒绝费用。考虑产品外包的产品组合优化区别于仅考虑自制决策的传统产品组合优化,实现了自制和外包的集成决策,有助于聚焦企业核心竞争力、控制生产成本、提高顾客满意度。考虑外包的产品组合优化是经典产品组合优化问题的拓展,属于NP-hard问题。本节将外包决策与自制产品组合优化进行集成,研究企业自制和外包集成的优化模型。

6.2.1.1 模型假设

产品组合优化模型假设如下:

①外包利润小于企业的自制利润,即只有企业的生产能力不足时才会外包;

②外包能力无限,足以满足产品的市场需求;

③外包的加工时间等于自制的加工时间;

④外包所需的原材料与自制相同;

⑤同一产品的外包成本是定值;

⑥不考虑废品的生成;

⑦所有产品交货期一致;

⑧产品数量限定为整数。

6.2.1.2　自制与外包集成建模

1. 自制与外包集成优化目标函数

以 TP 表示产品的有效产出,即产品通过销售获得的利润。一般来说,TP仅与产品生产数量和随 TP 变化的纯变动费用(truly variable expenses,TVE)有关,且不考虑加工成本等。自制和外包集成优化的有效产出 TP 表示为

$$TP = \sum_{i=1}^{n} (d_i p_i - TVE_i) \tag{6-33}$$

$$TVE_i = y_i \cdot m_i + o_i \tag{6-34}$$

$$m_i = \sum_{w=1}^{r} \omega_{iw} \cdot s_w + \sum_{\zeta=1}^{p_\zeta} B_{i\zeta} \cdot \eta_\zeta \tag{6-35}$$

式中,i 为产品编号,$i=1,2,\cdots,n$,记作 $i \in N$;w 为材料编号,$w=1,2,\cdots,r$,记作 $w \in R$;ζ 为需要采购的零部件标记,$\zeta=1,2,\cdots,p_\zeta$,记作 $\zeta \in P_\zeta$;d_i 为产品 i 的市场需求;p_i 为产品 i 的售价;TVE_i 为产品 i 的纯变动费用;TVE 作为纯变动费用,包括原材料成本和零部件外购外包成本;m_i 为单位产品 i 所需原材料的外购费;o_i 为产品 i 的外包总成本;y_i 为产品 i 的计划加工数量;ω_{iw} 为单位产品 i 消耗原材料 w 的量;s_w 是原材料 w 的单价;$B_{i\zeta}$ 是单位产品 i 所需零部件 ζ 的数量;η_ζ 是零部件 ζ 的单价;产品 i 的计划加工数量为 y_i,则外包数量为 $(d_i - y_i)$;产品 i 的外包总成本 o_i 的计算分为不带料外包和带料外包两种情况,分别计算如下:

①当不带料外包时,外包总成本 o_i 为

$$o_i = (d_i - y_i) p_i^{o_1} \tag{6-36}$$

其中,$p_i^{o_1}$ 为单位产品 i 不带料外包的成本;

②当带料外包时,外包总成本 o_i 为

$$o_i = (d_i - y_i) p_i^{o_2} + (d_i - y_i) m_i \tag{6-37}$$

其中，$p_i^{o_2}$ 为单位产品 i 带料外包的成本。

由上述几个公式得出有效产出 TP 的表达式为

$$TP = \begin{cases} \sum\limits_{i=1}^{n}(y_i \cdot (p_i^{o_1} - m_i) + d_i(p_i - p_i^{o_1})), & \text{不带料外包} \\ \sum\limits_{i=1}^{n}(y_i \cdot p_i^{o_2} + d_i(p_i - p_i^{o_1} - m_i)), & \text{带料外包} \end{cases} \tag{6-38}$$

从企业角度出发，有效产出分为自制产品有效产出 TP_i^m 和外包产品有效产出 TP_i^b，分别表示为

$$TP_i^m = p_i - m_i \tag{6-39}$$

$$TP_i^b = \begin{cases} TP_i^{b_1} = p_i - p_i^{o_1}, & \text{不带料外包} \\ TP_i^{b_2} = p_i - p_i^{o_2} - m_i, & \text{带料外包} \end{cases} \tag{6-40}$$

从外包商的角度出发，外包的有效产出 TP_i^o 为

$$TP_i^o = \begin{cases} TP_i^{o_1} = p_i^{o_1} - m_i, & \text{不带料外包} \\ TP_i^{o_2} = p_i^{o_2}, & \text{带料外包} \end{cases} \tag{6-41}$$

虽然从不同角度对 TP 的定义和描述不同，但企业和外包商的利润空间是一致的，相互之间存在着以下关系：

$$TP_i^m - TP_i^b = TP_i^o \tag{6-42}$$

即外包商所能获得的利润空间就是企业所能提供的利润空间，否则外包无法实现。

本节所定义的产品组合优化问题的目标函数都是最大化有效产出 TP，所以综合带料和不带料两种情况，根据式(6-38)～式(6-42)，可将自制和外包集成优化的目标函数表示为

$$TP = \sum_{i=1}^{n}[y_i \cdot (TP_i^m - TP_i^b) + d_i \cdot TP_i^b] = \sum_{i=1}^{n}(y_i \cdot TP_i^o + d_i \cdot TP_i^b)$$

由于 $\sum\limits_{i=1}^{n} d_i \cdot TP_i^b$ 是常数，所以

$$\max TP = \sum_{i=1}^{n} y_i \cdot TP_i^o = \sum_{i=1}^{n} y_i \cdot (TP_i^m - TP_i^b) \tag{6-43}$$

2. 自制与外包集成运作指标约束限制

(1) 资源能力限制。

$$\sum_{i=1}^{n} y_i \cdot t_{ij} \leqslant \beta_j, \quad j \in M \tag{6-44}$$

其中，j 为资源标记，$j = 1, 2, \cdots, m$，记作 $j \in M$；t_{ij} 为单位产品 i 使用资源 j 的时间；β_j 为资源 j 的能力限制。

（2）原材料供应能力限制。

$$\sum_{i=1}^{n} y_i \cdot \omega_{iw} \leqslant \alpha_w, \quad w \in R \tag{6-45}$$

其中，α_w 为原材料 w 的供应限制。

（3）零部件供应采购限制。

$$\sum_{i=1}^{n} y_i \cdot B_{i\zeta} \leqslant \gamma_\zeta, \quad \zeta \in P_\zeta \tag{6-46}$$

其中，γ_ζ 为零部件 ζ 的采购供应限制。

（4）产品数量限制。

$$l_i \leqslant y_i \leqslant d_i, \quad i \in N \tag{6-47}$$

其中，l_i 为产品 i 的最低生产数量，最小等于 0。

（5）产品数量整数限制。

$$y_i \in Z^+, \quad i \in N \tag{6-48}$$

其中，Z^+ 为非负整数集。

3. 自制与外包集成优化的数学模型

根据式（6-42）～式（6-48），得到自制和外包集成的 TOC 产品组合优化问题数学模型如下：

$$\max \mathrm{TP} = \sum_{i=1}^{n} y_i \cdot (\mathrm{TP}_i^m - \mathrm{TP}_i^b) \tag{6-49}$$

$$\mathrm{s.\,t.} \begin{cases} \sum_{i=1}^{n} t_{ij} \cdot y_i \leqslant \beta_j, & j \in M \\ l_i \leqslant y_i \leqslant d_i, & i \in N \\ y_i \in Z^+, & i \in N \end{cases} \tag{6-50}$$

在考虑外包能力拓展的产品组合优化问题时，只考虑自制企业机器能力的限制，无需考虑外包企业机器能力约束、原材料供应限制和零部件采购的供应限制。

设 y_i^c 是自制和外包集成优化模型的最优解，将 y_i^c 代入式（6-38），并结合公式（6-40）和式（6-41）得出自制和外包集成优化的有效产出 $(\mathrm{TP})^I$ 为

$$(\mathrm{TP})^I = \sum_{i=1}^{n} \left[y_i^c \cdot (\mathrm{TP}_i^m - \mathrm{TP}_i^b) + d_i \cdot \mathrm{TP}_i^b \right] \tag{6-51}$$

6.2.2　算法设计

在现有文献中,王军强等[71-72]采用免疫算法(immune algorithm,IA)对考虑外包的产品组合优化问题进行了求解,并通过仿真验证了该算法的有效性和实用性。本节将通过对第 5 章中 RTOCh 算法进行了改进,提出了剩余能力再分配算法,其通过对剩余能力的重新分配加强了对剩余能力的充分利用,提高了瓶颈资源利用率和系统有效产出。采用剩余能力再分配算法对考虑外包能力拓展的产品组合优化问题进行求解,并与其他启发式算法进行比较,验证所提算法的有效性。

算法分为两个阶段:第一阶段是用剩余能力再分配算法针对主瓶颈求出一组可行解;第二阶段是对第一阶段求得的可行解进行调整优化。整个算法的具体步骤如下:

1. 第一阶段

步骤 1　找到系统瓶颈资源。

$$d_j = \beta_j - \sum_{i=1}^{n} t_{ij} D_i, \quad j = 1, 2, \cdots, m$$

$d_j < 0$ 的资源即为系统瓶颈资源,并加入到 $CR = \{\mathrm{BN}_1, \mathrm{BN}_2, \cdots, \mathrm{BN}_q\}$,集合 CR 中资源按 d_j 非降序排列,选择 d_j 最小的瓶颈资源作为主瓶颈 BN_i, $i = 1, 2, \cdots, n$。

步骤 2　计算各产品在主瓶颈 BN_i 上的优先级 $R_{i,\mathrm{BN}}$。

$$R_{i,\mathrm{BN}} = \frac{\mathrm{TP}_i}{t_i},$$

式中,TP_i 为产品 i 的有效产出,t_i 为产品 i 占用瓶颈资源的数量。计算出各产品的优先级 $R_{i,\mathrm{BN}}$ 之后,对产品按照 $R_{i,\mathrm{BN}}$ 值降序排列,若 $R_{i,\mathrm{BN}}$ 值相同则按 CM_i 值降序排列,得到了一个产品序列 P_0($P_0 = (p_1, p_2, \cdots, p_n)$)。若所有产品均使用主瓶颈资源,则转到步骤 3;否则,把不用主瓶颈的产品按照 TP_i 值降序排至末尾,再转到步骤 3。

步骤 3　分配主瓶颈资源。

按照步骤 2 中序列 P_0 的顺序从前到后给使用主瓶颈的产品分配主瓶颈资源,且分配时使产品的数量都达到其市场需求,直到主瓶颈资源不够满足产品 J 的市场需求。其中,J 是产品数量首次出现小数的产品。设所得产品 J 的整数数量为 Q_J,主瓶颈的剩余能力为 t_{left}。若 $t_{\mathrm{left}} = 0$,则转到步骤 6;否则,转到步骤 4。

步骤 4　构建可行集 X。

从序列 $P_0 = (p_1, p_2, \cdots, p_n)$ 中的第一个产品 p_1 到第 $J-1$ 个产品 p_{J-1} 中挑选出第一个满足 $\dfrac{\mathrm{TP}_J}{\mathrm{TP}_i} \cdot \dfrac{t_{\mathrm{left}} + t_i}{t_J} \geqslant 1$ 的产品 I，则集合 $X = \{ P_I, P_{I+1}, P_{I+2}, \cdots, P_{J-1} \}$。若 X 为空集，则将剩余资源 t_{left} 按照序列 P_0 中的顺序和市场需求分配给 J 以后的产品，并转到步骤 6；否则转到步骤 5。

步骤 5　找出最佳方案。

对集合 $X = (p_1, p_2, \cdots, p_{J-1})$ 中的每个产品 $X(i)$ 使用如下不等式组来求解参与调整的产品数量变化量：

$$\begin{cases} t_{X(i)} \times p + t_{\mathrm{left}} \geqslant t_J \times q & ① \\ \mathrm{TP}_J \cdot q_{\max} + \sum\limits_{i=1}^{n} \left\lfloor \dfrac{t_{\mathrm{left}}^{a}(i)}{t_{J+i}} \right\rfloor \cdot \mathrm{TP}_{J+i} \geqslant \mathrm{TP}_{X(i)} \cdot p + \sum\limits_{i=1}^{n} \left\lfloor \dfrac{t_{\mathrm{left}}^{b}(i)}{t_{J+i}} \right\rfloor \cdot \mathrm{TP}_{J+i} & ② \end{cases}$$

产品 $X(i)$ 的优先级比 J 高，且在优先级序列中排在第 i 个位置。$t_{X(i)}, t_J$ 分别表示产品 $X(i)$ 和产品 J 的加工时间，p 和 q 分别是产品 $X(i)$ 和产品 J 的数量变化值。TP_J 是产品 J 的有效产出，$q_{\max}$ 是产品 J 的数量变化值可以取得一系列值中的最大值。$t_{\mathrm{left}}^{a}(i)$ 是在调整之后的剩余资源分配到第 i 个产品时的值，$t_{\mathrm{left}}^{b}(i)$ 是在调整之前剩余资源分配到第 i 个产品时的值。公式①的物理含义是：从调整前后时间维度看，减小 p 个 $X(i)$ 产品所得的资源能力和剩余资源能力的总和要大于等于生产 q 个 J 产品所需要的资源能力。求解该不等式获得的解是一系列的 (p, q) 的组合。公式②的物理含义是：从调整前后有效产出的维度看，通过减小 p 个产品 $X(i)$ 将所贡献出的资源能力和剩余资源能力一起生产 q 个产品 J 所获得的系统有效产出要大于减小产品 $X(i)$ 生产产品 J 之前的系统有效产出，即通过调整使得系统的有效产出增加了。在每次调整的过程中，只选取产品 J 数量能增加的最大值 $q_{\max}$。其原因为：在减小 p 个产品 $X(i)$ 将所得的资源能力和剩余资源能力一起生产产品 J 的过程中，若瓶颈资源还有剩余，则将当前剩余能力按产品优先级由高到低顺序进行分配。根据优先级的定义，把瓶颈资源能力优先分配给高优先级产品，单位时间的资源产出越高，所以在不等式②中只选取 J 产品数量能增加的最大值 $q_{\max}$。

计算出产品 $X(i)$ 的减小数量 m 和 J 最大的可增加数量 $n_{\max}$ 的值，且 m 和 $n_{\max}$ 都是整数。根据每组 $(m, n_{\max})$ 计算出所产生的有效产出变化量，同时取有效产出变化量最大的一组作为调整方案，并对相应的产品数量进行调整。

步骤 6　分类处理。

将不使用主瓶颈的产品数量设置为市场需求。若所有产品均使用主瓶颈资源,则转到步骤 8。

步骤 7　求解初始产品组合。

计算各资源的使用情况并找出此时的瓶颈资源,然后按照优先级由低到高减少序列 P_0 中产品的数量,使所有资源都满足能力限制得到产品组合 P_1。

2. 第二阶段

步骤 8　构建可调整集合 H。

计算产品组合 P_1 各资源的使用情况,找出利用率最高的资源 R 并计算 R 上的剩余时间。若资源 R 上的剩余能力为 0,则当前解即为算法最优解;否则计算资源 R 上的优先级次序,找出资源 R 上的优先级次序和主瓶颈 BN_1 上的优先级次序相比较有调整潜力的产品 (X,Y) 的集合 H:若在主瓶颈 BN_1 上的优先级序列中 X 优先于 Y,而在资源 R 上的优先级序列中 Y 优先于 X,如果减小 X 增加 Y 会使得总的有效产出增加,即认为该组 (X,Y) 具有调整潜力,则将该组 (X,Y) 添加到集合 H 中。

步骤 9　找出最佳调整组合 (X',Y')。

首先计算出增加一个 Y 要减少的 X 的最小整数个数 N,然后计算

$$Z = \sum_{k=1}^{q \leqslant m} (-N \cdot R_{X,BN_k} + R_{Y,BN_k})$$

此时,Z 最大的一组 (X,Y) 即为最佳调整方式 (X',Y')。

步骤 10　调整。

每次减小一个单位的 X' 来增加 Y',并计算每次调整引起的有效产出变化量,选择有效产出变化量最大的一组 (X',Y') 的值作为最终的调整方式。若 Y' 的市场需求被满足,则将多余资源分配给序列 P_1 中 Y' 后的产品,直到 X' 的数量减小到 0。

步骤 11　找出新的资源 R。

(1) 若新的资源 R 剩余能力为 0,则算法停止,且当前解即为最佳;

(2) 若新的资源 R 剩余能力不为 0,则转到步骤 8。

算法第一阶段及第二阶段的流程图分别如图 6-11、图 6-12 所示。

6.2.3　算例仿真及分析

本节将通过几种不同规模的算例对剩余能力再分配算法的求解性能进行分析。

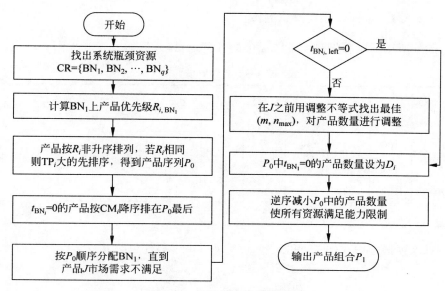

图 6-11　算法第一阶段流程图

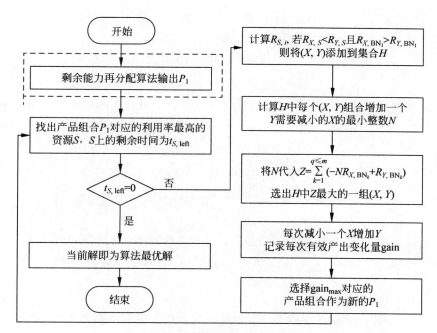

图 6-12　算法第二阶段流程图

6.2.3.1 单瓶颈小规模算例仿真

此处所用仿真算例是文献[71]中的算例,具体数据如表 6-9 所示。

表 6-9 算例数据

产品	d_i	p_i	m_i	$p_i^{o_1}$	$p_i^{o_2}$	资源号			
						R_1	R_2	R_3	R_4
p_1	100	130	40	66	29	2	12	4	4
p_2	100	150	40	68	26	4	12	10	6
p_3	100	190	40	98	57	13	26	10	10
资源能力						2400			

对该算例应用式(6-49)和式(6-50),可得不带料外包时其数学模型为

$$\max(26y_1 + 28y_2 + 58y_3) \tag{6-52}$$

$$\text{s. t.} \begin{cases} 2y_1 + 4y_2 + 13y_3 \leqslant 2400 \\ 12y_1 + 12y_2 + 26y_3 \leqslant 2400 \\ 4y_1 + 10y_2 + 10y_3 \leqslant 2400 \\ 4y_1 + 6y_2 + 10y_3 \leqslant 2400 \\ 0 \leqslant y_i \leqslant 100, \quad i = 1,2,3 \\ y_i \in Z^+, \quad i = 1,2,3 \end{cases} \tag{6-53}$$

应用剩余能力再分配算法对式(6-52)和式(6-53)所述问题进行求解,过程如下:

(1) 找到系统瓶颈资源。

通过计算 $d_j = \text{CP}_j - \sum_{i=1}^{n} t_{ij} D_i$ 可知,仅有资源 R_2 的 $d_2 = -2600 < 0$,其余三个资源的 d_j 均大于 0,所以资源 R_2 为系统唯一的瓶颈资源。

(2) 计算各产品在主瓶颈 BN_1 上的优先级 $R_{i,\text{BN}}$。

通过计算可知,主瓶颈 BN_1 上各产品的优先级值为: $R_{1,\text{BN}} = 2.167, R_{2,\text{BN}} = 2.333, R_{3,\text{BN}} = 3.625$,即 $R_{3,\text{BN}} > R_{2,\text{BN}} > R_{1,\text{BN}}$,因此根据优先级排列的产品序列为 $P0 = \{p_3, p_2, p_1\}$。

(3) 分配主瓶颈资源。

按照(2)中求得的产品序列 P_0 中的产品顺序来分配主瓶颈资源,所得结果为 $p_3 = 92, p_2 = 0, p_1 = 0, t_{\text{left}} = 8$。

（4）构建可行集 X。

通过计算发现，对 p_3 有 $\dfrac{CM_J}{CM_i} \cdot \dfrac{(t_{\text{left}}+t_i)}{t_J} \geqslant \dfrac{8+26}{12} \cdot \dfrac{28}{58}=1.37>1$，所以可行集 $X=\{p_3,p_2,p_1\}$。

（5）找出最佳方案。

当产品 p_3 的数量从 92 减小到 48，p_2 增加到 96 时，系统有效产出增加最多，此时的产品组合为 $p_3=48,p_2=96,p_1=0,t_{\text{left}}=0$。

（6）分类处理。

所有产品均使用主瓶颈资源。

（7）求解产品初始组合。

由于瓶颈资源上的剩余能力为 0，所以当前解即为算法最优解。

因此针对该算例，本节所设计的算法求出的最终自制产品组合为：$p_3=48,p_2=96,p_1=0$，所以外包的产品组合为：$p_3=52,p_2=4,p_1=100$，这组解与 CPLEX 得出的结果一致，即算法所得为最优解。

同理，可得带料外包时的数学模型为

$$\max(29y_1+26y_2+57y_3)$$

$$\text{s. t.}\begin{cases}2y_1+4y_2+13y_3\leqslant 2400\\12y_1+12y_2+26y_3\leqslant 2400\\4y_1+10y_2+10y_3\leqslant 2400\\4y_1+6y_2+10y_3\leqslant 2400\\0\leqslant y_i\leqslant 100,\quad i=1,2,3\\y_i\in Z^+,\quad i=1,2,3\end{cases}\tag{6-54}$$

这一模型经过所提算法求解的自制产品组合结果为：$p_3=42,p_2=9,p_1=100$，所以外包的产品组合为：$p_3=58,p_2=91,p_1=0$，这组解与文献[71]所得结果及 CPLEX 计算出的结果一致，即算法所得为最优解。

6.2.3.2　多瓶颈小规模算例仿真

对表 6-9 中算例进行修改，使其成为具有多个瓶颈资源的算例，具体数据见表 6-10。

表 6-10　多瓶颈小规模算例

产品	d_i	p_i	m_i	$p_i^{o_1}$	$p_i^{o_2}$	资源号			
						R_1	R_2	R_3	R_4
p_1	100	130	40	66	29	5	12	4	4
p_2	100	150	40	68	26	13	12	18	12

续表

产品	d_i	p_i	m_i	$p_i^{o_1}$	$p_i^{o_2}$	资源号			
						R_1	R_2	R_3	R_4
p_3	100	190	40	98	57	4	26	16	10
资源能力需求						2200	5000	3800	2600
资源能力限制						2400			

由表 6-10 知,该算例中资源 R_2,R_3,R_4 的资源能力需求都超过了其资源能力限制 2400,因此该算例拥有三个瓶颈资源,属于典型的多瓶颈问题。针对此算例,分别建立考虑带料外包和不带料外包时的数学模型。

(1) 不带料外包

数学模型为

$$\max(26y_1 + 28y_2 + 58y_3)$$

$$\text{s. t.} \begin{cases} 5y_1 + 13y_2 + 4y_3 \leqslant 2400 \\ 12y_1 + 12y_2 + 26y_3 \leqslant 2400 \\ 4y_1 + 18y_2 + 16y_3 \leqslant 2400 \\ 4y_1 + 12y_2 + 10y_3 \leqslant 2400 \\ 0 \leqslant y_i \leqslant 100, \quad i = 1, 2, 3 \\ y_i \in Z^+, \quad i = 1, 2, 3 \end{cases} \quad (6\text{-}55)$$

(2) 带料外包

数学模型为

$$\max(29y_1 + 26y_2 + 57y_3)$$

$$\text{s. t.} \begin{cases} 5y_1 + 13y_2 + 4y_3 \leqslant 2400 \\ 12y_1 + 12y_2 + 26y_3 \leqslant 2400 \\ 4y_1 + 18y_2 + 16y_3 \leqslant 2400 \\ 4y_1 + 12y_2 + 10y_3 \leqslant 2400 \\ 0 \leqslant y_i \leqslant 100, \quad i = 1, 2, 3 \\ y_i \in Z^+, \quad i = 1, 2, 3 \end{cases} \quad (6\text{-}56)$$

用剩余能力再分配分别对该算例在带料外包和不带料外包这两种情况分别进行计算,所得结果为:①不带料外包:自制产品组合为 $p_1 = 7$,$p_2 = 89$,$p_3 = 48$,外包产品组合为 $p_1 = 93$,$p_2 = 11$,$p_3 = 52$;②带料外包:自制产品组合为 $p_1 = 100$,$p_2 = 9$,$p_3 = 42$,外包产品组合为 $p_1 = 0$,$p_2 = 91$,$p_3 = 58$。

采用 CPLEX 分别对该算例在带料外包和不带料外包时进行求解,求解的结果及文献[71]所得结果与上述计算结果一致,说明所设计的算法针对多瓶颈小规模的算例也能求得最优解。

6.2.3.3　多瓶颈大规模算例仿真

考虑到实际企业生产中问题规模一般较大,即产品数量和资源数量较多,本节针对多瓶颈大规模算例进行仿真验证,以说明所提算法在求解实际问题时的性能。

本节生成算例需满足:①系统存在多个瓶颈;②资源的负荷低于能力限制。除了满足以上两项条件外,算例应同时考虑以下条件进行随机生成:

(1) 瓶颈资源能力为 360 天×8 小时×60 分钟＝172800 分钟;

(2) 产品数量为 100;

(3) 加工时间 t_{ij} 服从参数 $\lambda=56$ 的泊松分布;

(4) 产品市场需求 d_i 服从均值为 55 的均匀分布;

(5) 产品有效产出 TP_i^o 服从均值为 125 的均匀分布;

(6) 企业资源能力能够保证生产两种以上产品。

为保证算法的可靠性,需要对随机生成的算例进行处理,当两种产品的有效产出和加工时间相同,只有市场需求不同则认为是同一产品,并将其合并为一种产品:有效产出和加工时间不变,市场需求变为合并前两产品市场需求的和。所以,在随机生成算例阶段按照 1.5∶1 的比率生成算例,即若需求为 100 个产品则生成 150 个产品的随机算例,然后对当中只有市场需求不同的产品进行合并,并随机去掉多余的产品,保留下 100 个产品,生成一组算例。

每个问题规模随机生成 100 组算例,表 6-11 给出了对比结果,其中有效产出平均偏差是指所提算法得到的解与 CPLEX 生成的最优解之间的偏差的平均值。

表 6-11　大规模算例对比

序号	产品数	资源数	算法平均有效产出	最优平均有效产出	有效产出平均偏差	平均 CPU 时间/s	可行解比率/%
1	100	5	724441	739691	−2.06%	0.457	100
2	100	10	717454	734293	−2.29%	1.58	100
3	100	15	712436	729827	−2.38%	3.85	100
4	100	20	711319	727773	−2.26%	6.96	100
5	100	30	712786	728389	−2.14%	27.17	100

由表 6-11 可知,所设计的算法在求解多瓶颈的大规模问题时,虽然无法保证一定获得最优解,但是与最优解的平均偏差都在 −3% 以内且算法求解时间都在可接收范围内。

6.3 产品组合与调度的协同优化

本节将产品组合与调度进行协同优化,针对两机器流水作业整批加工方式下的产品组合与调度优化问题,分析产品组合与调度的协同优化特征,设计上界算法,提出求解整批加工方式下产品组合与调度优化问题的启发式算法,并验证启发式算法的性能。

6.3.1 数学模型

6.3.1.1 问题描述

产品组合与调度集成优化(integrated product mix and scheduling,IPMS)综合考虑生产能力、产品加工工艺等约束,确定企业生产的产品种类和数量及接单产品在机器上的加工顺序,通过对产品组合优化决策和调度优化决策进行集成优化决策以使得企业收益最优。产品组合与调度集成优化是传统产品组合优化问题与生产调度问题的结合,属于 NP-hard 问题。本节考虑整批加工方式下的产品组合与调度优化问题。整批加工方式是指同种类型产品的第一道工序必须作为整批连续加工,且完成后才能转移到下一台机器继续加工第二道工序。产品共有 n 种类型,针对第 i 种产品,其市场需求数量为 d_i,单个产品的利润为 TP_i,在机器 M_1 和机器 M_2 上的加工时间分别为 t_{i1},t_{i2},$i=1,2,\cdots,n$。所有的产品均可在零时刻加工,不考虑产品生产的准备时间,两台机器仅能在时间区间 $[0,\mathrm{Cap}]$ 上可用。研究目标是确定每种产品生产数量和加工顺序,以最大化利润。

6.3.1.2 符号说明

本节所需的符号说明如表 6-12 所示。

表 6-12 符号说明

符 号	符 号 含 义
n	产品类型
i	产品序号,$i=1,2,\cdots,n$
P	产品集合,$P=\{P_1,P_2,\cdots,P_n\}$
j	机器序号,$j=1,2$
y_i	产品 i 的计划生产数量,$i=1,2,\cdots,n$
d_i	产品 i 的市场需求,$i=1,2,\cdots,n$

符　号	符 号 含 义
TP_i	产品 i 的利润, $i=1,2,\cdots,n$
Cap_j	机器的最大可用能力, $j=1,2$
S_{ij}	产品 i 在机器 j 上的开工时间, $i=1,2,\cdots,n$; $j=1,2$
t_{ij}	产品 i 在机器 j 上的加工时间, $i=1,2,\cdots,n$; $j=1,2$
C_{ij}	产品 i 在机器 j 上的完工时间, $i=1,2,\cdots,n$; $j=1,2$

6.3.1.3　数学模型

两机器流水作业整批加工方式下的产品组合与调度优化问题数学模型如下：

$$\max \sum_{i=1}^{n} y_i \cdot TP_i \tag{6-57}$$

s. t.

$$S_{ij} + y_i \cdot t_{ij} = C_{ij}, \quad i=1,2,\cdots,n; j=1,2 \tag{6-58}$$

$$C_{i1} \leqslant S_{i2}, \quad i=1,2,\cdots,n \tag{6-59}$$

$$C_{ij} \leqslant S_{i'j} + M(1-u_{ii'j}), \quad i,i'=1,2,\cdots,n; i \neq i'; j=1,2 \tag{6-60}$$

$$C_{i'j} \leqslant S_{ij} + M \cdot u_{ii'j}, \quad i,i'=1,2,\cdots,n; i \neq i'; j=1,2 \tag{6-61}$$

$$C_{ij} \leqslant Cap, \quad i=1,2,\cdots,n; j=1,2 \tag{6-62}$$

$$0 \leqslant y_i \leqslant d_i, \quad i=1,2,\cdots,n \tag{6-63}$$

$$y_i \in N, \quad i=1,2,\cdots,n \tag{6-64}$$

$$u_{ii'j} \in \{0,1\}, \quad i,i'=1,2,\cdots,n; i \neq i'; j=1,2 \tag{6-65}$$

其中, M 是一个足够大的正数; $u_{ii'j}$ 为 0-1 变量, 当产品 i 比产品 i' 优先在机器 j 上加工时, $u_{ii'j}=1$, 否则 $u_{ii'j}=0$。式(6-57)表示优化目标, 为最大化企业利润; 式(6-58)表示产品 i 在机器 j 上开工时间、加工数量与完工时间的关系; 式(6-59)表示任意产品在机器 M_1 上的完工时间均不大于在机器 M_2 上的开工时间; 式(6-60)与式(6-61)表示不同产品在相同机器上的加工先后顺序; 式(6-62)表示任意产品的完工时间不能超过机器的最大可用能力, 且两台机器的可用能力相同; 式(6-63)表示产品 i 的生产数量限制, 最多不超过市场需求; 式(6-64)表示产品的生产数量为自然数。

传统产品组合优化问题的单瓶颈特例等价于背包问题, 由于背包问题是 NP-hard 的, 所以产品组合优化问题是 NP-hard 的。因此, 更加复杂的产品组合与调度协同优化问题也是 NP-hard 问题。

6.3.2　算法设计

6.3.2.1　上界算法

两机器流水作业整批加工方式下的产品组合与调度优化问题是 NP-hard 问题,而 NP-hard 问题无法在多项式时间内求得最优解,只能退而求其次给出优化解。在应用启发式算法求解并对其进行评价时,通常将原问题进行松弛,针对最大化问题设计上界算法,给出原问题最优解的上界,然后根据最优解的上界评价启发式算法的性能。本节设计一个整批加工方式下的产品组合与调度问题的上界算法 UB_1。

通过将两阶段流水车间调度问题松弛为单阶段单机调度问题,考虑以下三种松弛情况:

第一种松弛情况:工艺约束与机器能力松弛。将两台最大可用能力是 Cap 的机器合并成一台最大可用能力是 2Cap 的机器,具体内容为:① 工艺约束松弛:产品在两机器流水车间内具有工艺约束,将产品的两阶段流水加工工艺松弛为单阶段单工艺加工工序,并将其加工时间变为产品两道工序时间之和;② 机器能力松弛:两机器流水车间松弛为机器最大可用能力是 2Cap 的单机;③ 产品数量松弛:产品的生产数量由自然数松弛为实数。

第二种松弛情况:第一道工序松弛。只考虑机器 M_1 和产品的第一道工序,具体内容为:① 工艺约束松弛:只考虑最大可用能力为 Cap 的机器 M_1 和产品的第一道工序;② 产品数量松弛:产品生产数量由自然数松弛为实数。

第三种松弛情况:第二道工序松弛。只考虑机器 M_2 和产品的第二道工序,具体内容为:① 工艺约束松弛:只考虑最大可用能力为 Cap 的机器 M_2 和产品的第二道工序;② 产品数量松弛:产品生产数量由自然数松弛为实数。

基于上述的三种松弛情况,进一步给出上界算法 UB_1 的具体步骤:

步骤 1　计算第一种松弛情况:工艺约束与机器能力松弛。

(1)计算产品优先级。

首先计算每种产品在资源为 2Cap 的单机上对应的优先级 R_i:

$$R_i = \frac{TP_i}{t_{i1} + t_{i2}}, \quad i = 1, 2, \cdots, n \tag{6-66}$$

然后按照优先级 R_i 非增的顺序对产品进行排序。对于优先级 R_i 相等的产品,按利润 TP_i 非增的顺序排列;而对于 R_i 与 TP_i 都相等的产品,则按任意次序排列。

(2)确定生产数量。

在产品市场需求 d_i 和机器可用时间 2Cap 的限制下,所有产品按(1)中排好的次序安排生产,依次消耗机器的资源能力。若有不能完整生产一个产品 g 的情况,则把机器的剩余能力 t_{left} 生产 $t_{\text{left}}/(t_{g1}+t_{g2})$ 个产品 g,得到考虑两台能力为 Cap 的机器合并成一台能力为 2Cap 的单机松弛问题的解。

步骤 2　计算第二种松弛情况:第一道工序松弛。

(1)计算优先级。

首先计算每种产品在资源为 Cap 的机器 M_1 上对应的优先级 R_i:

$$R_i = \frac{\text{TP}_i}{t_{i1}}, \quad i = 1, 2, \cdots, n \tag{6-67}$$

然后按照优先级 R_i 非增的顺序对产品进行排序。对于优先级 R_i 相等的产品,按利润 TP_i 非增的顺序排列;而对于 R_i 与 TP_i 都相等的产品,则按任意次序排列。

(2)确定生产数量。

在产品市场需求 d_i 和机器 M_1 可用时间 Cap 的限制下,所有产品(1)中排好的次序安排生产,依次消耗机器 M_1 的资源能力。若有不能完整生产一个产品 g 的情况,则把机器 M_1 的剩余能力 t_{left} 生产 t_{left}/t_{g1} 个产品 g,得到考虑产品在两机器上加工变为只在机器 M_1 上加工松弛问题的解。

步骤 3　计算第三种松弛情况:第二道工序松弛。

(1)计算优先级。

首先计算每种产品在资源为 Cap 的机器 M_2 上对应的优先级 R_i:

$$R_i = \frac{\text{TP}_i}{t_{i2}}, \quad i = 1, 2, \cdots, n \tag{6-68}$$

然后按照优先级 R_i 非增的顺序对产品进行排序。对于优先级 R_i 相等的产品,按利润 TP_i 非增的顺序排列;而对于 R_i 与 TP_i 都相等的产品,则按任意次序排列。

(2)确定生产数量。

在产品市场需求 d_i 和机器 M_2 可用时间 Cap 的限制下,所有产品按(1)中排好的次序安排生产,依次消耗机器 M_2 的资源能力。若有不能完整生产一个产品 g 的情况,则把机器 M_2 的剩余能力 t_{left} 生产 t_{left}/t_{g2} 个产品 g,得到考虑产品在两机器上加工变为只在机器 M_2 上加工松弛问题的解。

步骤 4　结果比较。

计算三种松弛情况下产品组合对应的总利润 CM,输出其中利润最小对应的 CM^*,即 $T(\text{UB}_1)$,算法结束。

定理 6-5　针对两机器流水作业整批加工方式下的产品组合与调度优化问

题,算法 UB_1 的解是最优解的一个上界。

证明 在三种松弛情况下,产品按照优先级非增的顺序完全消耗机器资源能力,因此上界算法求出的结果 $T(UB_1)$ 是松弛问题的最优解。若两机器流水作业整批加工方式下的产品组合与调度优化问题最优解的结果用 $T(OPT_1)$ 表示,则原问题的最优产品组合与调度方案中必定因为产品工序制约关系而存在结构性机器空闲时间,所以任意一个原问题的最优方案必定是松弛问题的可行解,即 $T(OPT_1) < T(UB_1)$。因此本节设计的上界算法是原问题的上界算法。定理 6-5 得证。 □

6.3.2.2 启发式算法

两机器流水作业整批加工方式下的产品组合与调度优化问题是 NP-hard 问题,在多项式时间内无法给出最优解。因此为了能够在合理的时间范围内求得该问题的优化解,本节设计了启发式算法 H_1。

1. 相关定义

在给出算法之前,先给出如下相关定义。

定义 6-5 关键产品。在机器 M_1 和 M_2 上无间断加工,即满足 $C_{i1} = S_{i2}$ $(i=1,2,\cdots,n)$ 的产品为关键产品。

由定义可知,关键产品并不唯一。

定义 6-6 关键链。关键链是指决定调度方案最大完工时间 $C_{\max}$ 的链。

在关键链中,同一机器上的产品满足 $C_{ij} = S_{i'j}$ $(i,i'=1,2,\cdots,n;\ i \neq i')$;连接两道工序的某个关键产品满足 $C_{i1} = S_{i2}$ $(i=1,2,\cdots,n)$。关键链中排在关键产品之前的产品在机器 M_1 上加工时没有空闲时间,排在关键产品之后的产品在机器 M_2 上加工时没有空闲时间。

根据以上定义,找出调度方案中满足 $\{C_{i1} = S_{i2},\cdots,C_{i'1} = S_{i'2}\}$ $(i,i'=1,2,\cdots,n;\ i \neq i')$ 关系的所有产品,选择 $\max\{C_{i1},\cdots,C_{i'1}\}$ 对应的产品,以该产品为关键产品,确定调度方案的关键链。关键链的示意图如图 6-13 所示,$\{P_{1,M_1},P_{3,M_1},P_{4,M_1},P_{5,M_1},P_{2,M_1},P_{2,M_2}\}$ 就是关键链,其中 P_2 是关键产品。

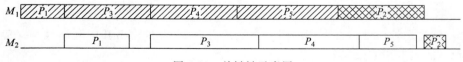

图 6-13 关键链示意图

2. 启发式算法 H_1 的步骤

算法 H_1 首先将所有产品的初始数量设为其市场需求,然后根据 Johnson 法则确定调度方案,并在调度方案中根据关键链删减优先级低的产品,直到得到可行的产品方案,最后根据产品方案计算利润。算法 H_1 的具体步骤如下:

步骤 1　将产品 i 的初始生产数量 y_i 设置为市场需求 d_i,即 $y_i = d_i$ ($i = 1, 2, \cdots, n$)。

步骤 2　根据两个工序的加工时间将产品分成两个子集: $S_I = \{P_i \mid t_{i1} \leqslant t_{12}, i = 1, 2, \cdots, n\}$, $S_{\mathrm{II}} = \{P_i \mid t_{i1} > t_{12}, i = 1, 2, \cdots, n\}$。

步骤 3　安排所有产品,先将集合 S_1 中的产品按 $y_i \cdot t_{i1}$ 非减的顺序排列,再将集合 S_{II} 中的产品按 $y_i \cdot t_{i2}$ 非增的顺序排列,得到初始调度方案。

步骤 4　找到调度方案关键链,如果关键链上的产品最大完工时间 $C_{\max} \leqslant$ Cap,则跳转到步骤 7;否则转到步骤 5。

步骤 5　计算关键链上所有产品的优先级。对于关键链上非关键产品 i,产品 i 的优先级是该种产品单个利润与其在关键链上工序时间的比值;对于关键链上的关键产品 i^*,优先级为 $R_{i^*} = \mathrm{TP}_{i^*} / t^*$,其中产品 i^* 的加工时间为两道工序时间之和 $t^* = t_{i^*1} + t_{i^*2}$。

步骤 6　按照优先级 R_i 非减的顺序对产品进行排序。对于优先级 R_i 相等的产品,按利润 TP_i 非减的顺序排列;而对于 R_i 与 TP_i 都相等的产品,则按任意次序排列。将优先级最低的产品 P_i 的数量 y_i 减少一个单位,返回步骤 3。

步骤 7　计算总利润 CM。根据式(6-67)计算所有产品的优先级 R_i:

$$R_i = \frac{\mathrm{TP}_i}{t_{i1} + t_{i2}}, \quad i = 1, 2, \cdots, n \tag{6-69}$$

确定其中优先级最大的产品,只生产该种产品,得到另一种产品组合,并计算这种产品组合对应的总利润 $\mathrm{CM}_{R_{\max}}$,选择利润 CM 和 $\mathrm{CM}_{R_{\max}}$ 中较大的方案,即取 $\max\{\mathrm{CM}, \mathrm{CM}_{R_{\max}}\}$,输出对应的产品组合、调度方案和总利润,算法结束。

启发式算法 H_1 的流程图如图 6-14 所示。

6.3.2.3　算例分析

针对整批加工方式下的产品组合与调度优化问题,本节利用一个算例对启发式算法 H_1 和上界算法 UB_1 进行说明。该算例信息如表 6-13 所示。

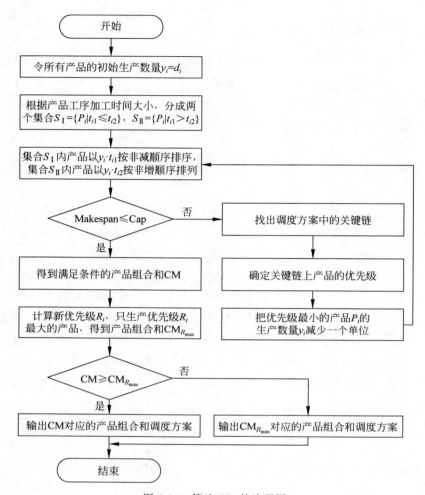

图 6-14　算法 H_1 的流程图

表 6-13　算例信息

产品	利润 TP_i	市场需求 d_i	加工时间 t_{i1}	加工时间 t_{i2}
1	60	15	40	25
2	15	30	25	30
3	45	50	30	25
4	50	50	20	35
5	100	30	40	30
机器资源能力 Cap			2400	

1. 使用启发式算法 H_1 求解

使用启发式算法 H_1 对上述实例算例的具体步骤如下：

步骤 1　将每种产品的初始生产数量 y_i 设置为产品 i 的市场需求 d_i，即 $y_i = d_i (i=1,2,\cdots,n)$，得 $y_1=15, y_2=30, y_3=50, y_4=50, y_5=30$。

步骤 2　将产品按两道工序的加工时间长短分为两个子集 $S_{\mathrm{I}}=\{P_i | t_{i1} \leqslant t_{i2}, i=1,2,\cdots,n\}, S_{\mathrm{II}}=\{P_i | t_{i1} > t_{i2}, i=1,2,\cdots,n\}$。因此，$S_{\mathrm{I}}=\{P_2, P_4\}$，$S_{\mathrm{II}}=\{P_1, P_3, P_5\}$。

步骤 3　安排所有产品，先将集合 S_{I} 中的产品按 $y_i \cdot t_{i1}$ 非减的顺序排列，再将集合 S_{II} 中的产品按 $y_i \cdot t_{i2}$ 非增的顺序排列，产品的加工时间如表 6-14 所示。最后得到调度方案，如图 6-15 所示。

表 6-14　产品加工时间

产品	市场需求 d_i	机器 M_1 上的整批加工时间	机器 M_2 上的整批加工时间
1	15	600	375
2	30	750	900
3	50	1500	1250
4	50	1000	1750
5	30	1200	900

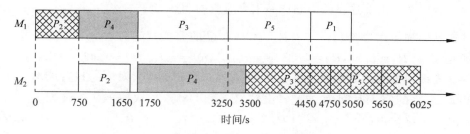

图 6-15　调度方案

步骤 4　调度方案得到的关键链为 $\{P_2^{M_1}, P_4^{M_1}, P_4^{M_2}, P_3^{M_2}, P_5^{M_2}, P_1^{M_2}\}$，其中关键链上的产品最大完工时间 $C_{\max}$ 为 6025，$C_{\max} > \mathrm{Cap}$，跳转到步骤 5。

步骤 5　根据算法 H_1 中步骤 5 的方法计算关键链上产品优先级，得 $R_1 = 2.4, R_2 = 0.6, R_3 = 1.8, R_4 = 0.91, R_5 = 3.33$。

步骤 6　关键链上优先级最小的产品是 P_2，把 P_2 的生产数量减少一个，得到新的产品方案，如表 6-15 所示。此时，返回步骤 3。

表 6-15　产品方案

产品	利润 TP_i	生产数量 y_i	加工时间 t_{i1}	加工时间 t_{i2}
1	60	15	40	25
2	15	29	25	30
3	45	50	30	25
4	50	50	20	35
5	100	30	40	30
机器资源能力 Cap			2400	

最终得到满足机器资源能力约束的产品组合如表 6-16 所示,并跳转到步骤 7。

表 6-16　最终调度方案对应的产品组合

产品	利润 TP_i	生产数量 y_i	加工时间 t_{i1}	加工时间 t_{i2}
1	60	11	40	25
2	15	0	25	30
3	45	23	30	25
4	50	20	20	35
5	100	14	40	30
机器资源能力 Cap			2400	

步骤 7　由上述步骤得到产品组合对应的利润 $CM = \sum_{i=1}^{5} y_i \cdot TP_i = 4095$,且产品的加工次序为 $\{P_4, P_3, P_5, P_1\}$,产品的完工时间为 2370;计算产品的优先级,得 $R_1 = 0.92, R_2 = 0.27, R_3 = 0.81, R_4 = 0.91, R_5 = 1.43$;根据数据可得优先级最大的产品是 P_5,产品 P_5 最多可以生产 30 个,对应的利润 $CM_{R_{max}} = 3000$,产品的完工时间为 2100;比较 CM 和 $CM_{R_{max}}$,取 $\max\{CM, CM_{R_{max}}\} = 4095$。最终输出的产品组合为 $P_1 = 11, P_2 = 0, P_3 = 23, P_4 = 20, P_5 = 14$,利润 $T(H_1) = 4095$,加工次序为 $\{P_4, P_3, P_5, P_1\}$,算法结束。

2. 使用上界算法 UB_1 求解

使用上界算法 UB_1 对该算例进行求解。

步骤 1　计算第一种松弛情况:工艺约束与机器能力松弛。

(1)计算优先级。

计算每种产品在最大可用能力为 2Cap 机器上对应的优先级 R_i,得 $R_1 = 0.92, R_2 = 0.27, R_3 = 0.81, R_4 = 0.91, R_5 = 1.43$,然后,按照优先级 R_i 非增顺序对产品进行排序。对于优先级 R_i 相等的产品,按利润 TP_i 非增的顺序排列；对于 R_i 与 TP_i 都相等的产品，则按任意次序排列。因此，得到一个产品序列 $\{P_5,P_1,P_4,P_3,P_2\}$。

（2）确定生产数量。

在产品市场需求 d_i 和机器的最大可用能力 $2\mathrm{Cap}$ 的限制下，所有产品按（1）中排好的次序消耗机器可用能力，并确定每种产品的生产数量 y_i 的总利润 CM。通过计算可得

$$P_5: y_5=30, \quad \mathrm{Cap_{left}}=4800-30\times(40+30)=2700;$$

$$P_1: y_1=15, \quad \mathrm{Cap_{left}}=2700-15\times(40+25)=1725;$$

$$P_4: y_4=1725/(20+35)\approx31.37, \quad \mathrm{Cap_{left}}=0;$$

$$P_2,P_3: y_2=y_3=0;$$

$$\mathrm{CM}: 5468.5。$$

步骤 2　计算第二种松弛情况：第一道工序松弛。

（1）计算优先级。

计算每种产品在最大可用能力为 Cap 的机器 M_1 上对应的优先级 R_i，得 $R_1=1.5, R_2=0.6, R_3=1.5, R_4=2.5, R_5=2.5$，然后按照优先级 R_i 非增顺序对产品进行排序。对于优先级 R_i 相等的产品，按利润 TP_i 非增的顺序排列；对于 R_i 与 TP_i 都相等的产品，则按任意次序排列。因此，得到一个产品序列 $\{P_5,P_4,P_1,P_3,P_2\}$。

（2）确定生产数量。

在产品的市场需求 d_i 和机器 M_1 的最大可用能力 Cap 的限制下，所有产品按（1）中排好的次序消耗机器 M_1 可用能力，并确定每种产品的生产数量 y_i 及对应的总利润 CM。通过计算可得

$$P_5: y_5=30, \quad \mathrm{Cap_{left}}=2400-30\times40=1200;$$

$$P_4: y_4=50, \quad \mathrm{Cap_{left}}=1200-50\times20=200;$$

$$P_1: y_1=200/40=5, \quad \mathrm{Cap_{left}}=0;$$

$$P_2,P_3: y_2=y_3=0;$$

$$\mathrm{CM}: 5800。$$

步骤 3　计算第三种松弛情况：第二道工序松弛。

（1）计算优先级。

计算每种产品在资源能力为 Cap 的机器 M_2 上对应的优先级 R_i，得 $R_1=2.4, R_2=0.5, R_3=1.8, R_4=1.43, R_5=3.33$，然后按照优先级 R_i 非增顺序对产品进行排序。对于优先级 R_i 相等的产品，按利润 TP_i 非增的顺序排列；对于 R_i 与 TP_i 都相等的产品，则按任意次序排列。因此得到一个产品序列 $\{P_5,$

P_1, P_4, P_3, P_2}。

（2）确定生产数量。

在产品的市场需求 d_i 和机器 M_2 的最大可用能力 Cap 的限制下，所有产品按（1）中排好的次序消耗机器 M_2 可用能力，并确定每种产品的生产数量 y_i 及对应的总利润 CM。通过计算可得

$$P_5: y_5 = 30, \quad \mathrm{Cap}_{\mathrm{left}} = 2400 - 30 \times 30 = 1500;$$

$$P_1: y_1 = 15, \quad \mathrm{Cap}_{\mathrm{left}} = 1500 - 15 \times 25 = 1125;$$

$$P_4: y_4 = 1125/35 \approx 32.14, \quad \mathrm{Cap}_{\mathrm{left}} = 0;$$

$$P_2, P_3: y_2 = y_3 = 0;$$

$$\mathrm{CM}: 5507。$$

步骤 4 结果比较。

计算三种松弛问题下得到产品组合对应的总利润 CM，输出其中利润最小对应的 CM^*，即 $T(\mathrm{UB}_1) = 5468.5$，算法结束。

综上所述，启发式算法 H_1 与上界算法 UB_1 所得结果的相对偏差为 $(5468.5 - 4095)/5468.5 \approx 0.251$。

6.3.3　算例仿真及分析

本节将启发式算法 H_1 的解与上界算法 UB_1 的解进行比较，并通过大规模的随机算例验证启发式算法 H_1 的有效性。

6.3.3.1　算例实验设计

考虑现实中三种不同的企业类型：单件加工企业类型、小批量加工企业类型和大批量加工企业类型，分别设计了三类算例实验。算例运行设备为 Inter Core i7 3.40GHz，RAM 8.00GB 的计算机，编程软件为 MATLAB R2014a，算例由 MATLAB 根据设置的参数随机生成。在算例生成中，主要包括 5 个参数：产品类型 n、产品 i 的市场需求 $d_i(i=1,2,\cdots,n)$、产品 i 的利润 $\mathrm{TP}_i(i=1,2,\cdots,n)$、单个产品 i 的加工时间 $t_{ij}(i=1,2,\cdots,n; j=1,2)$、机器的最大可用能力 Cap。针对三种不同的加工类型下的算例，参数设计如下：

（1）产品类型 n。三种企业类型下的产品类型均考虑 4 种，分别取 $n=50$，60，70，80。

（2）产品 i 的市场需求 d_i。单价加工企业类型的产品市场需求服从 $1\sim10$ 区间上的均匀分布，即 $d_i \sim U(1,10)$；小批量加工企业类型的产品市场需求服从 $50\sim100$ 区间上的均匀分布，即 $d_i \sim U(50,100)$；大批量加工企业类型的产

品市场需求服从 150～200 区间上的均匀分布,即 $d_i \sim U(150,200)$。

（3）单个产品 i 的利润 TP_i。三种企业类型下的单个产品利润都服从 50～100 区间上的均匀分布,即 $\text{TP}_i \sim U(50,100)$。

（4）单个产品 i 的加工时间 t_{ij}。t_{ij} 服从参数为 λ 的泊松分布,即 $t_{ij} \sim P(\lambda)$。其中,单件加工企业类型下泊松分布 $\lambda=110,120,\cdots,200$;小批量加工企业类型下泊松分布 $\lambda=21,22,\cdots,30$;大批量加工企业类型下泊松分布 $\lambda=6,7,\cdots,15$。

（5）机器的资源能力 Cap。三种企业类型设定企业的计划期都为一个月,即两台机器最大可用能力均为 Cap=14400。

综上,针对三种企业类型的算例,其参数设置信息如表 6-17 所示。

表 6-17　算例参数设置

参　　　数	设置水平		
	单件加工企业	小批量加工企业	大批量加工企业
产品类型	$n=50,60,70,80$	$n=50,60,70,80$	$n=50,60,70,80$
产品市场需求	$d_i \sim U(1,10)$	$d_i \sim U(50,100)$	$d_i \sim U(150,200)$
单个产品利润	$\text{TP}_i \sim U(50,100)$	$\text{TP}_i \sim U(50,100)$	$\text{TP}_i \sim U(50,100)$
单个产品加工时间	$\lambda=[110:10:200]$	$\lambda=[21:1:30]$	$\lambda=[6:1:15]$
机器最大可用能力	Cap=14400	Cap=14400	Cap=14400

针对三种企业类型的算例实验,每个实验内有 $4 \times 10 = 40$ 组参数,每组参数下随机产生 100 个算例,因此每个类型企业下的算例实验累计 4000 个算例。

6.3.3.2　实验结果分析

为了衡量启发式算法 H_1 性能,定义启发式算法 H_1 与上界算法 UB_1 所得结果的相对偏差 $\text{dev}(H_1)$ 为

$$\text{dev}(H_1) = \frac{\text{UB}_1(I) - H_1(I)}{\text{UB}_1(I)} \tag{6-70}$$

其中,I 表示任意一个实例;$H_1(I)$ 表示算法 H_1 所求得的解;$\text{UB}_1(I)$ 表示最优解的上界。

若以 $\text{OPT}(I)$ 表示问题的最优解,则 $\text{OPT}(I) \leqslant \text{UB}_1(I)$ 恒成立,故有

$$\frac{\text{OPT}(I) - H_1(I)}{\text{OPT}(I)} \leqslant \text{dev}(H_1) \tag{6-71}$$

因此,若 $\text{dev}(H_1)$ 越小,启发式算法 H_1 得到的结果越接近最优解,启发式算法 H_1 的性能越好。

　　图 6-16、图 6-17、图 6-18 分别是单件加工类型、小批量加工类型和大批量加工类型下启发式算法 H_1 与上界算法 UB_1 所得结果的相对偏差变化情况图。每个图中的(a)、(b)、(c)、(d)四幅子图分别表示产品类型 $n=50,60,70,80$ 时 $\text{dev}(H_1)$ 的变化情况。每个图中只有一条折线,表示确定产品类型与泊松分布

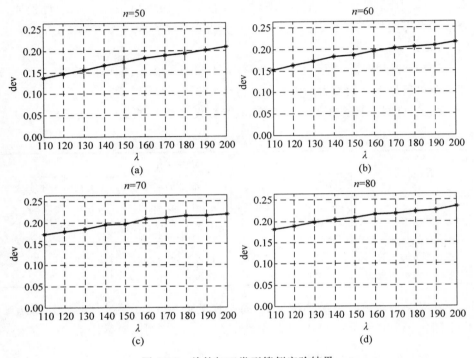

图 6-16　单件加工类型算例实验结果

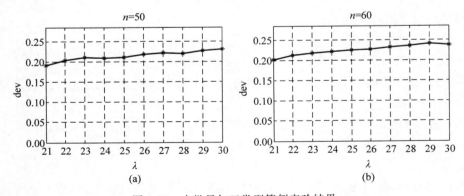

图 6-17　小批量加工类型算例实验结果

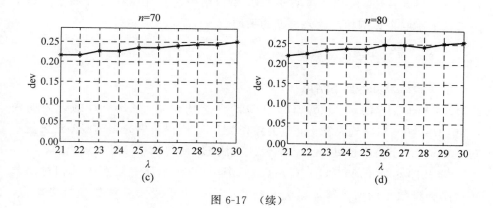

图 6-17　（续）

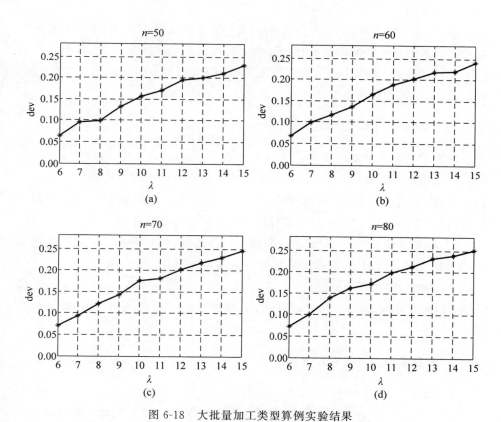

图 6-18　大批量加工类型算例实验结果

均值取值后的相对偏差变化。图中横坐标表示泊松分布均值 λ 不同取值,纵坐标表示启发式算法 H_1 与上界算法 UB_1 所得结果的相对偏差,图中每个点是每组参数下 100 个算例相对偏差数据的平均值。

1. 单件加工类型实验分析

由实验结果可得如下结论:

① 从图 6-16 的(a)、(b)、(c)、(d)四个子图得知,在一个月的计划期内($Cap=14400$),启发式算法 H_1 与上界算法 UB_1 所得结果的相对偏差最大值不超过 24%,最小值不超过 14%。启发式算法 H_1 所得结果接近于最优解。

② 从图 6-16 的(a)、(b)、(c)、(d)四个子图得知,所有子图内的相对偏差随产品类型数量的增多整体呈上升趋势。这是由于受实验参数随机影响,产品类型数量增多导致随机生成的单个产品加工时间整体增大,由此造成相对偏差有所上升。

③ 从每一幅子图得知,启发式算法 H_1 与上界算法 UB_1 所得结果的相对偏差随产品加工时间的增大而增大。造成这种现象的原因为:单个产品加工时间越大,机器因工序造成的结构性空闲就会越高,调度方案中结构性空闲时间越长,从而导致相对偏差变大。

2. 小批量加工类型实验分析

由实验结果可得如下结论:

① 从图 6-17 的(a)、(b)、(c)、(d)四个子图得知,在一个月的计划期内($Cap=14400$),启发式算法 H_1 与上界算法 UB_1 所得结果的相对偏差最大值不超过 26%,最小值不超过 19%。启发式算法 H_1 所得结果接近于最优解。

② 从图 6-17 的(a)、(b)、(c)、(d)四个子图得知,相对偏差随产品类型数量的增多整体呈上升趋势,原因与单件加工类型相同。

③ 从每一幅子图得知,启发式算法 H_1 与上界算法 UB_1 所得结果相对偏差随产品加工时间增大而增大,原因与单件加工类型相同,但相对偏差变化范围不大。

3. 大批量加工类型实验分析

由实验结果可得如下结论:

① 从图 6-18 的(a)、(b)、(c)、(d)四个子图得知,在一个月的计划期内($Cap=14400$),启发式算法 H_1 与上界算法 UB_1 所得结果的相对偏差最大不超过

25%,最小值不超过 6%。启发式算法 H_1 所得解接近于最优解。

② 从图 6-18 的(a)、(b)、(c)、(d)四个子图得知,相对偏差随产品类型数量的增多整体呈上升趋势,其原因与单件加工类型相同。

③ 从每一幅子图得知,启发式算法 H_1 与上界算法 UB_1 所得结果相对偏差随产品加工时间增大而增大,其原因与单件加工类型相同,但相对偏差变化范围较大。

6.4 本章小结

本章针对几类复杂的产品组合优化问题,介绍了相应的瓶颈驱动 TOC 启发式算法。主要内容如下:

(1) 针对有效产出随产品数量线性减少的组合优化问题,首先考虑两产品组合问题,提出了产品优先级的确定方法,确定了产品组合方案寻优路径,分析了产品组合的盈利拐点,提出了基于产品优先级驱动的启发式(PPD-TOCh)方法,给出了两产品组合优化的解析解,并基于 KKT 证明了所提方法的有效性。然后,将两产品扩展到多产品,提出了多产品组合优化模型的 PPD-TOCh 方法,给出了典型算例,并通过优化求解验证了所提方法的有效性。

(2) 针对外包能力拓展问题进行研究,分析了外包能力拓展特点,构建了企业自制和外包集成优化的数学模型,并基于所建数学模型的特性,设计了基于 TOC 的启发式算法对模型进行求解。同时,通过不同规模的 500 组算例对所提算法进行了仿真分析,验证了所提算法的有效性。

(3) 针对整批加工方式下的产品组合与调度优化问题,建立了该问题的整数规划模型,定义了关键产品与关键链,基于瓶颈优先的思想,设计了原问题的上界算法及启发式算法,并通过算例验证了所提算法的有效性。

本章针对几类新型产品组合优化问题,设计了有效的瓶颈驱动的 TOC 启发式算法。未来将考虑与其他类型的生产计划问题进行结合,并研究 TOC 启发式求解方法。另外,本章针对静态的产品组合优化问题,并未考虑机器故障、订单变动等扰动情况下的计划问题,未来研究考虑动态计划调度问题相关的漂移瓶颈 TOC 启发式方法及其性能提升策略。

第 7 章　瓶颈驱动调度的经典方法

大多数生产调度问题是 NP-hard 问题,其计算时间随着调度规模的增大而成指数增长,无法在多项式时间内得到最优解。本章介绍的瓶颈驱动的调度优化方法,通过优先调度瓶颈然后调度非瓶颈获得调度优化方案,成为解决复杂调度问题的创新方法。本章首先介绍 TOC 经典的调度方法——鼓-缓冲-绳(DBR)法,其将瓶颈视作鼓(drum),通过鼓控制生产的节奏、缓冲(buffer)保护瓶颈资源、绳子(rope)确定系统的投料频次,实现均衡高效的调度方案;其次,针对异序作业调度问题,介绍一个经典的瓶颈驱动的启发式算法——移动瓶颈法(SBP)。该方法立足瓶颈机器,将异序作业调度问题转换成多个基于瓶颈的单机调度问题,有效地降低了问题的求解难度,从而获得了较优的调度方案。

7.1　鼓-缓冲-绳法

鼓-缓冲-绳(DBR)法是高德拉特在 TOC 思想上提出的调度与控制方法,是一种解决调度优化和过程管控的有效工具。DBR 通过对瓶颈环节进行控制、其余环节与瓶颈环节同步等措施,实现顾客需求与企业能力之间的最佳配合,达到物流平衡、准时交货和有效产出最大化等目标。具体地,DBR 将系统的瓶颈视作"鼓",通过鼓控制生产的节奏;通过"缓冲"保护瓶颈资源,防止瓶颈出现空闲,发挥瓶颈的最大的生产能力;通过"绳"与瓶颈资源进行协调,确定系统的投料频次,进而控制系统的在制品水平[28,77]。

7.1.1　DBR 调度思路

DBR 中的"鼓"标识系统瓶颈的位置,指示系统改进的重心,决定系统的生产节奏,控制系统的有效产出。DBR 围绕瓶颈进行调度,开发瓶颈的能力,并使非瓶颈与瓶颈环节保持同步,通过"鼓"控制生产的节奏,保证瓶颈的充分利用,进而实现系统最大的有效产出;在得到瓶颈的调度方案后,瓶颈的生产节奏就能代表整个系统的生产节奏。系统的瓶颈可以是制造资源、原材料、市场需求甚至是不合理的管理政策。

　　"缓冲"指的是为瓶颈设置的缓冲,将关键环节保护起来,利用非瓶颈过剩生产能力吸收生产过程的扰动,降低或者消除机器故障、人员缺工、生产数据波动、原材料供应不足、加工质量等扰动对瓶颈的影响,防止瓶颈饥饿情况发生,保护瓶颈资源的正常生产,充分发挥瓶颈的生产能力,从而最大化整个系统的有效产出。缓冲类型包含瓶颈缓冲、装配缓冲和出货缓冲这三种缓冲,缓冲方式包括库存缓冲和时间缓冲,库存缓冲的控制对象是物料、在制品等库存参数,时间缓冲的控制对象是提前期等时间参数。由于时间缓冲在保证瓶颈有序生产方面优势突出,DBR 调度多采用时间缓冲。

　　"绳"是生产系统的物料投放机制,关联瓶颈资源,传递瓶颈的需求,并按"鼓"的节奏控制各工序物料的投料时机和数量、各工序的加工节奏以及在制品的库存水平,使得其他环节的生产节奏与瓶颈资源同步,以保证物料按照"鼓"的节奏按需准时到达瓶颈,及时通过瓶颈并准时装配和及时交货。一般,制定详细的投料调度方案,给出原材料的详细投料时间,实现非瓶颈生产跟瓶颈同步,使整个系统按照瓶颈资源的节拍进行生产。

7.1.2　DBR 调度方法

　　DBR 调度方法实施步骤如下:

　　步骤 1　识别系统的瓶颈资源。系统的瓶颈可以是资源、市场需求、原材料甚至是不合理的管理政策。步骤 1 根据具体情况选取本书前几章介绍的瓶颈识别方法进行系统的瓶颈识别。

　　步骤 2　确定瓶颈的调度方案(鼓)。步骤 2 根据不同的瓶颈类型制定瓶颈调度方案。如果系统的瓶颈是制造系统中的装配工序,则瓶颈的调度就是制定装配计划;如果系统的瓶颈是市场,则瓶颈的调度就是制定交货计划。瓶颈调度方案的制定应该充分发挥瓶颈驱动的优势,充分满足瓶颈的生产能力,从而最大化系统的产出。

　　步骤 3　确定时间缓冲。该步骤中缓冲区指的是时间缓冲,其以在制品在瓶颈资源上耗费的总时间来表示。在实践中,需要对缓冲区的大小进行合理的设置。缓冲区设置太长,在非瓶颈机器上已加工完的工件不能及时进入瓶颈机器加工,等待时间延长,导致生产周期时间长,存货增加;缓冲区太短,在预定时间内,工件无法完成在非瓶颈机器上的加工任务,导致瓶颈机器因缺货而等待,造成系统产出降低。

　　缓冲区的设定与制造系统相关,不同的制造系统的缓冲区大小具有较大差异。文献[132]提出在实际工程应用中大多采用经验和基于仿真的缓冲区估算

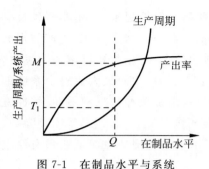

图 7-1 在制品水平与系统
产出率关系

方法。文献[28]根据经验将缓冲区大小设置为瓶颈资源前置时间的 3 倍。文献[77]给出了周期时间、在制品和产出率三者的关系图，如图 7-1 所示。系统产出最大值 M 对应的在制品库存为 Q，采用仿真得到当前系统的最大产出为 Q。同时，考虑系统异常的波动情况，设定生产周期方差为 DCT，平均生产周期为 MCT，通过计算两者的比值刻画系统异常的波动情况。因此，计算出制造系统合理的在制品库存（IV）为

$$IV = Q\left(1 + \frac{DCT}{MCT}\right) \tag{7-1}$$

将在制品数量与机器平均加工时间（PT）相乘，得到 DBR 缓冲区库存缓冲时间（BT），即

$$BT = IV \cdot PT \tag{7-2}$$

步骤 4 确定投料调度方案（绳子）。步骤 4 通过"绳子"进行投料控制，并制定非瓶颈的调度方案。由于非瓶颈的产能有富余，有一定闲置时间，而 DBR 不要求非瓶颈机器最大化利用。但为了使瓶颈机器最大化利用，必须保证瓶颈前的非瓶颈不会出现延误，造成瓶颈机器饥饿，进而损失系统的产能。因此，非瓶颈的方案的调度采用瓶颈方案前拉后推的方式，即基于瓶颈机器拉动前面非瓶颈机器的调度安排，并推动后面非瓶颈机器的调度，从而实现非瓶颈机器与瓶颈机器调度的同步。

7.1.3 算例仿真及分析

本节对一个具有稳定市场需求的工厂进行仿真，计划周期为两周。这个工厂共有 6 台机器，分别为机器 V、机器 N、机器 Y、机器 R、机器 M 和机器 W。这 6 台机器的工装准备时间分别为 0min、120min、45min、120min、10min 和 90min。每台机器相对于工作时间（生产时间和工装准备时间）还有一定比例的停机时间，其中机器 M 是 1% 的停机时间，其他机器为 10% 的停机时间。该工厂的产品 I 和产品 J 的工艺路线如图 7-2 所示。

产品 I 和产品 J 的周需求分别为 60 个和 40 个。产品 I 的制造需要三种原材料，即 A、B 和 D。产品 I 的制造工艺过程如下：首先，原材料 A 被送到机器 N 加工（工序 A1），其平均加工时间为 13min，加工完成后将生产出的零件 1 运送到机器 W（工序 A2），其平均加工时间为 11min，再将零件 1 运送到机器 M（工序 A3），其平均加工时间为 10min；其次，相同比例的原材料 B 和原材料 D

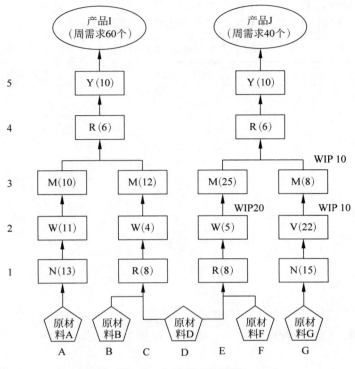

图 7-2　产品的工艺路线

在机器 R(工序 C1)进行装配,其平均加工时间为 8min,装配工序 C1 生产出的零件 2 先后被送到机器 W(工序 C2)和机器 M(工序 C3);最后,零件 1 和零件 2 被送往装配机器 R(工序 B4)进行装配,装配完成后被运送到机器 Y(工序 B5)加工,产出产品 I。在生产产品 J 的过程中,工序 E2、工序 G2、工序 G3 分别会产生 20 个、10 个、10 个在制品。

针对上述问题,采用 DBR 调度方法进行生产调度,具体步骤如下:

步骤 1　首先,机器 M 的生产负荷最大,认定 M 为系统的瓶颈资源。

步骤 2　最大化挖掘瓶颈资源的能力(鼓)。通过产品组合优化方法,制定最佳 MPS 方案,挖掘瓶颈资源的能力。一个可行的 MPS 方案为两周生产 120 个产品 I,80 个产品 J,同时分 4 个等容量的批次进行配送。瓶颈机器 M 两周的总负荷=$8 \times 10 \times 60 = 4800$min。制定的 MPS 方案中机器 M 的生产时间=$120 \times (10+12) + 80 \times 25 = 4640$min,考虑到批次为 4,工装准备时间(setup)=$10 \times 3 \times 4 = 120$min,则机器 M 的总负荷=4760min。

瓶颈机器 M 的调度方案见表 7-1。考虑到已有库存,将产品 J 先安排生产,并且将 E3 作为第一道工序。当 E3 安排一批的任务即 20 个产品 J 后,其他的方案依次安排。表 7-1 中最后一行对于 E3 的安排是第三周的需求,因为绳子必须在第二周就确定满足第三周需求的投料计划。

表 7-1　瓶颈机器 M 的调度方案

工　　序	数　　量	开始时间/h
E3	20	0
C3	30	8
A3	30	14
E3	20	19
C3	30	28
A3	30	34
E3	20	39
C3	30	48
A3	30	54
E3	20	59
C3	30	68
A3	30	74
E3	20	79

步骤 3　确定缓冲区的大小。考虑三种缓冲,即瓶颈缓冲、交货缓冲、装配缓冲。

通过瓶颈缓冲保护瓶颈机器 M,防止其出现饥饿等待的情况。一般情况下,初始的缓冲通过仿真和经验获取,初始缓冲一般设置一个较大值,根据生产运行情况不断进行调整。DBR 调度方法中,瓶颈缓冲由投料控制,在一个稳定的运行环境中,缓冲大小一般设置为瓶颈工序的生产提前期(lead time)的 3 倍,本节设定缓冲区大小为 9h。

交货缓冲的目的是对冲从瓶颈机器到交货之间可能发生的突发情况,保证订单能按时交货。此处设定交货缓冲为 6h。

装配缓冲用来保护容易出现零件拖期的装配工序。以工序 F4 设定装配缓冲为例,工序 F4 对瓶颈工序 E3 和非瓶颈工序 G3 产出的零部件进行组装。如果缺少任何一个零部件,则会造成工序 F4 的拖延。为了保证瓶颈工序 E3 产出的零部件及时进行组装,为非瓶颈工序 G3 设置装配缓冲,使得 G3 的零部件不会造成瓶颈工序 E3 的等待。此处设定装配缓冲为 9h。

步骤 4　通过绳子确定投料时间。投料时间的计算方法是瓶颈机器 M 的调度方案减掉缓冲区的大小。对于原材料 G 的调度,由装配工序 F4 倒推计算得到。具体的绳子投料调度方案见表 7-2。由于工序 C3 从 8h 开始,按照绳子(缓冲 9 小时)计算得到的投料时间为 −1h。该仿真将原材料 B 和 D 的投料时间设为 0h，即瓶颈工序的缓冲时间实际上为 8h。

表 7-2　绳子投料调度

原材料	数　量	投料时间/h
B	30	0
D	30	0
A	30	5
D	20	10
F	20	10
G	20	10
D	30	19
B	30	19
A	30	25
F	20	30
D	20	30
G	20	30
D	30	39
B	30	39
A	30	45
F	20	50
D	20	50
G	20	50
D	30	59
B	30	59
A	20	65
F	20	70
D	20	70
G	20	70

通过对上述调度方案进行多次仿真发现，除了最后一批的产品 I 不能在规定时间交货外（30 个产品 I 中平均有 11.5 个产品 I 不能按时完成），其他的产品都能及时交货。如果要求所有产品都能按时交货，需要根据具体情况，安排机器 R、机器 Y 或者机器 M 加班 1～4h。

综上可见，DBR 调度方法将管理重心放在瓶颈资源上，通过对瓶颈资源的充分利用，进而实现系统的最大生产力，同时，可设置一定的时间缓冲区，防止随机扰动对瓶颈资源的干扰，并且通过瓶颈排程和缓冲区的大小确定原材料的投料方案。DBR 调度方法不需要建立复杂的数学模型，不需要设计复杂的求解算法，是解决复杂系统调度问题的一种有效方法。

7.2 移动瓶颈法

移动瓶颈法(SBP)是一种瓶颈驱动的调度算法,其核心思想是将复杂的调度问题转换为不同层级瓶颈对应的单机调度问题进行迭代求解。具体地,移动瓶颈法从生产系统中尚未调度的机器中识别瓶颈机器,并对识别的瓶颈机器进行单机最优调度,然后重新优化所有已调度结果集,再在尚未调度的机器中识别新的瓶颈机器,不断地进行识别瓶颈单机调度子问题的循环迭代,直到所有机器完成调度。移动瓶颈法最早由 Joseph Adams 于 1988 年提出[133],用来求解经典的异序作业调度问题,即 $J \parallel C_{\max}$。之后,移动瓶颈法被用于求解更一般的调度问题,如开放车间调度问题、装配车间调度问题[134]以及一些具有特殊特征的调度问题,如考虑交货期、工件释放时间、特殊装配结构、运输时间、工装准备时间等[135]。

7.2.1 析取图表示法

在介绍移动瓶颈法之前,首先简要介绍 JSP 问题及其析取图(disjunctive graph)的表示方式,如图 7-3 所示。针对 n 个工件,m 台机器的 JSP 问题,考虑一个析取图 $G=(N,A,B)$,其中顶点集 N 对应了工件的加工工序(i,j),A 和 B 是两个弧线集合。A 称为连接弧集(实线),是从工件维表示工件在各个机器上的加工工艺路径,例如一段连接弧$(i,j) \rightarrow (k,j)$表示工件 j 先在机器 i 上加工,再在机器 k 上加工。B 称为析取弧集(虚线),是从工件维表示同一台机器上不同工序的连接关系。析取弧集 B 包含了 m 个团(clique),每个团代表了一台机器,同一个团中的顶点代表的工序必须在同一台机器上加工,例如工件 j 的工序(i,j)和工件 h 的工序(i,h)在同一台机器 i 上加工。显然,同一台机器的同一个时间不能同时处理两道工序,即不能违反机器唯一性约束。另外,所有的析取图都有一个起点 U 和终点 V,即每个工件的工序都出发于 U 点,终止于 V 点。

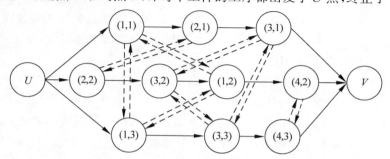

图 7-3　JSP 问题析取图的表示方式

JSP 问题可行的调度方案就是从机器的析取弧中选择合适的析取图,组成一条非循环有向图,即确定每台机器上工序的加工顺序。其 makespan 等于从起点 U 到终点 V 的非循环有向图的最长路径。该路径可能包含同一个工件的紧邻工序,也可能包含同一台机器上的紧邻工序。因此,以 makespan 最小化为目标的 JSP 问题 $J \parallel C_{\max}$ 就转化为选择合适的析取弧使得非循环有向图的最长路径(关键路径)最小的问题。

7.2.2　SBP 调度方法

移动瓶颈法的核心思想是动态识别瓶颈机器构造单机调度问题,再在尚未调度的机器中识别新的瓶颈,循环操作,直到所有机器完成调度。移动瓶颈法将原问题分解成多个基于瓶颈机器的单机调度问题,一定程度上降低了原问题的求解难度。

将 m 台机器集合表示为 M,已被调度的机器集合表示为 M_0。在每次循环时,针对尚未调度的机器集合 $\{M-M_0\}$ 中每个机器的工件排序问题转换成一个单机调度 $1|r_j|L_{\max}$ 问题;识别这些单机调度问题中具有最大拖期 $L_{\max}(i)$ 的机器为瓶颈机器,将该机器视作影响最终 makespan 最关键的机器(瓶颈机器),然后将该机器的单机调度结果更新析取图 G,同时将该机器加入到 M_0 中。如此循环操作,直到所有机器完成调度。移动瓶颈法的具体流程如下:

步骤 1　初始化参数。将 M_0 设置为空集,图 $G=(N,A,B)$ 中所有的析取弧为空,设置 $C_{\max}(M_0)$ 为图 G 的最长路径。

步骤 2　针对未调度机器构造单机调度问题。针对 $\{M-M_0\}$ 中的每台机器,构造其各自的单机调度问题 $1|r_j|L_{\max}$。其中,工序 (i,j) 的释放时间等于图 G 中起点 U 到该工序 (i,j) 最长路径;工序 (i,j) 的交货期等于 $C_{\max}(M_0)$ 减掉图 G 中该工序 (i,j) 到终点 V 的最长路径,再加上工序 (i,j) 加工时间 p_{ij}。可以看出,工件的交货期是由通过关键路径上的终点 V 到工件的距离确定的(其考虑了工件的加工时间),因此工件的拖期会直接导致 makespan 的增加。通过求解这些单机问题使其 $L_{\max}$ 最小从而使 makespan 最小,令 $L_{\max}(i)$ 为机器 i 对应的单机调度问题的目标值。

步骤 3　瓶颈识别和排序。识别 $\{M-M_0\}$ 中的对目标值影响最大的瓶颈机器 k,即

$$k = \arg \max_{i \in \{M-M_0\}} (L_{\max}(i)) \tag{7-3}$$

然后,将瓶颈机器上的工序根据步骤 2 中的单机调度结果进行排序,同时更新图 G 中该机器的析取弧集合,并将机器 k 加入 M_0。

步骤 4　更新已调度机器的调度方案。针对每个机器 $i\in\{M_0-k\}$，删除该机器的析取弧集合，并构造新的单机调度问题 $1|r_j|L_{\max}$，当找到使 $L_{\max}(i)$ 最小的新的析取弧集合时，更新析取弧集合得到新的图 G。

步骤 5　终止条件。如果 $M_0=M$，则终止循环；否则跳转到步骤 2。

7.2.3　算例分析

考虑一个 4 台机器、3 个工件的 JSP 算例，工件的加工工艺顺序、加工时间等参数见表 7-3，其析取图如图 7-4 所示。

表 7-3　JSP 算例的基本参数

工件	工艺顺序	加工时间
1	M_1,M_2,M_3	$p_{11}=10,p_{21}=8,p_{31}=4$
2	M_2,M_1,M_4,M_3	$p_{22}=8,p_{12}=3,p_{42}=5,p_{32}=6$
3	M_1,M_2,M_4	$p_{13}=4,p_{23}=7,p_{43}=3$

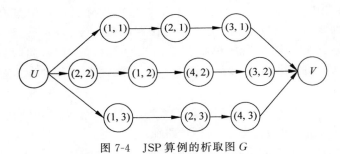

图 7-4　JSP 算例的析取图 G

（1）循环 1。

首先，将 M_0 设置为空集，图 G 中所有的析取弧为空，如图 7-4 所示。此时，图 G 中最长路径的 makespan，即 $C_{\max}(\varnothing)$ 就是三个工件加工时间总和的最大值，其中工件 1 和工件 2 的加工时间总和最大都是 22，则 $C_{\max}(\varnothing)=22$。为了确定哪个机器为瓶颈机器，为每台机器构造单机调度问题 $1|r_j|L_{\max}$。

针对机器 1 的单机调度问题 $1|r_j|L_{\max}$，工序 $(1,1)$ 连接起点 U，其释放时间 $r_{11}=0$，该工序到终点 V 最长路径为 22，其交货期 $d_{11}=10$；工序 $(1,2)$ 到起点 U 最长路径为 8，其释放时间 $r_{12}=8$，该工序到终点 V 的最长路径为 14，其交货期 $d_{12}=22-14+3=11$；工序 $(1,2)$ 连接起点 U，其释放时间 $r_{13}=0$，该工序到终点 V 的最长路径为 14，其交货期 $d_{12}=22-14+4=12$。得到机器 1 的单机调度问题的释放时间、交货期参数见表 7-4。

表 7-4 机器 1 的单机调度问题

工 件	1	2	3
加工时间 p_{1j}	10	3	4
释放时间 r_{1j}	0	8	0
交货期 d_{1j}	10	11	12

该单机调度问题的最优调度方案为 $1,2,3$,目标值 $L_{\max}(1)=5$。

类似地,针对机器 2 的单机调度问题 $1\,|\,r_j\,|\,L_{\max}$,得到释放时间、交货期参数见表 7-5。

表 7-5 机器 2 的单机调度问题

工 件	1	2	3
加工时间 p_{2j}	8	8	7
释放时间 r_{2j}	10	0	4
交货期 d_{2j}	18	8	19

该问题最优调度方案为 $2,3,1$,目标值 $L_{\max}(2)=5$。同样地,计算出机器 3 单机调度问题的目标值 $L_{\max}(3)=4$,机器 4 单机调度问题的目标值 $L_{\max}(4)=0$。

因此,识别出循环 1 中的瓶颈为机器 1 或者机器 2。任意选择其中一个机器,例如机器 1 为瓶颈,则将机器 1 放入 M_0。通过确定机器 1 的析取弧,更新图 G,如图 7-5 所示,则图 G 中最长路径的 makespan,即 $C_{\max}(\{1\})=C_{\max}(\varnothing)+L_{\max}(1)=27$。

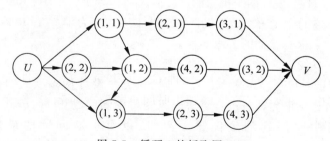

图 7-5 循环 1 的析取图 G

(2) 循环 2。

图 7-5 中最长路径的 makespan,$C_{\max}(\{1\})=27$。针对 $\{M-M_0\}$ 中的 3 个机器,分别构造其单机调度问题 $1\,|\,r_j\,|\,L_{\max}$。机器 2 的单机调度问题的释放时间、交货期参数见表 7-6。

表 7-6　循环 2 中机器 2 的单机调度问题

工　　件	1	2	3
加工时间 p_{2j}	8	8	7
释放时间 r_{2j}	10	0	17
交货期 d_{2j}	23	10	24

机器 2 的最优调度方案为 $2,1,3$，目标值 $L_{\max}(2)=1$。类似地，机器 3 的单机调度问题的释放时间、交货期参数见表 7-7。

表 7-7　循环 2 中机器 3 的单机调度问题

工　　件	1	2
加工时间 p_{3j}	4	6
释放时间 r_{3j}	18	18
交货期 d_{3j}	27	27

该问题任意两种排序都是最优调度方案，目标值 $L_{\max}(3)=1$。类似地，分析出机器 4 的最优调度问题的目标值为 $L_{\max}(4)=0$。因此，识别出循环 2 中的瓶颈为机器 2 或者机器 3。任意选择其中一个机器，例如机器 2 被识别为瓶颈，则将机器 2 放入 M_0，$M_0=\{1,2\}$。通过固定机器 2 的析取弧，更新图 G，其最长路径的 makespan，即 $C_{\max}(\{1,2\})=C_{\max}(\{1\})+L_{\max}(2)=28$。另外，针对已经调度的机器 1 进行再优化，结果发现不能使 $C_{\max}(\{1,2\})$ 减小。

（3）循环 3。

图 G 中最长路径的 makespan，$C_{\max}(\{1,2\})=28$。针对机器 3 和机器 4 分析构造单机调度问题，发现两个机器的目标值都是 0，即 $L_{\max}(3)=0,L_{\max}(4)=0$。

因此，最终的调度方案为：机器 1 上的工序顺序为 $1,2,3$；机器 2 上的工序顺序为 $2,1,3$；机器 3 上的工序顺序为 $2,1$；机器 4 上的工序顺序为 $2,3$。目标值 makespan 为 28。

考虑到 $1|r_j|L_{\max}$ 为强 NP-hard 问题，无法设计伪多项式时间的精确算法，转而采用分支定界算法进行求解。因为可中断问题 $1|r_j,\mathrm{prmp}|L_{\max}$ 的最优解是不可中断问题的最优解下界，所以可中断问题的最优算法——preemptive EDD 算法通常用作分支定界算法中的定界规则[136]。

7.3　本章小结

本章介绍了两个经典的瓶颈驱动的生产调度方法，并给出了具体流程和算例。DBR 调度方法将系统的瓶颈视作"鼓"，通过鼓控制生产的节奏；通过"缓冲"保护瓶颈资源，使得瓶颈不出现空闲，发挥瓶颈的最大的生产能力；通过"绳子"与瓶颈资源进行协调,确定系统的投料频次,进而控制系统的在制品水平。DBR 调度简单易用,有效实用,是瓶颈驱动调度思想的典型展现,已经成功应用于诸多企业实践中。

移动瓶颈法立足瓶颈机器,将复杂的调度问题分解成多个单机调度问题进行求解。虽然无法保证获得 JSP 问题的最优解,但是优良的求解质量和计算效率使其成为求解 JSP 问题的经典启发式算法之一。移动瓶颈法也被拓展于求解其他类型的调度问题,并展现出了广泛的应用前景。

第8章　瓶颈驱动调度的分解方法

本章基于分解的思想,立足于瓶颈机器,介绍几类基于瓶颈驱动的大规模调度的分解方法,将复杂的调度问题分解成瓶颈机器的调度问题与非瓶颈机器的调度问题,再将机器级分解向更细粒度的工序级分解进行拓展,并分别求解子调度问题和耦合子调度方案得到完整的调度方案。瓶颈驱动调度的分解方法一定程度上降低了求解难度,保证了求解质量。本章主要面向流水作业(flow shop)、混合流水作业(hybrid flow shop)和异序作业(job shop)调度问题介绍瓶颈驱动调度的分解方法。

8.1　瓶颈驱动的流水作业调度分解方法

流水作业调度是一类复杂的组合优化问题。开创调度研究先河的 2 台机器的流水作业调度问题存在多项式时间的最优算法,即 Johnson 法则[137]。然而当机器数量大于 2 时,该问题就变成强 NP-hard 问题,无法找到多项式时间的最优算法。当问题规模不断变大之后,求解时间成指数级增长,对大规模流水作业调度方法在实践中的应用带来了挑战。针对大规模流水作业调度问题,本节采用"分而治之"策略,立足于瓶颈机器,将问题分解成瓶颈机器调度和非瓶颈机器调度,并解决瓶颈调度与非瓶颈调度冲突,以提升复杂大规模流水作业调度求解的有效性[104]。

8.1.1　流水作业调度分解算法

8.1.1.1　流水作业调度问题

考虑流水作业调度问题 $F_m \parallel \sum T_j$,共有 n 个工件按照相同工艺路线依次在 m 台机器上加工,工件 j 在机器 i 上的加工时间为 p_{ij},调度决策工件在机器上的加工顺序,使得目标函数即总拖期时间 $\sum T_j$ 最小。

针对此问题,建立整数规划模型如下:

$$(P) \quad \min \sum T_j \tag{8-1}$$

s. t.

$$s_{ij} - s_{i-1,j} \geqslant p_{i-1,j}, \quad i=2,3,\cdots,m;j=1,2,\cdots,n \tag{8-2}$$

$$s_{1j} \geqslant 0, \quad j=1,2,\cdots,n \tag{8-3}$$

$$s_{ik} - s_{ij} + M(1-x_{ijk}) \geqslant p_{ij}, \quad i=1,2,\cdots,m;j,k=1,2,\cdots,n;j \neq k \tag{8-4}$$

$$T_j = \max(0,s_{mj} + p_{mj} - d_j), \quad j=1,2,\cdots,n \tag{8-5}$$

$$x_{ijk} \in \{0,1\}, \quad i=1,2,\cdots,m;j,k=1,2,\cdots,n;j \neq k \tag{8-6}$$

其中,s_{ij} 为工件 j 在机器 i 上的开始时间;d_j 为工件 j 的交货期;M 为一个大数;x_{ijk} 为 0-1 决策变量,如果在机器 i 上,工件 j 在工件 k 之前加工则 $x_{ijk}=1$,否则 $x_{ijk}=0$。式(8-1)为目标函数,即最小化工件的总拖期时间;约束(8-2)限制了工件必须按照相同的给定工艺次序在流水作业车间加工,并且任意一个工件在任意时刻只能在一台机器上加工,即满足工件唯一性原则;约束(8-3)说明了工件到达时间为零时刻,且工件不能在工件到达之前开始加工;约束(8-4)限制了任一机器在任一时刻只能加工一个工件,即满足机器唯一性原则;式(8-5)定义了总拖期时间;式(8-6)定义了决策变量。

流水作业调度问题 $F_m \| \sum T_j$ 为强 NP-Hard 问题,在多项式时间内无法给出最优解,只能退而求其次给出启发式算法。考虑到流水线的产能由节拍决定,而瓶颈工序决定了流水线的节拍,因此本节立足瓶颈工序,将流水作业调度问题进行分解,介绍瓶颈驱动的流水作业调度分解算法。

8.1.1.2　流水作业调度分解算法

瓶颈驱动的分解算法是一种基于机器层的分解方法。流水作业中的机器分为瓶颈机器和非瓶颈机器。瓶颈机器是限制系统有效产出的核心,非瓶颈机器受瓶颈机器的限制并配合瓶颈机器生产节奏。通过松弛非瓶颈机器的能力约束构造瓶颈调度子问题,以降低问题的求解难度;采用精确算法求得瓶颈单机调度的最优解。考虑到分解后的瓶颈单机调度方案并不能直接应用于原问题的调度方案,需要进一步将松弛的非瓶颈能力考虑进来,通过协调瓶颈调度方案和非瓶颈调度方案获得最终的调度优化方案。

1. 瓶颈分解过程

在流水作业调度问题 $F_m \| \sum T_j$ 中,所有工件的工艺次序均相同,加工负

荷大的机器通常成为流水线的瓶颈机器,容易出现拥堵现象。选择加工负荷最大的机器为瓶颈机器 M_b,则工件的加工时间满足:

$$\sum_{j=1}^{n} p_{bj} > \sum_{j=1}^{n} p_{ij}, \quad i=2,3,\cdots,m; \; i \neq b \tag{8-7}$$

式(8-7)给出了一个较为鲁棒的瓶颈机器选择规则,即使在动态不确定的情况下,如果某个工件的加工时间发生变化,只要还满足条件(8-7),则该机器仍为瓶颈机器。流水线上其余机器为非瓶颈机器。

针对流水线作业,所有工件的工艺加工路线均相同,工件都是从第一台机器依次流经所有机器才能完成加工。显然,机器 M_b 上每道工序的前道工序都在上游机器(瓶颈机器之前的非瓶颈机器)上加工,后道工序都在下游机器(瓶颈机器之后的非瓶颈机器)上加工。因此,立足瓶颈机器,可以将整个流水线分解为上游机器、瓶颈机器和下游机器。

假设非瓶颈机器的加工能力无限大,即松弛非瓶颈机器的能力约束,则约束(8-4)松弛为

$$s_{bk} - s_{bj} + M(1-x_{bjk}) \geqslant p_{bj}, \quad j,k=1,2,\cdots,n; \; j \neq k \tag{8-8}$$

其中,工件 j 在瓶颈机器上的开始时间和剩余加工时间取决于其上游机器和下游机器。考虑到非瓶颈机器的能力无限,因此可得

$$s_{bj} = s_{b-1,j} + p_{b-1,j} = s_{b-2,j} + p_{b-2,j} + p_{b-1,j} = \cdots = s_{1j} + \sum_{i=1}^{b-1} p_{ij} \tag{8-9}$$

$$s_{mj} = s_{m-1,j} + p_{m-1,j} = s_{m-2,j} + p_{m-2,j} + p_{m-1,j} = \cdots = s_{b+1,j} + \sum_{i=b+1}^{m-1} p_{ij} \tag{8-10}$$

由式(8-9)和式(8-10)可得

$$s_{bj} \geqslant r_j, \quad j=1,2,\cdots,n \tag{8-11}$$

$$T_j = \max(0, s_{bj} + p_{bj} - d'_j), \quad j=1,2,\cdots,n \tag{8-12}$$

其中,$r_j = \sum_{i=1}^{b-1} p_{ij}$,$q_j = \sum_{i=1}^{m} p_{ij}$,$d'_j = d_j - q_j$;$r_j$ 和 q_j 分别为工件 j 在上游机器和下游机器上的加工时间和;r_j,q_j 和 d'_j 分别表示工件 j 在瓶颈机器 M_b 上的到达时间、剩余加工时间和局部交货期。流水作业调度模型(P)松弛为如下的瓶颈机器 M_b 上的调度模型(P_b):

　　　　　(P_b) 式(8-1)

　　　　s. t. 式(8-6),式(8-8),式(8-11),式(8-12)

其中,决策变量 x_{bjk} 和 s_{bj} 定义同 8.1.1.1 节。相比调度模型(P),调度模型(P_b)的变量和约束大大减少,一定程度上降低了计算难度。

引理 8-1　令 Z 和 Z_b 分别为模型 (P) 和模型 (P_b) 的最优解,则有 $Z_b \leqslant Z$。

证明　由于模型 (P_b) 的可行域包含模型 (P) 的可行域,两个模型的目标函数相同,且为最小化问题,因此存在 $Z_b \leqslant Z$,即瓶颈机器调度问题的最优解是原问题最优解的下界。　　　　　　　　　　　　　　　　　　　　　　□

2. 瓶颈机器和非瓶颈机器的调度

针对瓶颈机器调度模型 (P_b),采用分支定界等精确算法或者启发式算法获得优化解。假设瓶颈机器 M_b 上工件的排序为 π_b,$\pi_b(j)$ 表示瓶颈机器 M_b 上第 j 个工件,则瓶颈机器 M_b 的能力约束为

$$s_{b,\pi_b(j)} - s_{b,\pi_b(j-1)} \geqslant p_{b,\pi_b(j-1)}, \quad j=2,3,\cdots,n \tag{8-13}$$

其中,$s_{b,\pi_b(j)}$ 为工件 $\pi_{b(j)}$ 在瓶颈机器 M_b 上的开工时间。

一旦获得瓶颈机器上的调度,则将非瓶颈机器上的调度与瓶颈机器上的调度进行同步调度。瓶颈机器上每个工件的开始时间为上游机器上工件的最迟完工时间;结束时间为下游机器上工件的最早开始时间。为了保证调度的可行性,设置工件 j 在机器 M_{b-1} 上的交货期等于其在瓶颈机器 M_b 上的开工时间,工件 j 在机器 M_{b+1} 上的到达时间等于其在瓶颈机器 M_b 上的完工时间,即

$$d_{b-1,j} = s_{bj}, \quad r_{b+1,j} = C_{bj}, \quad j=1,2,\cdots,n \tag{8-14}$$

其中,C_{bj} 为工件 j 在瓶颈机器 M_b 上的完工时间。基于此约束,非瓶颈机器上的调度一般采用调度分派规则或者启发式算法进行快速求解。

3. 瓶颈机器和非瓶颈机器冲突协调

由于瓶颈机器调度是在非瓶颈机器能力松弛的情况下获得,获得的调度方案可能与非瓶颈机器调度方案发生冲突,需要根据非瓶颈机器上工件的实际加工状态进行调整,得到调度的可行解。瓶颈机器上工件 j 的到达时间 r_j 和剩余加工时间 q_j 取决于工件 j 的上游机器和下游机器的开工时间,因此需要协调瓶颈机器和非瓶颈机器上工件的到达时间和剩余时间。具体的调整规则如下:

$$r_j = \begin{cases} \max\left\{\sum_{i=1}^{b-1} p_{ij}, C_{b-1,j}\right\}, & \text{当 } C_{b-1,j} > S_{bj} \\[2mm] \max\left\{\sum_{i=1}^{b-1} p_{ij}, r_j - (d_j - C_{mj})\right\}, & \text{当 } C_{mj} < d_j \\[2mm] r_j, & \text{其他} \end{cases} \tag{8-15}$$

$$q_j = \begin{cases} \max\left\{ \sum_{i=b+1}^{m} p_{ij}, q_j + (C_{mj} - d_j) \right\}, & \text{当 } C_{mj} > d_j \\ q_j, & \text{其他} \end{cases} \tag{8-16}$$

当上游机器调度不可行时,则至少存在一个工件 j 在瓶颈机器开工时间之后到达,即 $C_{b-1,j} > s_{bj}$,修正瓶颈机器上工件 j 的到达时间为 $r_j = C_{b-1,j}$。当下游非瓶颈机器调度不能在交货期内完工,即 $C_{mj} > d_j$,则调整该工件使其更早开工,增大瓶颈机器上工件 j 的传递时间 $q_j = q_j + (C_{mj} - d_j)$。当工件 j 在预定交货期前完工,即 $C_{mj} < d_j$,则减小瓶颈机器上该工件的到达时间为

$$r_j = r_j - (d_j - C_{mj})$$

针对流水作业调度问题 $F_m \parallel \sum T_j$ 的瓶颈驱动的分解方法描述如下:

步骤 1 瓶颈识别。选择加工负荷最大的机器为瓶颈机器 M_b。

步骤 2 参数估计。按照瓶颈分解过程中给出方法估计瓶颈机器上的关键到达时间 r_j、剩余加工时间 q_j 和交货期 d_j'。

步骤 3 瓶颈机器的调度。建立瓶颈机器调度子问题模型 (P_b),采用精确算法或启发式算法求解。

步骤 4 上游非瓶颈机器的调度。对上游非瓶颈机器采用分派规则或者启发式算法求解。如果上游机器调度方案不可行,则按照调整方案(即式(8-15))调整瓶颈机器上工件的到达时间,并跳转到步骤 3;否则跳转到步骤 5。

步骤 5 下游非瓶颈机器的调度。对下游非瓶颈机器采用分派规则或者启发式算法求解。如果存在工件拖期,则按照调整方案(即式(8-16))调整工件的传递时间,并跳转到步骤 3;若工件早到,则按照调整方案(即式(8-15))调整该工件在瓶颈机器上的到达时间,并跳转到步骤 3。

8.1.2　混合流水作业调度分解算法

8.1.2.1　混合流水作业调度问题

混合流水作业调度问题 $HF_K \parallel \sum T_j$ 由 K 个工作站(workstations)组成,其中工作站 $k \in \{1, 2, \cdots, K\}$,由 m_k 个并行的机器组成。考虑 n 个工件,每个工件 j 具有 K 道工序,第 k 道工序必须在第 k 个工作站上加工,其加工时间为 p_{kj}。考虑目标函数为最小化工件的总拖期时间,即 $\sum \max\{0, C_{Kj} - d_j\}$,其中 C_{Kj} 为工件 j 的最后一个工作站的完工时间,d_j 为工件 j 的交货期。混合流水调度问题普遍出现在半导体、集成电路等先进制造系统中。

8.1.2.2　混合流水作业调度算法

在瓶颈驱动的流水作业调度分解算法中,瓶颈机器的调度为单机调度问题。与之不同的是,在瓶颈驱动的混合流水作业调度分解算法中,瓶颈机器是并行机调度。因此,瓶颈驱动的流水作业调度分解算法是混合流水作业调度分解算法的特例。

本节介绍瓶颈驱动的混合流水作业调度分解方法[105],其核心思想是识别瓶颈工作站,再立足瓶颈工作站进行调度优化。具体地,先求解瓶颈工作站的并行机调度问题,然后基于瓶颈工作站的调度结果,采用列表调度(list scheduling)算法对上游和下游工作站进行逆向和正向计算得到非瓶颈工作站的调度方案。

1.　正/逆向列表调度算法

列表调度算法是求解并行机调度的经典算法之一。根据列表调度算法,当机器出现空闲,则根据列表安排优先级最高的工件到机器上进行加工,以避免机器出现空闲。常见的列表调度算法根据列表中工件的先后顺序从前往后进行安排,称为正向列表调度(forward list scheduling)算法;另一类型的算法则根据列表中工件的顺序从后往前进行安排,称为逆向列表调度(backward list scheduling)算法。

逆向列表调度算法一般用于逆向调度问题。为了构造逆向调度问题,首先要获得工件工艺顺序优先次序关系(precedence relationship)的逆顺序,然后重新定义逆向调度问题的工件的到达时间 $\hat{r}_j$ 和交货期 $\hat{d}_j$,即

$$\hat{r}_j = \max\{C_{\max}, d_{\max}\} - \max\{C_{Kj}, d_j\} \tag{8-17}$$

$$\hat{d}_j = d_{\max} \tag{8-18}$$

其中,$d_{\max}$ 为所有工件的最大交货期,$C_{\max}$ 为采用正向列表算法得到调度方案的 makespan,即所有工件的最大完工时间。

逆向列表调度算法步骤描述如下:

步骤 1　采用正向列表调度算法获得原问题的初始调度方案。

步骤 2　构造逆向调度问题。获得工件工艺顺序的逆顺序,重新定义工件到达时间和交货期。

步骤 3　基于给定调度规则(dispatching rule)对工件的各工作站的操作进行调度。

步骤 4　获得步骤 3 中每台机器上的操作的逆顺序。

步骤 5　在满足原问题工艺顺序约束和步骤 4 获得操作顺序的情况下,通

过左移操作获得非延迟调度方案(non-delay schedule)。

2. 瓶颈工作站调度算法

由于瓶颈工作站由一组平行机组成,因此调度瓶颈工作站就是求解带有到达时间的平行机调度问题。Lee 等[105]提出采用 EKPM 算法求解瓶颈工作站调度问题。在介绍 EKPM 算法前,我们先介绍 MPSK 算法。MPSK 算法目的是生成一个工件顺序,其中拖期工件按照加工时间非减顺序排序,而提前工件按照交货期非减顺序排序。设 U 表示没有调度的工件集,S 表示已经调度的工件集,C 表示 S 集合中最后一个工件的完工时间,则 MPSK 算法的具体步骤如下:

1) MPSK 算法。

步骤 1　基于列表调度算法,考虑工件加工时间非减顺序优先级及工件到达时间,将工件安排到并行机上加工,生成一个初始调度方案。根据该调度方案中工件开始时间的非减顺序将 U 中的工件进行排序。

步骤 2　如果 U 只有一个工件,则将其安排在当前调度方案 S 的最后一个位置,然后终止算法。否则,将 U 中的第一个工件标记为活跃工件(active job),并令[a]表示活跃工件的序号。

步骤 3　如果 $\max\{C,r_{[a]}\}+p_{[a]}\geqslant d_{[a]}$,则跳转到步骤 8,否则转到步骤 4。

步骤 4　将 U 中活跃工件的下一个工件(next job)标记为[b]。如果 $\max(C,r_{[b]})+p_{[b]}\geqslant d_{[a]}$,则跳转到步骤 8,否则转到步骤 5。

步骤 5　如果 $d_{[b]}<d_{[a]}$,则令工件[b]为新的活跃工件,并改变工件符号为工件[a],然后跳转到步骤 6,否则转到步骤 7。

步骤 6　如果工件[a]是 U 中最后一个工件,则跳转到步骤 8,否则转到步骤 3。

步骤 7　如果工件[b]是 U 中最后一个工件,则跳转到步骤 8,否则转到步骤 4。

步骤 8　将工件[a]从 U 中移除,同时安排在调度方案 S 的最后一个位置,并令 $C=\max\{C,r_{[a]}\}+p_{[a]}$,然后跳转到步骤 2。

由此可见,在 MPSK 算法中,未调度的工件不仅考虑了加工时间而且考虑了到达时间。步骤 3 和步骤 4 比较了工件的预测完工时间与交货期,其中完工时间 C 在步骤 8 中进行更新。在更新 C 时亦考虑了工件的加工时间及到达时间。

下面介绍 EKPM 算法。该算法每次选择一个工件安排到机器上加工,并且考虑了机器的负荷平衡。其具体步骤如下:

2）EKPM 算法。

步骤 1　令 U 为所有工件的集合。

步骤 2　选择最早空闲的机器 $\hat{m}$，即最早可以安排工件的机器，令 $U'=U$。

步骤 3　对于每个机器，使用 MPSK 算法对 U' 中的工件进行排序，选择该排序中的第一个工件暂时安排到该机器上。

步骤 4　通过以下操作从 m 个临时分配方案中选择一个方案。如果至少有一个工件能安排在机器上而不出现拖期，则选择能够准时完工的工件，或者完工时间与交货期非常接近的工件，并将该工件临时安排在该机器上；否则，临时安排产生最小拖期的工件。

步骤 5　如果选择的临时工件就是分配在机器 $\hat{m}$ 上的工件，则将该工件安排到机器 $\hat{m}$ 的调度方案的最后一个位置，然后跳转到步骤 6；否则，从 U' 删除该临时安排的工件，然后转到步骤 3。

步骤 6　如果调度的工件是 U 中唯一的工件，则停止算法；否则，从 U 中删除该工件，然后跳转到步骤 2。

3．瓶颈驱动的分解方法

瓶颈驱动的分解方法第一步是识别瓶颈，本节选择总负荷（workload）最大的工作站为瓶颈工作站。瓶颈工作站的调度问题是一个带工件到达时间的平行机调度问题。由于瓶颈工作站不一定是混合流水作业车间的第一个阶段，因此在应用 EKPM 算法时需要估计工件的到达时间。

基于估计的工件到达时间，应用 EKPM 算法得到瓶颈工作站的调度方案。基于得到的调度方案，应用逆向列表调度算法得到上游工作站的调度方案。由于上游工作站的工件具有不确定的到达时间，因此需要考虑以下两种情形。如果上游工作站调度方案可行（即能满足工件到达时间），则瓶颈工作的调度方案是可行调度方案。然后，应用正向调度列表算法获得下游工作站的调度方案；如果瓶颈工作站的调度方案不可行，则需要重新调整工件达到时间。此过程需要不断循环，直到所有工作站的调度方案可行为止。

针对瓶颈工作站工件到达时间，本节给出三种评估算法。令 Ω 表示已经确定到达时间的工件集（需要注意的是，如果仅仅是更新了到达时间而未确定下来的工件不放入到 Ω 中）；r_j 表示瓶颈工作站的工件 j 的到达时间；Π 表示上游工作站集合；Λ 表示下游工作站集合，则三种评估算法的具体形式如下。

1）RT1 算法。

将瓶颈工作站上工件的到达时间设置为工件的上游操作的加工时间之和。即对于工件 j，可得到 $r'_j = \sum_{k \in \Pi} p_{kj}$，其中 p_{kj} 为工件 j 在工作站 k 上的加工时间。该方法通常用于第一次估计工件到达时间生成初始调度方案。

2）RT2 算法。

当出现非可行调度方案时，使用该方法更新工件到达时间。具体地，考虑如下两种情形：①对于属于 Ω 的工件，新的工件到达时间保持不变，即 $r'_j = r''_j$，$j \in \Omega$，其中 r''_j 为当前的工件 j 的到达时间；②对于不属于 Ω 的工件，新的工件到达时间更新为 $r'_j = C'_{b-1,j}$，$j \notin \Omega$，其中 $C'_{b-1,j}$ 为将集合 $\Omega \bigcup \{j\}$ 中工件按照逆向列表调度算法安排到上游工作站的调度方案中工件 j 的完工时间。

3）RT3 算法。

对于可行的调度方案，通过更新工件到达时间以提高调度方案的性能。具体地，考虑如下两种情形：① 对于属于 Ω 的工件，新的工件到达时间保持不变，即 $r'_j = r''_j$，$j \in \Omega$，其中 r''_j 为当前的工件 j 的到达时间；② 对于不属于 Ω 的工件，新的工件到达时间更新为 $r'_j = \max\left\{r'_j - (C_{Kj} - d_j), \sum\limits_{k \in \Pi} p_{kj}\right\}$，$j \notin \Omega$。

由此发现，对于 Ω 中的工件，工件的到达时间不再更新；对于非 Ω 中的工件采用不同的方法更新到达时间，以减小工件的拖期时间或增大其提前时间。当然，工件的到达时间肯定大于所有前道工序的加工时间之和。

瓶颈驱动的混合流水作业调度分解方法描述如下：

步骤 1　识别系统的瓶颈工作站 b，令 $\Omega = \varnothing$。

步骤 2　设置瓶颈工作站 b 的工件的交货期为 $d'_j = d_j - \sum\limits_{k \in \Pi} p_{kj}$，并使用 RT1 算法设置工作站工件的到达时间。

步骤 3　使用 EKPM 算法求解瓶颈工作站的考虑工件到达时间的并行机调度问题。令 $\Omega = \Omega \bigcup \{i^*\}$，其中 $i^* = \underset{j \notin \Omega}{\arg\min}(s_{bj})$，$s_{bj}$ 为工件 j 在瓶颈工作站 b 上的开始时间。

步骤 4　使用逆向列表调度算法求解上游非瓶颈工作站的调度方案。

步骤 5　如果该方案为非可行解，则使用 RT2 算法更新瓶颈工作站工件的到达时间，然后跳转到步骤 3；否则转到步骤 6。

步骤 6　使用正向列表调度算法求解下游非瓶颈工作站的调度方案。

步骤 7　如果调度方案不能再改进，或者 $|\Omega| = N$，则算法停止；否则，使用 RT3 算法更新瓶颈工作站工件的到达时间，然后跳转到步骤 3。

8.1.3　算例仿真及分析

本节通过数值仿真测试瓶颈驱动的调度分解算法的性能。由于瓶颈驱动的调度分解算法的性能受到瓶颈工作站并行机调度方案性能的影响，因此首先对瓶颈工作站调度算法进行对比。本节采用正向列表调度算法、逆向列表调度算法、模拟退火(simulated annealing,SA)算法和 EKPM 算法进行对比。数值仿真共生成 120 个算例,每一个算例的机器数量按照均匀分布[1,10]随机生成,加工时间按照均匀分布[1,50]随机生成。工件的交货期按照均匀分布 $[P(1-T-R/2),P(1-T+R/2)]$ 随机生成,其中 P 为工件所有工序加工时间除以机器的数量,T 为拖期系数,R 为交货期范围系数;设置两个水平的拖期系数 $T=0.1$ 或 $T=0.5$,设置两个水平的交货期范围系数,$R=0.8$ 或 $R=1.8$。

另外,列表调度算法考虑 7 个常用的调度规则:

(1) 先到先加工(first come first served,FSFS),即 a_j(工件 j 的到达时间)越小越先加工。

(2) 最短加工时间优先(shortest processing time,SPT),即 p_j(工件 j 的加工时间)越小越先加工。

(3) 最早交货期优先(earliest due date,EDD),即 d_j(工件 j 的交货期)越小越先加工。

(4) 最小松弛时间优先(least slack time first,LSTF),即 d_j-w_j-t 越小越先加工,其中 w_j 为工件 j 剩余的加工时间,t 为当前的时间。

(5) 修正交货期优先(modified due date,MDD),即 $\max\{d_j,t+w_j\}$ 越小越先加工。

(6) 修正的工序交货期优先(modified operation due date,MOD),即 $\max\{d_j-b(w_j-p_j),t+w_j\}$ 越小越先加工。

(7) 拖期成本优先(apparent tardiness cost,ATC),即 $-\exp[-\{d_j-b(w_j-p_j)-p_j-t\}^+/k\cdot\bar{p}]/p_j$ 越小越先加工,其中 $\bar{p}$ 为队列中所有工件的平均加工时间。

调度规则 MOD 和 ATC 中的参数 b 为提前期估计系数,参数 k 为调整系数,b 和 k 的取值可参考文献[105]。由于难以获得问题的最优解,在算法有效性分析时通常采用相对偏差(RD)指标进行比较,其计算公式为

$$\mathrm{RD}=(S_a-S_b)/(S_w-S_b)$$

其中,S_a 为算法 a 得到的目标值,S_b 和 S_w 为所有比较算法获得的最佳值和最差值。瓶颈工作站调度算法的比较结果如表 8-1 所示。从表中得出:EKPM 算法无论相比于正向列表调度算法还是逆向列表调度算法均表现优异。虽然 SA 算法在性能上略优于 EKPM 算法,但是其平均计算时间是 EKPM 算法的几百倍。对比结果说明 EKPM 算法作为有效的瓶颈工作站调度算法,可用于求解瓶颈驱动的调度分解问题。

进一步地,组合混合流水车间参数重新生成仿真算法(记为 BF 算法),并将其与瓶颈驱动的调度分解算法进行性能对比,包括正向列表调度算法、逆向列表

表 8-1 瓶颈工作站调度算法对比

瓶颈工作站调度算法	调度规则	交货期范围系数(R)		拖期系数(T)		平均值
正向列表调度算法	FCFS	0.976	1.000	0.980	0.996	0.988
	SPT	0.654	0.625	0.697	0.580	0.640
	EDD	0.086	0.096	0.011	0.174	0.091
	SLACK	0.192	0.133	0.031	0.299	0.164
	MDD	0.037	0.026	0.016	0.048	0.032
	MOD	0.037	0.026	0.016	0.048	0.032
	ATC	0.079	0.060	0.033	0.108	0.070
逆向列表调度算法	FCFS	0.147	0.137	0.021	0.267	0.143
	SPT	0.288	0.171	0.031	0.437	0.231
	EDD	0.232	0.137	0.025	0.351	0.186
	SLACK	0.164	0.086	0.019	0.235	0.126
	MDD	0.243	0.171	0.027	0.394	0.208
	MOD	0.243	0.171	0.027	0.394	0.208
	ATC	0.238	0.171	0.028	0.388	0.206
SA 算法		0.000	0.000	0.000	0.000	0.000
EKPM 算法		0.010	0.066	0.004	0.012	0.008

调度算法。考虑工件数量为 30、50 或 100，工作站数量为 5、10 或 30，瓶颈工作站位置为流水线的前四分之一、第二个四分之一、第三个四分之一或最后四分之一，瓶颈与非瓶颈工作站负荷差距为大、中或小，交货期范围系数(R)为 0.8 或 1.8，拖期系数(T)为 0.1 或 0.5。另外，机器数量按照均匀分布 $[1,10]$ 随机生成，瓶颈工作站工序的加工时间按照均匀分布 $[m_k, 50m_k]$ 随机生成，其中 m_k 为工作站机器数量，非瓶颈工作站的工序的加工时间按照均匀分布 $[1m_k l, 50m_k l]$ 随机生成，其中 l 被设为 0.5、0.7 或 0.9，表示瓶颈与非瓶颈工作站负荷差距为大、中或小。工件的交货期按照均匀分布 $[P'(1-T-R/2), P'(1-T+R/2)]$ 随机生成，其中 P' 为调度方案 makespan 的下界。每种参数组合生成 10 个算例，一共生成 4320 个随机算例。

在瓶颈驱动的调度分解算法的对比分析中，7 个调度规则被用于列表调度算法的瓶颈工作站和非瓶颈工作站的调度中，BF 算法仅用于非瓶颈工作站的调度中。评价指标除了考虑相对偏差(RD)的平均值及其偏差，还考虑每个算法获得所有算例中最好解的个数(表示为 NBS)，对比结果如表 8-2 所示。由表 8-2 得出：针对不同的调度规则，瓶颈驱动的调度分解算法(BF 算法)的 RD 在平均值和偏差方面均优于列表调度算法,并且 BF 算法获得了更多算例的最好解。

表 8-2 瓶颈驱动的调度分解算法对比

调度分解算法	调度规则	RD	NBS
正向列表算法	FCFS	0.765 (0.264)	1
	SPT	0.496 (0.272)	1
	EDD	0.285 (0.176)	140
	SLACK	0.632 (0.340)	135
	MDD	0.225 (0.173)	188
	MOD	0.383 (0.258)	58
	ATC	0.125 (0.122)	349
逆向列表算法	FCFS	0.417 (0.226)	43
	SPT	0.225 (0.229)	93
	EDD	0.291 (0.201)	117
	SLACK	0.642 (0.355)	132
	MDD	0.151 (0.139)	183
	MOD	0.162 (0.148)	151
	ATC	0.140 (0.136)	246
BF	FCFS	0.040 (0.082)	1104
	SPT	0.036 (0.075)	1111
	EDD	0.032 (0.074)	1432
	SLACK	0.036 (0.081)	1427
	MDD	0.031 (0.073)	1448
	MOD	0.033 (0.074)	1354
	ATC	0.030 (0.073)	1645

8.2 瓶颈驱动的异序作业调度分解方法

8.2.1 基于瓶颈工序分解的调度策略

针对异序作业调度问题,本节使用基于瓶颈工序分解的调度策略。首先,识别出对调度目标影响较大的瓶颈机器。其次,将机器级的分解进一步向更细粒度拓展,进行工序级的分解。具体地,将异序作业车间的机器分解为瓶颈机器和非瓶颈机器,进一步将调度问题中的所有工序划分为瓶颈工序集(bottleneck operations,BN-OS)、上游非瓶颈工序集(preceding non bottleneck operations,PBN-OS)以及下游非瓶颈工序集(following non bottleneck operations,FBN-OS)[106]并基于划分好的三大部分工序集进行优化调度。

定义 8-1 瓶颈工序集(BN-OS)：指瓶颈机器上各工件的待加工工序的集合。

定义 8-2 上游非瓶颈工序集(PBN-OS)：指各瓶颈工序的所有前序工序的集合。

定义 8-3 下游非瓶颈工序集(FBN-OS)：指各瓶颈工序的所有后继工序的集合。

相应地，原调度问题被分解为三个子问题，即 BN-OS 调度问题、PBN-OS 调度问题、FBN-OS 调度问题。

原调度问题基于瓶颈工序分解后，所有工序被分解至三个子问题中，各工序必须且仅能属于一个子问题，因此各子问题涉及的工序数小于原问题的工序数，即一定程度上缩小了原调度问题的规模。

另外，基于瓶颈工序分解的调度策略除了能降低原问题的求解难度之外，还能获得较高质量的优化解。对于瓶颈机器调度子问题，由于其为单机调度问题，可以通过精确算法或启发式算法进行优化求解；对于上游非瓶颈工序集调度问题以及下游非瓶颈工序集调度问题，由于其调度规模已得到减少，因此一些在小规模问题上应用较好的算法便可以应用到这两个子问题的求解过程中，从而在瓶颈机器最优化的基础上，进一步优化非瓶颈机器调度方案，使得非瓶颈机器调度以最大限度配合瓶颈机器调度方案，得到性能更佳的调度方案。

由于瓶颈机器主导着生产线的性能，因此基于瓶颈工序分解的调度算法也遵循瓶颈机器主导非瓶颈机器的原则进行调度。具体地，瓶颈机器优先进行最优化调度，非瓶颈机器调度以最大程度满足瓶颈机器调度方案；同时，在非瓶颈机器保证满足瓶颈机器调度方案的前提下，对非瓶颈机器也进行调度优化，从而提高整个算法的优化性能。基于瓶颈工序分解的调度框架如图 8-1 所示。

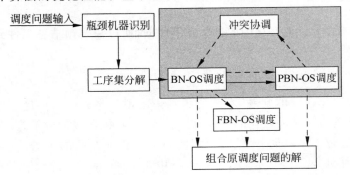

图 8-1　基于瓶颈工序分解的调度框架

根据基于瓶颈工序分解的调度框架,在对原调度问题进行瓶颈工序分解后,首先进行 BN-OS 调度,然后以 BN-OS 调度方案主导非瓶颈工序集进行调度。非瓶颈工序集调度分为 PBN-OS 和 FBN-OS 两部分,分别描述如下:

由于 PBN-OS 所有工序处于 BN-OS 的前序,因此为满足 BN-OS 调度结果,PBN-OS 在调度过程中需要增加"以 BN-OS 各工序开工时间为交货期"的约束,以保证瓶颈工序按预期到达时间抵达瓶颈机器,即 BN-OS 调度结果决定了 PBN-OS 各工件的交货期。PBN-OS 以该约束条件为前提进行调度最优化,如果任一工件出现拖期,则会出现 PBN-OS 与 BN-OS 调度方案之间的冲突,需要进行冲突协调直至调度方案可行。

由于 FBN-OS 所有工序处于 BN-OS 的后序,因此 FBN-OS 调度方案不会对 BN-OS 造成影响。将 FBN-OS 方案紧密衔接在 BN-OS 调度方案之后,以 BN-OS 各工序完工时间作为 FBN-OS 的到达时间进行调度即可。

各子问题调度完成后,由 PBN-OS 调度方案、BN-OS 调度方案、FBN-OS 调度方案的组合即成原调度问题的最终调度方案。

8.2.2　基于瓶颈工序分解的调度模型

原调度问题经瓶颈工序分解后,各子问题对应的调度模型建模如下。

1. 瓶颈工序集调度(BN-OS)模型

由于瓶颈机器在整个调度过程中起主导作用,因此 BN-OS 调度问题具有优先调度权,且其调度目标与原调度问题的优化目标一致。由于非瓶颈机器的加工能力大于瓶颈机器的加工能力,假设非瓶颈机器的加工能力无限大,松弛非瓶颈机器能力约束后,BN-OS 调度问题转化为具有到达时间约束的单机调度问题($1|r_{i,b},p_{i,b}|f$),即瓶颈单机调度问题。

对于异序作业车间,由于各工件的工艺路线互不相同,因此各工件对应的瓶颈工序在整个工艺路线中的位置互不相同,所以需要预估各工件到达瓶颈机器的时间:

$$r_{i,b} = \sum_{j=1}^{s_i(b)-1} p_{i,j} \qquad (8\text{-}19)$$

各工件在瓶颈机器上的交货期为

$$d_{i,b} = d_i - \sum_{j=s_i(b)+1}^{m} p_{i,j} \qquad (8\text{-}20)$$

其中,$s_i(b)$ 为工件 i 在瓶颈机器 b 上的加工工序号;$p_{i,j}$ 为工件 i 第 j 道工序的加工时间;d_i 为工件 i 的交货期。

BN-OS 调度模型如下：

$$(P_b) \quad \min f_1 = \min \max_{1 \leqslant i \leqslant n} \{t_{i,b} + p_{i,b}\} \tag{8-21}$$

$$\min f_2 = \min \left\{ \sum \max_{1 \leqslant i \leqslant n} (w_i(t_{i,b} + p_{i,b} - d_{i,b}), 0) \right\} \tag{8-22}$$

s. t.

$$t_{i,b} \geqslant r_{i,b}, \quad i = 1, 2, \cdots, n \tag{8-23}$$

$$t_{j,b} - t_{i,b} + a(1 - x_{ij}) \geqslant p_{i,b}, \quad i = 1, 2, \cdots, n; \ j = 1, 2, \cdots, n; \ i \neq j \tag{8-24}$$

$$t_{i,b} - t_{j,b} + a x_{ij} \geqslant p_{j,b}, \quad i = 1, 2, \cdots, n; \ j = 1, 2, \cdots, n; \ i \neq j \tag{8-25}$$

$$x_{ij} \in \{0, 1\} \tag{8-26}$$

其中，$t_{i,b}$ 为工件 i 在瓶颈机器 b 上的开工时间；$p_{i,b}$ 为工件 i 在瓶颈机器 b 上的加工时间；x_{ij} 是瓶颈机器上工件加工顺序的 0-1 变量，若工件 i 在工件 j 之前加工则 $x_{ij} = 1$，否则为 0；a 为一个大数。

式(8-21)及式(8-22)表示 BN-OS 调度目标。公式(8-21)表示最小化 makespan，其旨在压缩生产周期，提高作业车间的生产效率；公式(8-22)表示最小化总加权拖期时间，其旨在最大限度地保证企业对客户承诺的交货期，并最小化企业因拖期而造成的损失。对于实际的调度问题，调度目标函数可以二选一，也可以根据实际需要构建其他目标函数。式(8-23)表示各瓶颈工序的开工时间必须大于等于对应工件到达瓶颈机器的时间；式(8-24)及式(8-25)表示瓶颈机器调度上各工件的加工顺序约束。

2. 上游非瓶颈工序集（PBN-OS）调度模型

根据瓶颈机器主导非瓶颈机器调度的原则，瓶颈机器调度完成后，非瓶颈工序必须最大限度地保证瓶颈机器的调度方案。由于上游非瓶颈工序在工艺路线中处于所有瓶颈工序的前序，因此上游非瓶颈工序必须在瓶颈工序的开工时间之前完成，各瓶颈工序的开工时间决定了上游非瓶颈工序集中各工件的最晚完工时间，即上游非瓶颈工序集调度转化为一个有交货期约束的调度问题 $\left(J_{m-1} \mid d'_i, p_{i,j} \mid \sum^n T_i\right)$。其调度目标为各工件拖期时间和最小；各工件的交货期约束为瓶颈机器上对应工序的最早开工时间，即

$$d'_i = t_{i,b}, \quad i = 1, 2, \cdots, n \tag{8-27}$$

PBN-OS 调度模型如下：

$$(P_p) \quad \min f = \min \left\{ \sum_{i=1}^{n} \max\{C_i - d'_i, 0\} \right\} \tag{8-28}$$

s. t.

$$C_i = t_{i,g_i(s_i(b)-1)} + p_{i,g_i(s_i(b)-1)}, \quad i = 1, 2, \cdots, n \tag{8-29}$$

$$t_{i,g_i(k+1)} - t_{i,g_i(k)} \geqslant p_{i,g_i(k)}, \quad i = 1, 2, \cdots, n; k = 1, 2, \cdots, s_i(b) - 1 \tag{8-30}$$

$$t_{j,k} - t_{i,k} + a(1 - x_{ijk}) \geqslant p_{i,k}, \quad i = 1, 2, \cdots, n; j = 1, 2, \cdots, n; i \neq j;$$
$$k = 1, 2, \cdots, m; k \neq b \tag{8-31}$$

$$t_{i,k} - t_{j,k} + a x_{ijk} \geqslant p_{j,k}, \quad i = 1, 2, \cdots, n; j = 1, 2, \cdots, n; i \neq j;$$
$$k = 1, 2, \cdots, m; k \neq b \tag{8-32}$$

$$t_{i,g_i(1)} \geqslant 0, \quad i = 1, 2, \cdots, n \tag{8-33}$$

$$x_{ijk} \in \{0, 1\} \tag{8-34}$$

其中，$s_i(b)$ 为工件 i 在瓶颈机器 b 上的加工工序号；$g_i(k)$ 为工件 i 第 k 道工序所用加工机器编号；$t_{i,g_i(k)}$ 为工件 i 第 k 道工序的开工时间；$p_{i,g_i(k)}$ 为工件 i 第 k 道工序的加工时间；$t_{i,g_i(s_i(b)-1)}$ 为工件 i 对应瓶颈工序的紧前工序的开工时间；$p_{i,g_i(s_i(b)-1)}$ 为工件 i 对应瓶颈工序的紧前工序的加工时间；C_i 为 PBN-OS 中工件 i 的完工时间；x_{ijk} 是设备 k 上工件加工顺序的 0-1 变量，若工件 i 在工件 j 之前加工则 $x_{ijk} = 1$，否则为 0；a 为一个大数。

式(8-28)表示 PBN-OS 调度目标函数——各工件拖期时间之和最小，各工件尽可能按瓶颈工序要求的最早开工时间到达瓶颈机器，从而最大限度地保证 BN-OS 的调度方案；式(8-29)表示 PBN-OS 中各工件的完工时间；式(8-30)表示同一工件的上游非瓶颈工序间的工艺顺序约束；式(8-31)和式(8-32)表示各非瓶颈机器上工件之间的加工顺序约束；式(8-33)表示各工件必须到达后开始加工。

3. 下游非瓶颈工序集(FBN-OS)调度模型

下游非瓶颈工序集在工艺路线中处于所有瓶颈工序的后序，因此下游非瓶颈工序必须在瓶颈工序的完工时间之后开工。即，各瓶颈工序的完工时间决定了下游非瓶颈工序集中各工件的最早开工时间，下游非瓶颈工序集调度转化为一个有到达时间约束的调度问题($J_{m-1} \mid r_i, p_{i,j} \mid f$)。其调度目标与原调度问题保持一致，各工件的到达时间约束为

$$r_i = t_{i,b} + p_{i,b} \tag{8-35}$$

FBN-OS 调度模型如下：

(P_f)

$$\min f_1 = \min \max_{1 \leqslant i \leqslant n} \{ t_{i,g_i(m)} + p_{i,g_i(m)} \} \tag{8-36}$$

$$\min f_2 = \min \Big\{ \sum \max_{1 \leqslant i \leqslant n} (w_i (t_{i,g_i(m)} + p_{i,g_i(m)} - d_i), 0) \Big\} \tag{8-37}$$

s. t.

$$t_{i,g_i(k+1)} - t_{i,g_i(k)} \geqslant p_{i,g_i(k)}, \quad i=1,2,\cdots,n; \ k=s_i(b)+1,\cdots,m \tag{8-38}$$

$$t_{j,k} - t_{i,k} + a(1-x_{ijk}) \geqslant p_{i,k},$$
$$i=1,2,\cdots,n; \ j=1,2,\cdots,n; \ i \neq j; \ k=1,2,\cdots,m; \ k \neq b \tag{8-39}$$

$$t_{i,k} - t_{j,k} + ax_{ijk} \geqslant p_{j,k},$$
$$i=1,2,\cdots,n; \ j=1,2,\cdots,n; \ i \neq j; \ k=1,2,\cdots,m; \ k \neq b \tag{8-40}$$

$$t_{i,s_i(b)+1} \geqslant r_i, \quad i=1,2,\cdots,n \tag{8-41}$$

$$x_{ijk} \in \{0,1\} \tag{8-42}$$

其中,式(8-36)及式(8-37)表示 FBN-OS 调度目标函数与原调度问题目标函数保持一致;式(8-38)表示同一工件的下游非瓶颈工序间的工艺顺序约束;式(8-39)及式(8-40)表示各非瓶颈机器上工件之间的加工顺序约束;式(8-41)表示各工件必须到达后开始加工。

由各子问题对应的模型得出:原调度问题基于瓶颈工序分解后,瓶颈机器调度为单机调度问题,而非瓶颈机器调度问题被分解为 PBN-OS 调度和 FBN-OS 调度两个子问题。与基于机器级分解方式相比,PBN-OS 调度问题、FBN-OS 调度问题的待调度工序数小于非瓶颈机器调度问题的总待调度工序数。与此同时,将一些在小规模问题上应用较好的算法应用到两个非瓶颈机器调度子问题中,进一步从整体上提升调度优化性能。

8.2.3 基于瓶颈工序分解的调度算法

本节提出基于瓶颈工序分解的调度算法,称作 BD-GA 算法。在 BD-GA 算法中,瓶颈机器识别、瓶颈工序集调度、非瓶颈工序集调度、瓶颈与非瓶颈调度冲突消解等是四大核心组成部分,分节描述如下。

8.2.3.1 瓶颈机器识别

在基于瓶颈工序分解的调度框架中,瓶颈机器的正确识别是首要的任务。瓶颈机器识别的正确性直接决定了后续工序集分解的正确性,进而影响最终调度方案的有效性,本节采用文献[127]提出的正交试验瓶颈机器识别方法进行瓶颈机器识别。

8.2.3.2 瓶颈工序集调度

根据瓶颈工序集调度模型(P_b)可知,其为单机调度问题($1 \parallel f$)。由于瓶颈机器在整个调度过程中具有优先权,并且松弛了非瓶颈机器的能力约束,因此瓶颈机器调度问题去掉了机器能力约束,只留有机器上工件顺序约束和工件到达时间约束,可通过分派规则进行优化求解。

对于以完成时间为作业目标的调度问题,可采用与加工时间相关的分派规则来进行求解。举例来说,由于 SPT 规则对于 $1 \parallel \sum C_j$ 调度问题是最优的,因此采用 SPT 规则来进行瓶颈机器调度。类似地,对于以最小化总加权拖期时间为作业目标时,可采用与交货期相关的分派规则(如修正的工序交货期优先规则 MOD)来进行调度。

令 J 为瓶颈机器上所有工件的集合,N 为瓶颈机器上已调度工件集合,$\overline{N}$ 为瓶颈机器上未调度工件的集合,且 $N \cup \overline{N} = J$;$r_{i,b}(i=1,2,\cdots,n)$ 为松弛非瓶颈机器能力约束后各工件到达瓶颈机器的时间;$d_{i,b}(i=1,2,\cdots,n)$ 为松弛非瓶颈机器能力约束后各工件的交货期;$p_{i,b}$ 为工件 i 在瓶颈机器上的加工时间。则 SPT/MOD 规则的具体步骤如下:

步骤 1　令 $t = \min\limits_{i \in \overline{N}} r_{i,b}$,$N = \varnothing$,$\overline{N} = J$;

步骤 2　在 t 时刻,对于 SPT 规则,从未调度工序集 $\overline{N}$ 中,选择已到达瓶颈机器且具有工序加工时间最短的工件安排在瓶颈机器上,即被选工件 $j = \arg\min\limits_{i \in \overline{N} \cap r_{i,b} \leqslant t} p_{i,b}$;对于 MOD 规则,从未调度工序集 $\overline{N}$ 中,对已到达的工件 $(r_{i,b} \leqslant t)$ 计算其改进交货期 $d_{i,b}^{\mathrm{mod}} = \max\{t + p_{i,b}, d_{i,b}\}$,选择改进交货期最小的工件进行调度,即被选工件 $j = \arg\min\limits_{i \in \overline{N} \cap r_{i,b} \leqslant t} d_{i,b}^{\mathrm{mod}}$。

步骤 3　将工件 j 安排至瓶颈机器上进行加工,更新 $N = N \cup j$,$\overline{N} = \overline{N}/j$,$t = \max\{t + p_{j,b}, \min\limits_{i \in \overline{N}} r_{i,b}\}$。

步骤 4　如果 $\overline{N} = \varnothing$,算法结束;否则,转入步骤 2。

8.2.3.3　非瓶颈工序集调度

已有的瓶颈调度算法仅关注瓶颈机器调度问题,而对非瓶颈机器采用直接的前拉后推或简单的分派规则进行调度。为提高调度算法的整体性能,基于瓶颈工序分解的调度算法改变传统瓶颈调度算法中忽视非瓶颈机器调度的优化的做法,转而对非瓶颈机器也采用较好的优化算法进行调度优化,以非瓶颈机器最小的能力牺牲来最大限度地满足瓶颈机器调度方案,从而提高整个算法的优化性能。

基于瓶颈工序分解的调度算法将非瓶颈机器调度问题分解为两个相对较小规模的调度问题,因此可使用优秀的小规模求解算法来进行优化求解。本节采用遗传算法 GA 进行求解。GA 是基于进化论思想和遗传学说的一种高度并行、随机和自适应搜索算法,其将问题的求解过程表示成"染色体"的适者生存过程,通过"染色体"群一代代的不断进化,最终收敛到"最适应环境"的个体,从而求得问题的优化解。由于 GA 的优化过程不受限制性条件的约束,因此在生产调度领域得到了广泛的应用。

考虑到 GA 的通用性、易实施性以及求解有效性,基于瓶颈工序分解的调度算法采用 GA 进行非瓶颈机器的调度。同时,考虑到遗传算法的随机性、容易陷入局部最优解的问题,在标准遗传算法基础上进行改进,引入非等概率配对策略、自适应交叉算子以及灾变算子,提出改进的遗传算法(modified genetic algorithm,MGA)来进行非瓶颈机器的调度。MGA 的具体流程如图 8-2 所示。

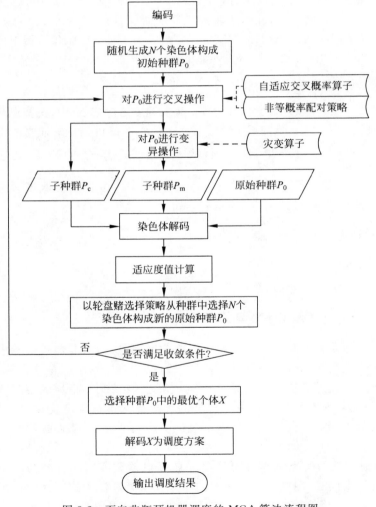

图 8-2　面向非瓶颈机器调度的 MGA 算法流程图

MGA 的各算子描述如下：

1）编码。

编码问题是设计遗传算法的首要问题，鉴于异序作业的组合优化特性以及工艺顺序约束等限制，编码须考虑染色体的 Lamarkian 特性、解码的复杂性、编码的空间特性和存储量的需求。现有的遗传算法的编码可归纳为直接编码和间接编码两种[22]：

① 直接编码将各调度方案作为状态，通过状态演化达到寻优目标，主要包括基于操作的编码、基于工件的编码、基于工件对关系的编码、基于完成时间的编码、随机键编码等。

② 间接编码将一组工件的分配规则作为状态，算法优化的结果是一组最佳的分配规则序列，再由分配规则序列构造调度方案。主要包括基于优先权规则的编码、基于偏好表的编码、基于析取图的编码和基于机器的编码等。

面向异序作业调度的遗传算法在求解过程中，最为耗时的是解码操作，因此针对大规模 JSP 问题，为提高算法搜索效率，解码复杂度是选择编码方式时需要考虑的主要因素。基于操作的编码方式在现有解码方法中具有较低的解码复杂度，同时任意基因串的置换排列均能表示可行调度，因此 MGA 选择基于操作的编码方式。表 8-3 给出了一个 3×3 的 JSP 示例，图 8-3(a)给出了该算例编码后的一个染色体，该染色体对应的工序如图 8-3(b)所示。

表 8-3　3×3 的 JSP 示例

工件号	工艺路线（机器编号）			加工时间		
1	1	2	3	2	5	7
2	2	3	1	3	2	4
3	1	3	2	4	6	3

2	1	1	3	2	1	3	2	3

(a)

O_{21}	O_{11}	O_{12}	O_{31}	O_{22}	O_{13}	O_{32}	O_{23}	O_{33}

(b)

图 8-3　基于操作编码的染色体示意图

这种编码方式的特点可归纳为：标准码长 $n \times m$；1 类解码复杂度；半 Lamarkian 性；在解码过程中可产生活动调度（active schedule）。

2）交叉算子。

交叉操作通过组合产生新的个体，既要促进算法在解空间中进行有效搜索,又要避免算法对有效模式的破坏。GA 的性能表现差异很大程度上依赖于所使用的交叉操作,GA 必须基于所采用的编码技术设计相应的交叉操作。现有的交叉操作包括部分映射交叉、次序交叉、循环交叉、基于位置的交叉等。

由于 MGA 选择基于操作的编码方式,因此选择线性次序交叉(linear order crossover,LOX)进行交叉操作。

设 Π 为已进行交叉的染色体群,$\overline{\Pi}$ 为未进行交叉的染色体群,初始交叉时 $\overline{\Pi}$ 包含种群中所有染色体,则交叉过程的实现过程如下:

步骤 1 从 $\overline{\Pi}$ 随机选择一个需要进行交叉操作的父代染色体 chrom1。

步骤 2 生成随机数 $\xi \in [0,1]$,计算自适应交叉概率(具体计算方法见式(8-44)),如果 ξ 大于等于自适应交叉概率,则跳转至步骤 3;否则跳转至步骤 6。

步骤 3 根据非等概率配对策略,从 $\overline{\Pi}$ 中选择需要配对的父代染色体 chrom2。

步骤 4 子染色体的生成。随机确定两个交叉位置,并交换两父代染色体中交叉点之间的片段。

步骤 5 子染色体的合法化。从父代染色体中删除从另一个父代染色体交换过来的重复基因,并从第一个基因位置起依次在两交叉点外填入剩余基因,从而生成两个子代染色体。

步骤 6 参数更新。$\Pi = \Pi \bigcup (\text{chrom1} \bigcup \text{chrom2})$;$\overline{\Pi} = \overline{\Pi} / (\text{chrom1} \bigcup \text{chrom2})$;chrom1 $= \varnothing$;chrom2 $= \varnothing$。

步骤 7 判断 $\overline{\Pi}$ 中的元素个数是否大于等于 2,若是,则跳转至步骤 1;否则,交叉过程结束。

图 8-4 给出了两个父代染色体生成子代染色体的示例。

在交叉步骤中,需要保证子染色体合法化。所谓子染色体合法化,是指父代染色体置换交叉片段后,为保证所生成的子染色体满足 JSP 问题的特征而进行子染色体的特殊处理。例如,父代染色体置换交叉片段后,子染色体中部分工件的工序数与实际该工件的工序数不符,因此需要将子染色体进行改造,以使其成为可行的染色体。

设父代染色体为 p_f,子代染色体为 p_c,p_t 为一临时染色体,其值为父代染色体中的交叉片段,m 为 p_f 中的基因个数,则子染色体合法化过程如图 8-5 所示。

3)变异算子。

变异操作是增加种群多样性的一种方法,其帮助收敛过程跳出局部最优点,进而避免"早熟"现象的发生。常见的变异方法有:单位置或多位置替换式变异(即用另一种基因替换某一位置或某些位置上原来的基因)、扰动式变异(即

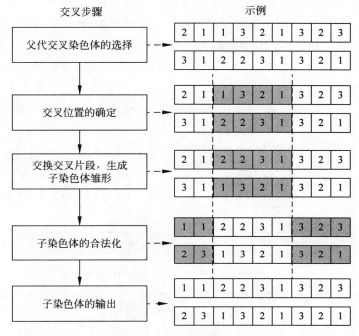

图 8-4　交叉过程的示例

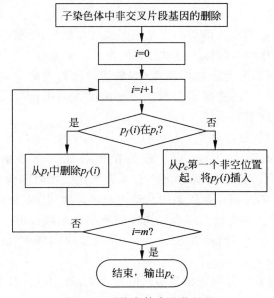

图 8-5　子染色体合法化过程

对原先个体附加一定机制的扰动来实现变异)等。

针对 JSP 问题,MGA 变异算子采用两位置互换操作(SWAP)的方法,即随机交换染色体中两个不同位置的基因。这种方法在增加种群多样性基础上,并不破坏染色体基因的种类,因此变异后的染色体仍为合法染色体。其变异过程如图 8-6 所示。

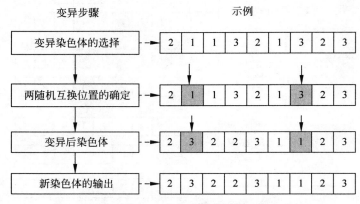

图 8-6　变异步骤及示例

4) 解码。

解码是将染色体基因结构转化为可行调度方案的过程,是编码操作的逆过程。

定义 8-4　活动调度。活动调度是指不推迟其他操作或破坏优先顺序的条件下,没有一个操作可提前加工的可行调度方案。

根据文献[137],对于正规调度指标,最优调度必为活动调度。因此,在对染色体解码过程中,通过将搜索限制在活动调度方案中,不仅能够提高搜索的效率,还能够提高搜索的质量。

设需要解码的染色体为 chrom$(n \times m)$,调度问题的机器顺序阵为 $J(n,m)$,加工时间阵为 $T(n,m)$,各机器上各加工工序的开工时间阵为 $S(m,n)$,完工时间阵为 $E(m,n)$,各工件上道工序完工时间为 $t_g(n)$,i 为染色体基因计数器。MGA 对染色体采用活动化解码方式,其具体步骤如下:

步骤 1　初始化各变量。即读取调度问题的机器顺序阵 $J(n,m)$、加工时间阵 $T(n,m)$,并令开工时间阵 $S(m,n)=0$、完工时间阵 $E(m,n)=0$、各工件上道工序完工时间 $t_g(n)=0$。

步骤 2　读取基因并确定相关基因信息。基因 i 对应工件号 $j=$ chrom(i);该工件对应被调度工序号 $o=\sum^{i}[\text{chrom}(p)==j]$,即该基因位之前(包括基因

i）所有基因值为 j 的个数之和；基因 i 所使用的机器 $m'=J(j,o)$；所需加工时间为 $t=T(j,o)$。

步骤 3　确定基因 i 的解码位置。获取机器 m' 上完工时间 $E(m',\cdot)\geqslant t_g(j)$ 的最大完工时刻 t_s，从 t_s 时刻后遍历机器 m' 上的所有空闲时间段，如果空闲时间段的长度大于等于 t，说明该工序可以提前加工，则将基因 i 插入该空隙；否则将基因 i 置于机器 m' 的末端。

设 x 为机器 m' 上完工时间小于等于 $t_g(j)$ 的最大工序序号，s 为机器 m' 上总加工工序个数，则基因 i 插入位置的计算方法如图 8-7 所示。

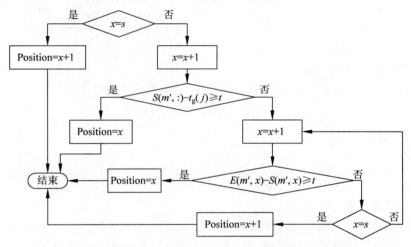

图 8-7　基因 i 解码位置的确定

步骤 4　基因 i 的解码。基因 i 位置确定后，根据其基因 i 对应工件 j 的加工时间信息，更新开工时间阵 $S(m,n)$、完工时间阵 $E(m,n)$ 以及工件 j 的完工时间 $t_g(j)$。

设 x 为基因 i 的解码位置，则解码的参数更新过程如图 8-8 所示。

步骤 5　令 $i=i+1$。如果 $i\leqslant m$，返回步骤 2；否则，则所有基因均已被解码，解码过程结束。

5）适应度值计算。

适应度值用于评价个体对目标函数的满足程度，是个体是否被选择进入下一代的依据。个体的适应度值越高，被选入参加下一代进化的可能性就越高。由于 JSP 问题一般要求目标函数极小化，因此需要对各染色体解码后的调度目标值进行处理，以满足"目标函数值越小对应适应度值越高"的要求。

根据各染色体解码获得各机器上各工序的开工时间阵 $S(m,n)$、完工时间阵 $E(m,n)$ 以及调度问题的目标函数，进而获得该染色体的目标值 f，则适应

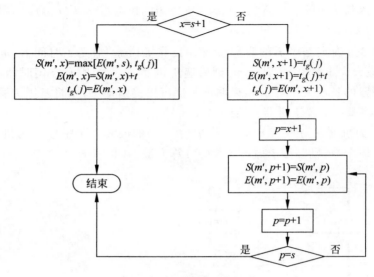

图 8-8　解码参数更新过程

度值为

$$f' = \frac{1}{f} \tag{8-43}$$

6）选择策略。

选择操作旨在避免有效基因的损失，使高质量个体得以更大的概率生存，从而提高全局收敛性和计算效率。常用选择方法包括基于比例选择（也称轮盘赌）、基于排名的选择和锦标赛选择等。

MGA 采用轮盘赌选择策略，用正比于个体适应度值的概率来选择相应的个体，使得具有高适应度值的个体得以保留和继承，实现个体的"优胜劣汰"。即产生随机数 $\xi \in [0,1]$，若 $\sum_{j=1}^{i-1} f'_j / \sum_{j=1}^{\text{popsize}} f'_j < \xi \leqslant \sum_{j=1}^{i} f'_j / \sum_{j=1}^{\text{popsize}} f'_j$，则选择染色体 i 进入下一代遗传操作。

7）自适应交叉概率算子。

遗传算法交叉概率的大小直接影响算法的收敛性。交叉概率过小，不利于新个体的产生，搜索过程将过缓。交叉概率越大，则新个体产生的速度就越快，有利于增加种群多样性。然而，交叉概率过大，则遗传过程中有效模式被破坏的可能性也越大，具有高适应度的个体结构被破坏的可能性就越大。另外，如果优秀的个体与较差的个体都具有相同的交叉概率，则不利于优秀基因的保留和较差基因的淘汰。

MGA 采用自适应的交叉概率，对不同适应度的个体要采用不同的交叉概率。对于适应度值高于群体平均适应度值的个体,采用较低的交叉概率,使得种群中优良基因得以保护;对于适应度值低于平均适应度的个体,给予较高的交叉概率,使之被淘汰。自适应交叉概率为

$$p'_c = \begin{cases} p_c \dfrac{f'_{\max} - f'}{f'_{\max} - \bar{f'}}, & f' \geqslant \bar{f'} \\ p_c, & f' < \bar{f'} \end{cases} \tag{8-44}$$

其中,p_c 为 MGA 设置的交叉概率;$f'_{\max}$ 为群体最大适应度;$\bar{f'}$ 为平均适应度;p'_c 为自适应交叉概率。

8) 非等概率配对策略[106]。

交叉操作对于保持种群多样性起着主要的作用,其决定遗传操作的全局搜索能力。如果进行交叉的父代两个体的基因差异很小,则在进行交叉操作时,不易产生新个体,容易出现无效交叉,这样不仅浪费计算机资源,而且影响算法的收敛速度。

MGA 针对需要进行交叉操作的染色体,给其配对池中各染色体赋予不同的选择概率。具体地,对相关性小的待交叉染色体赋予较大的选择概率,以提高种群多样性。

定义 8-5　个体相关性。个体相关性反映两个个体之间的关联相似程度。

定义 8-6　个体间相关系数。设两个个体分别为 $X_i = \{g_{i1}, g_{i2}, \cdots, g_{im}\}$ 及 $X_j = \{g_{j1}, g_{j2}, \cdots, g_{jm}\}$,则 X_i, X_j 之间的相关系数为

$$r(X_i, X_j) = \sum_{k=1}^{m} g_{ik} \oplus g_{jk} \tag{8-45}$$

其中,$g_{ik} \oplus g_{jk} = \begin{cases} 1, & g_{ik} = g_{jk} \\ 0, & g_{ik} \neq g_{jk} \end{cases}$。$r(X_i, X_j)$ 表示 X_i、X_j 之间相同基因的数目,$r(X_i, X_j)$ 越大,表明 X_i, X_j 之间的相关性越大,则对 X_i, X_j 进行交叉操作出现无效交叉的可能性就越大。

定义 8-7　交叉配对池。随机从种群中没有进行交叉操作的个体中选择一个个体 X,则其余没有进行交叉操作的个体群称为 X 的交叉配对池。

设个体 X 交叉配对池为 $\{Y_1, Y_2, \cdots, Y_l\}$,在经典 GA 交叉中,配对池中各个体被选择的概率都为 $1/l$。当种群多样性较小时,则出现无效交叉的概率就较大,不利于算法的寻优过程。MGA 采用非等概率配对策略,即给配对池中不同个体赋予不同的被选择概率,尽可能选择相关性较小的个体之间进行交叉操作。

非等概率配对策略过程如下:

步骤 1　设 X 为随机选择的需要进行交叉操作的染色体;

步骤2 生成 X 的配对池 $\{Y_1, Y_2, \cdots, Y_l\}$；

步骤3 计算配对池中各个体与 X 的相关系数 $r(X, Y)$；

步骤4 按相关系数给配对池中各染色体赋予不同的被选择概率。其概率为

$$p(Y_i/X) = \frac{1}{l}\left(1 + \lambda \frac{\bar{r} - r(X, Y_i)}{r_{\max} - r_{\min}}\right), \quad i = 1, 2, \cdots, l \tag{8-46}$$

其中，$\bar{r} = \dfrac{1}{l}\displaystyle\sum_{i=1}^{l} r(X, Y_i)$；$r_{\max} = \max\{r(X, Y_i), i = 1, 2, \cdots, l\}$；$r_{\min} = \min\{r(X, Y_i), i = 1, 2, \cdots, l\}$；$\lambda$ 为常数，$0 \leqslant \lambda \leqslant 1$。

交叉配对池 $\{Y_1, Y_2, \cdots, Y_l\}$ 所有个体的平均被选择概率为 $1/l$，总概率为 1；当 $r(X, Y_i) > \bar{r}$ 时，Y_i 被选择的概率大于平均被选概率；当 $r(X, Y_i) < \bar{r}$ 时，Y_i 被选择的概率小于平均被选择概率。

步骤5 按轮盘赌选择策略，根据交叉配对池中各染色体的被选择概率，选择一条染色体，与染色体 X 进行配对交叉。

9）灾变算子。

在算法进化过程中，当连续数代最佳染色体没有任何变化时，表明算法陷入了局部最优解，因此可实施灾变。具体地，通过增大变异概率以增加种群多样性，打破原有基因的垄断优势，创造新的个体补充新鲜血液，从而有利于算法跳出局部最优解。灾变概率为

$$p'_m = (1 + x\%)p_m \tag{8-47}$$

其中，p_m 为 MGA 设置的变异交叉概率；p'_m 为实施灾变策略后的变异概率；x 为目标值连续不变的代数。

MGA 对非瓶颈机器采用具有高求解质量、高计算性能的遗传算法，在对瓶颈机器最优化的同时，也对非瓶颈机器进行调度优化。一方面让非瓶颈机器以最大限度地满足于瓶颈机器调度方案，减少两者的冲突程度和协调次数；另一方面尽可能地保护瓶颈机器调度方案，体现了 TOC 理论中"非瓶颈机器服从瓶颈机器"的原则，进一步保证了算法的求解质量。

8.2.3.4 瓶颈与非瓶颈调度冲突消解

考虑到瓶颈工序集（BN-OS）是在松弛非瓶颈机器能力约束的基础上进行优先调度，而非瓶颈机器并非具有无限产能，因此上游非瓶颈工序（PBN-OS）在调度时，并不能完全满足瓶颈机器调度方案所给出的交货期，因此可能出现 PBN-OS 与 BN-OS 调度方案之间的冲突，在时间轴上产生重叠（overlapping），需要进行冲突协调直至调度方案可行。

本节从降低 PBN-OS 与 BN-OS 调度方案之间的冲突程度,以及如何消除冲突两个方面,提出如下相应的冲突消解策略:

(1) 合理松弛非瓶颈机器的产能,以降低 PBN-OS 与 BN-OS 调度方案之间的冲突程度。

非瓶颈机器产能的合理松弛是在瓶颈机器首次调度时合理计算其上各工件的到达时间。通过松弛瓶颈机器的能力约束以及下游非瓶颈工序集的资源竞争,采用多种分派规则对 PBN-OS 进行调度,并以各工件的完工时间的均值作为瓶颈工序的到达时间,取代式(8-19)到达时间的预估。

各工件到达瓶颈机器的时间为

$$R_i = \frac{1}{r}\sum_{D=1}^{r} C_{iD}, \quad i=1,2,\cdots,n \qquad (8\text{-}48)$$

其中,C_{iD} 为对 PBN-OS 采用分派规则 D 进行调度时,工件 i 的完工时间;r 为各机器所采用的分派规则总数。

相对于式(8-19),由式(8-48)生成的瓶颈机器上各工件到达时间更为合理;基于此到达时间进行瓶颈机器调度后,各瓶颈工序的开工时间也更为合理。由于瓶颈工序开工时间决定了 PBN-OS 调度中各工件的交货期,因此非瓶颈机器产能合理松弛后,PBN-OS 调度中各工件的交货期较为紧凑又不过分紧张,在一定程度上降低了 PBN-OS 调度方案与 BN-OS 调度方案在时间轴上重叠的程度,从而减少了两者的冲突协调次数。

(2) 瓶颈机器二次调度以消除冲突。

通过对非瓶颈机器产能的合理松弛,一定程度上降低了 PBN-OS 与 BN-OS 调度方案之间的冲突程度,但并不能完全消除冲突。

由于 PBN-OS 调度时,采用了 MGA 算法以最大限度满足瓶颈机器调度方案所决定的交货期,因此如果 PBN-OS 调度完成后,BN-OS 调度方案与 PBN-OS 调度方案仍存在时间轴上的叠加,说明瓶颈机器调度方案不够合理,并且给予 PBN-OS 调度的时间裕度并不充足。此时需要调整瓶颈机器调度方案,进行瓶颈机器的二次调度,以消除冲突。

PBN-OS 调度完成后,调整各瓶颈工序的到达时间为 PBN-OS 调度方案中各工件的完工时间,重新进行瓶颈机器调度,即可使 BN-OS 调度方案与 PBN-OS 调度方案的冲突得以消解。

瓶颈机器二次调度时,各瓶颈工序到达时间为

$$r_i = C_i, \quad i=1,2,\cdots,n \qquad (8\text{-}49)$$

其中,C_i 为 PBN-OS 调度完成后工件 i 的完工时间。

由以上冲突协调策略可知,非瓶颈机器产能合理松弛后,基于瓶颈工序分解的调度算法的冲突协调仅需要 1 次,即可使得 BN-OS 调度方案与 PBN-OS 调度方案的冲突得到消解,大大提高了求解效率。同时在冲突协调过程中,以

PBN-OS 调度方案中各工件的完工时间作为瓶颈机器二次调度的各工件到达时间,瓶颈机器能以最早的可能开工时间进行开工,衔接瓶颈机器调度方案的下游非瓶颈工序集能以最早的到达时间进行调度,从而达到提升调度优化求解质量的目的。

8.2.3.5 基于瓶颈工序分解的调度算法

综合瓶颈机器识别、瓶颈工序集调度、非瓶颈工序集调度、瓶颈与非瓶颈调度冲突消解等方法,本节给出基于瓶颈工序分解的调度算法 BD-GA 具体步骤。

步骤 1 瓶颈机器识别。根据正交试验瓶颈机器识别方法,识别大规模 JSP 的瓶颈机器。

步骤 2 工序集分解及其调度模型构建。按照 8.2.1 节的瓶颈分解策略,将大规模 JSP 中的所有工序分解为瓶颈工序集(BN-OS)调度、上游非瓶颈工序集(PBN-OS)调度以及下游非瓶颈工序集(FBN-OS)调度三个子问题,并建立相应的调度模型 (P_b)、(P_p) 及 (P_f)。

步骤 3 瓶颈工序集 BN-OS 调度。由于 BN-OS 调度仅涉及瓶颈机器,对应模型 (P_b) 为单机调度模型,采用 8.2.3.2 节提出的分派规则方法进行调度。其中,各工件的到达时间按照公式(8-48)进行设置,瓶颈机器上各工件的交货期为

$$d_i = D_i - \sum_{j=s_i(b)+1}^{m} p_{ij}, \quad i = 1, 2, \cdots, n \tag{8-50}$$

式中,D_i 为工件 i 的交货期;p_{ij} 为工件 i 工序 j 的加工时间;$s_i(b)$ 为工件 i 在瓶颈机器 b 上的加工工序号。

步骤 4 上游非瓶颈工序集 PBN-OS 调度。瓶颈机器调度完成后,由于上游非瓶颈工序必须满足瓶颈工序的调度方案,因此 PBN-OS 调度就转化为以瓶颈工序的开工时间为交货期、延迟最小的 $J_{m-1} \mid d_i, p_{i,j} \mid \sum_{i=1}^{n} T_i$ 调度问题,对应模型为 (P_p),可采用 8.2.3.3 节提出的 MGA 进行求解。

MGA 用于 PBN-OS 及 FBN-OS 调度时,主要区别在于编码和解码初始化过程上。对于 PBN-OS 调度,其编码只包括各工件瓶颈工序的上游工序,对应基因码为 $\bigcup_{i=1}^{n} \left[i \times E\left(1, \sum_{j=1}^{s_i(b)-1} j\right) \right]$;在 PBN-OS 解码时,由于 PBN-OS 位于 BN-OS、FBN-OS 的前序,BN-OS、FBN-OS 调度方案尚未确定,因此各解码变量初始化为 0。

步骤 5 BN-OS 与 PBN-OS 调度方案的冲突消解。按照 8.2.3.4 节提出的冲突消解策略,协调 BN-OS 与 PBN-OS 的调度结果,直至冲突完全消解,生成 BN-OS 及 PBN-OS 的最终调度方案。

步骤 6　下游非瓶颈工序集 FBN-OS 调度。由于 FBN-OS 处于 BN-OS 的后序，根据瓶颈机器主导非瓶颈机器调度的原则，BN-OS 各瓶颈工序的完工时间就决定了 FBN-OS 各工件的到达时间，FBN-OS 调度转化为有到达时间约束的 $J_{m-1} \mid r_i, p_{i,j} \mid f$ 调度问题，对应模型为 (P_f)。采用 8.2.3.3 节提出的 MGA 对该模型进行求解，其编码只包括各工件瓶颈工序的下游工序，对应基因码为 $\bigcup_{i=1}^{n} \left[i \times E\left(1, \sum_{j=s_i(b)+1}^{m} j\right) \right]$。

由于 FBN-OS 位于 PBN-OS、BN-OS 的后序，FBN-OS 的调度结果不会对 PBN-OS、BN-OS 调度结果产生影响，因此 FBN-OS 的解码过程以 PBN-OS、BN-OS 调度结果为基准进行，即各解码变量在初始化时，各机器的开工时间阵 S、完工时间阵 E 以及各工件上道工序完工时间阵 t_g 均包含 PBN-OS、BN-OS 的调度结果。

步骤 7　最终解的生成。由 PBN-OS、BN-OS 及 FBN-OS 调度结果组合即可生成原调度问题的解。

基于瓶颈工序分解调度算法流程如图 8-9 所示。

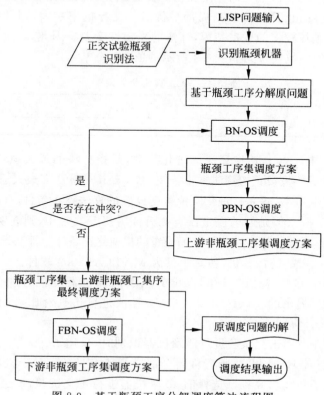

图 8-9　基于瓶颈工序分解调度算法流程图

8.2.4　算例仿真及分析

8.2.4.1　测试问题及算法参数设置

为测试基于瓶颈工序分解调度算法 BD-GA 的性能,本节采用文献[138]的方式随机生成大量的测试数据。其中,工件数集合为[30　50　100];机器数集合为[10　15　20];各工件的工艺路线为 m 台机器的随机排列;各工序的加工时间服从[1,99]上的均匀分布 $U[1,99]$,且为正整数;所有工件都在 0 时刻到达车间;各算例的调度目标函数为 $C_{\max}$。

对于 BD-GA 算法参数的设置包括种群规模 popsize、交叉概率 p_c 以及变异概率 p_m 的确定。种群规模的大小直接影响到算法的计算效率,增加种群的大小,能够增加遗传算法搜索到更多的调度方案的机会,因此能够得到较好的调度结果,然而种群越大,遗传算法每代运行时间就越长。较大的交叉概率虽然可以增加种群多样性,但种群中的优良基因遭到破坏的可能性增大;交叉概率越小则各代之间的差异就越小,其将搜索保持在一个连续的解空间内,使得寻优的可能性增大,但进化的速度变慢。变异运算对交叉过程中可能丢失的基因进行修复,并防止算法收敛到局部最优解。变异概率越大,则种群的多样性增大,但可能破坏较多的优良基因,算法的稳定性变差。因此,经过多次参数调试,将 MGA 的参数设置为如表 8-4 所示的值。

表 8-4　MGA 算法参数设置

参数项	popsize	p_c	p_m	GN	GN_exit
设置值	50	0.9	0.1	200	20

在表 8-4 中,GN 是遗传算法的进化代数,是指算法的最大遗传操作次数,这是从进化代数维度设置的算法终止条件;GN_exit 是算法在最大遗传代数之内退出运算的进化代数,这是从进化质量维度设置的算法终止条件。GN_exit 虽然在进化代数 GN 内,但是解的质量没有提升或者提升非常小,则表明算法在 GN 之前已经收敛,无需再进行进化迭代而设置的提前终止条件。算法运行的硬件设备为 2.0GHz CPU 的计算机,仿真工具为 MATLAB2009 软件。

本节将 BD-GA 与文献[138]提出的基于瓶颈机器的混合遗传算法(OS-GA)、文献[31]提出的单瓶颈启发式(MB)算法进行仿真对比,以分析 BD-GA 的求解质量及计算效率。

BD-GA 在应用正交试验进行瓶颈机器识别时,采用 $L_{81}(9^{10})$ 型正交表,对于机器数不超过 10 的算例,所有机器全部进行正交试验;对于机器数大于 10 的算例,按机器负荷由高到低选择前 10 个机器进行正交试验,剩余机器采用统一的分派规则来计算各次试验指标值。OS-GA 的参数设置与 BD-GA 相同。

考虑到遗传算法的随机性,BD-GA 及 OS-GA 对各算例分别进行了 20 次运算,取各次最好解及运行时间的均值作为相应算法的最终解(result)及平均运行时间(time),运行时间以秒(s)为单位。

8.2.4.2　计算结果比较与分析

表 8-5 给出了在不同规模算例下,MB 算法、OS-GA 与 BD-GA 的计算结果。图 8-10 给出了三种算法求解质量的分析图。

表 8-5　求解 JSP 问题的不同调度算法的性能

序号(NO.)	规模($n \times m$)	MB	OS-GA		BD-GA	
		结果	结果	时间	结果	时间
1	30×10	2436	2026.65	212.01	2031.1	126.54
2	30×15	2650	2260.25	211.60	2241.05	167.30
3	30×20	2952	2502.1	276.62	2398.8	280.64
4	50×10	3524	3183.65	339.63	3218.3	293.91
5	50×15	3807	3289	481.76	3296.5	149.93
6	50×20	4575	3740.12	407.27	3583.8	247.97
7	80×10	5188	4571.45	855.82	4575.65	266.27
8	80×15	5801	4999.15	963.94	4907.4	506.56
9	80×20	6419	5156.6	1418.35	4969.05	644.52
10	100×10	6441	5705.1	772.10	5684.8	334.85
11	100×15	6839	6030	1315.451	6363.55	564.58
12	100×20	7241	6225.35	1670.35	5987.25	792.69

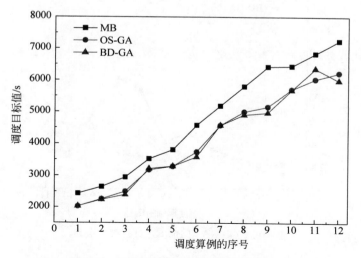

图 8-10　不同调度算法的求解质量分析图

1．调度质量分析

由表 8-5 及图 8-10 得出：BD-GA 与 OS-GA 的求解质量并没有明显的差异；然而，对于所有算例，BD-GA、OS-GA 的求解质量均优于 MB 算法。究其原因，存在两方面原因。一方面，MB 算法在瓶颈机器调度时完全松弛了非瓶颈机器的能力约束，造成非瓶颈机器调度方案与瓶颈机器调度方案之间的冲突激烈；同时 MB 算法采用迭代循环的冲突协调方法，每步迭代都要推后瓶颈机器相应工件的开工时间，造成最终解的逐步退化。另一方面，MB 仅对瓶颈机器进行最优化调度，对于非瓶颈机器仅采用简单的分派规则进行调度，而基于规则的调度虽能快速给出调度问题的可行解，但并不能保证解的优化性，因此非瓶颈机器并不能最大限度地满足瓶颈机器调度方案，容易出现非瓶颈机器调度延误瓶颈机器调度方案的情况，从而影响了整个调度方案的性能。

由 MB 算法、BD-GA 对各算例的仿真结果以及以上分析可知，调度性能不仅仅取决于瓶颈机器调度的最优性，实质上非瓶颈机器调度的优化性也会从一定程度上影响瓶颈机器调度方案的可行性，从而影响整个调度方案的性能。

2．计算效率分析

对于各算例的计算效率，由于 MB 算法的计算时间很短，计算效率大大优于其他两种算法，因此此处仅比较 BD-GA、OS-GA 的计算效率。图 8-11 给出了两种算法对各算例的计算效率的对比图。

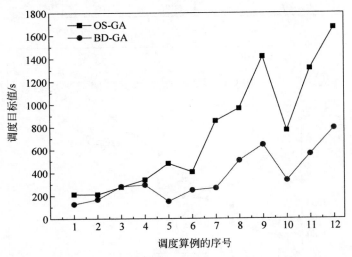

图 8-11　OS-GA 与 BD-GA 计算效率分析

由图 8-11 得出：对于所有算例，BD-GA 的计算效率优于 OS-GA，并且随着算例规模的增大，两者的差异越大。这是因为 BD-GA 是基于瓶颈机器进行工序分解、采用分块建模、分块求解的方法求解原问题；各子问题的求解规模小于原问题，涉及的变量和约束小于原问题，从一定程度上提高了求解效率。而 OS-GA 虽然对瓶颈机器、非瓶颈机器进行了独立编码，但仍然是以所有工序的整体为单位进行相关的交叉、变异以及解码操作，因此原问题的调度规模以及相关变量和约束并没有降低；同时，由于各染色体的基因码较多，一定程度上增加了遗传进化过程耗时，导致 OS-GA 计算时间的增加。

由不同算法调度质量和计算效率分析可知，BD-GA 兼顾了求解质量和效率，在求解质量上优于 MB 算法，在计算效率上优于 OS-GA，在较短的时间内获得较好的优化解。

8.2.4.3　不同瓶颈识别方法对算法的影响

瓶颈机器的正确识别对 BD-GA 是至关重要的，因此，为了分析不同瓶颈识别方法对算法的影响，本节选择了目前瓶颈识别中最常用的"负荷最大瓶颈识别法"，将其应用于本章提出的 BD-GA，构造了 BD-GA-MaxLoad，通过分析其调度性能，验证正交试验瓶颈机器识别法对基于瓶颈工序分解调度算法的适用性。BD-GA-MaxLoad 的原理及步骤与 BD-GA 完全相同，只是以负荷最大的机器作为瓶颈机器进行分解运算。

文献[127]指出正交试验识别的瓶颈机器并不一定就是负荷最大的机器，也就是说"正交试验瓶颈机器识别法"与"负荷最大瓶颈识别法"的瓶颈识别结果可能相同也可能不同，因此在分析 BD-GA 及 BD-GA-MaxLoad 两算法的性能时，仅需对比"正交试验瓶颈机器识别法"与"负荷最大瓶颈识别法"识别结果不相同的算例。

令 $f(A, i)$ 为算例 i 采用算法 A 时所得的最终值或平均运行时间，记 BD-GA 为算法 $A1$，BD-GA-MaxLoad 为算法 $A2$，则算法 $A1$ 优于 $A2$ 的比率为

$$\text{Ratio} = \frac{f(A2, i) - f(A1, i)}{f(A1, i)}, \quad i = 1, 2, \cdots, 12 \tag{8-51}$$

表 8-6 给出了 BD-GA 与 BD-GA-MaxLoad 两种算法对瓶颈识别结果有差异算例的运行结果。从表中得出：对于大多数算例，BD-GA 优于 BD-GA-MaxLoad。从算法求解质量方面看，前者平均优于后者 1.70%；从算法运行效率方面，前者平均优于后者 15.50%。其原因分析如下：

BD-GA 使用的正交试验瓶颈机器识别法是从调度问题本身出发，识别调度方案的改变对目标函数影响最大的机器，因此后续的基于瓶颈工序分解的调度算法最大限度地体现了"瓶颈机器主导非瓶颈机器调度"的原则；而 BD-GA-

MaxLoad 是从机器负荷的角度,以机器负荷大小进行瓶颈机器的识别,而负荷最大的机器未必就是对调度目标影响最大的机器,因此以负荷最大的机器进行工序分解调度,有可能出现瓶颈机器围绕非瓶颈机器进行调度,不能完全保证瓶颈工序的最优化调度,导致调度性能一定程度下降。

表 8-6　BD-GA 与 BD-GA-MaxLoad 的运行结果

规模 ($n \times m$)	结果			时间		
	BD-GA	BD-GA-MaxLoad	比率	BD-GA	BD-GA-MaxLoad	比率
30×10	2031.1	2011.65	-0.96%	126.54	140.18	10.78%
30×15	2241.05	2246.3	0.23%	167.30	230.68	37.89%
30×20	2398.8	2483.7	3.54%	280.64	293.06	4.43%
50×15	3296.5	3242.7	-1.63%	149.93	173.61	15.79%
50×20	3583.8	3803.05	6.12%	247.97	245.35	-1.06%
80×10	4575.65	4738	3.55%	266.27	247.04	-7.22%
100×10	5684.8	5745.4	1.07%	334.85	495.28	47.91%
平均值	—		1.70%	—		15.50%

由以上分析可知,瓶颈识别方法对基于瓶颈工序分解的调度算法的性能是有影响的,"正交试验瓶颈机器识别法"对算法的贡献优于"负荷最大瓶颈识别法"。

8.3　本章小结

本章针对流水作业、异序作业两类复杂生产调度问题给出了相应的瓶颈驱动的分解方法。具体内容如下:

(1) 针对经典流水作业调度问题,立足瓶颈机器,提出了分解流程,将问题分解成瓶颈机器单机调度问题和非瓶颈机器调度问题,提出了瓶颈调度与非瓶颈调度冲突协调策略,有效地降低了问题的求解难度。针对混合流水作业调度问题,考虑到不管是瓶颈工序还是非瓶颈工序都可能是在一组并行机组成的工作站上加工,本章介绍了基于正/逆向列表算法的瓶颈工作站调度算法 EKPM,并基于 EKPM 设计了有效的瓶颈驱动的混合流水作业调度分解方法。

(2) 针对异序作业调度问题,考虑到其工艺顺序约束关系更为复杂,介绍了基于瓶颈工序分解的调度策略,并基于该策略将原问题模型分解成瓶颈工序集调度、上/下游非瓶颈工序集调度等子模型,综合瓶颈机器识别、瓶颈工序集调度、非瓶颈工序集调度、瓶颈与非瓶颈调度冲突消解等方法,提出了基于瓶颈工序分解的调度算法,最终实现了异序作业调度问题的求解并通过算例验证了所提瓶颈驱动的分解算法在求解质量和计算效率方面的有效性。

第9章　瓶颈利用及其影响分析

TOC 认为只有充分利用瓶颈的能力才能最大化系统的有效产出，因此众多与 TOC 相关的研究提倡 100％利用瓶颈的能力，以最大化系统的有效产出。然而，实践发现，瓶颈的 100％利用往往难以应对系统突发的随机扰动，从而导致优化方案无法实施或实施达不到预期效果，从而影响系统的整体产出。本章主要研究瓶颈利用及其能力管理方法：9.1 节研究瓶颈利用方法及其对系统性能的影响；9.2 节研究非瓶颈能力利用方法以及其对系统性能的影响；9.3 节研究机器能力界定问题及其界定方法。

9.1　瓶颈能力利用对调度影响分析

9.1.1　系统有效产出随机器能力的变化规律

TOC 的提出者高德拉特将瓶颈能力划分为生产能力（productive capacity）和保护能力（protective capacity）两个部分，将非瓶颈能力划分为生产能力、保护能力和过剩能力（excess capacity）三个部分[116,139]。本章借鉴高德拉特的概念分类，从机器可用能力对系统有效产出影响的角度，分析不同阶段机器状态变化以及有效产出变化情况，揭示出系统有效产出随机器能力的变化规律[120]，如图 9-1 所示。

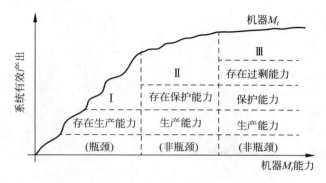

图 9-1　系统有效产出随机器能力的变化规律

从图 9-1 看出,系统有效产出随机器能力的变化规律共分为无保护能力、无过剩能力、有过剩能力三个阶段。

第 Ⅰ 阶段:无保护能力阶段。在第 Ⅰ 阶段,机器因其能力不足限制了整个制造系统的有效产出而成为系统的瓶颈。此阶段中,瓶颈能力的提升会显著影响系统的有效产出,即系统有效产出随机器能力的提升而显著增加。

第 Ⅱ 阶段:无过剩能力阶段。在第 Ⅱ 阶段,当增加瓶颈机器能力到一定水平后,瓶颈会转变为非瓶颈,瓶颈发生转移,系统的有效产出将由新的瓶颈机器能力决定。此阶段中,机器能力的提升会增加系统的有效产出,但增加幅度不大。这是因为此阶段中,非瓶颈能力除了用于生产加工的必须能力外,其余能力则作为制造系统的保护能力用于吸收扰动带来的负面影响。保护能力的存在使得制造系统的鲁棒性得到提高,因此系统的有效产出会有少许增长。

第 Ⅲ 阶段:有过剩能力阶段。在第 Ⅲ 阶段,当非瓶颈能力继续增加出现过剩能力的时候,系统的有效产出将不随非瓶颈能力增加而变化。

由系统有效产出随机器能力增长变化的规律可知,机器能力变化及其对系统有效产出的影响明显可分为三个阶段,不同阶段有不同的状态特征。本节将对扰动情形下异序作业车间瓶颈能力影响分析和利用进行研究[49],揭示瓶颈能力利用程度对异序作业调度影响的规律。

9.1.2　扰动情形下的瓶颈识别

异序作业调度的模型见 3.1.3 节。本节采用 3.1.4 节提出的瓶颈识别及利用集成框架,将瓶颈识别与调度优化方案一一对应,基于统计的角度进行瓶颈识别。首先采用遗传算法对 JSP 问题进行调度优化,针对优化后的调度方案,计算每台机器的平均活跃时间,具有最大活跃时间的机器为系统的可能瓶颈机器(possible bottleneck machine,PBM),计算公式如下:

$$\mathrm{PBM}_{\Omega_i}^k = \{k \mid \max_{\Omega_i} A^*(k)\}, A^*(k)$$

$$= \frac{\sum_{k=1}^{m} \sum_{j=1}^{n} (C_{k,j}^* - B_{k,j}^* + Z_{k,j}^*)}{S_k^*}, \quad k \in \{1, 2, \cdots, m\} \qquad (9\text{-}1)$$

其中,$A^*(k)$ 表示优化方案中机器 k 的平均活跃时间;S_k^* 表示优化方案中机器 k 的活跃时间段的个数;$B_{k,j}^*$ 表示第 j 种工件在第 k 台机器上的开始加工时间;$C_{k,j}^*$ 表示第 j 种工件在第 k 台机器上的加工完成时间;$Z_{k,j}^*$ 表示第 j 种工件在第 k 台机器上的工装准备时间。

考虑到遗传算法的随机性,每次计算可能会得到不同的优化调度方案,因此每次计算得出的 PBM 并不统一。本节首先进行多次调度优化,得到相应的调度优化方案,然后统计各个机器 PBM 出现的次数,最后以 PBM 出现的频率作为瓶颈机器(bottleneck machine,BM)识别的指标,PBM 出现频率最大的机器就是系统的最终瓶颈。计算公式如下:

$$BM = \{k \mid \max f(k)\}, \quad f(k) = \frac{\sum\limits_{p=1}^{N} a_{\Omega_p}^k}{N},$$

$$a_{\Omega_p}^k = \begin{cases} 1, & k \in PBM_{\Omega_p}^k \\ 0, & k \notin PBM_{\Omega_p}^k \end{cases}, \quad k \in \{1,2,\cdots,m\} \tag{9-2}$$

其中,$\Omega_p \in S$,$S = \{\Omega_1,\Omega_2,\cdots,\Omega_N\}$表示所有调度优化方案的集合;$N$ 为优化方案总数量;$a_{\Omega_p}^k$ 表示优化方案 Ω_p 下瓶颈的 0-1 指示变量;$f(k)$表示在所有优化调度方案集 S 中机器 k 成为 PBM 的频率。

9.1.3　瓶颈能力释放率和瓶颈能力释放区间定义

定义 9-1　瓶颈能力释放率(bottleneck capacity release ratio,BCRR)。如图 9-2 所示,设生产周期 T 被分为 e 段,则周期段 $T_l(l=1,2,\cdots,e)$内的瓶颈能力释放率 $BCRR_l$ 为周期段 T_l 内瓶颈机器可用调度时间 τ_l 与周期 T_l 的百分比;生产周期 T 内的瓶颈能力释放率 BCRR 为各周期段内的瓶颈能力释放率的加权平均值,即

$$BCCR_l = (\tau_l / T_l) \times 100\% \tag{9-3}$$

$$BCRR = \sum_{l=1}^{e} w_l BCRR_l \tag{9-4}$$

其中,w_l 为周期段 T_l 的权重系数,$\sum\limits_{l=1}^{e} w_l = 1$。

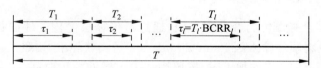

图 9-2　瓶颈能力释放率

瓶颈能力释放率是瓶颈利用程度的控制参数,一定程度上反映了调度方案的鲁棒性。基于瓶颈能力释放率,设定瓶颈的利用程度,预留瓶颈保护能力,进而保证调度优化方案的正常执行。过大、过小的瓶颈能力释放率都会对调度方案的优化与执行产生较大的负面影响。然而,考虑到瓶颈能力释放率无法反映瓶颈利用程度对调度优化方案的影响范围以及影响趋势,在实际使用过程中采用瓶颈能力释放区间进行控制。

定义 9-2 瓶颈能力释放区间(bottleneck capacity release interval,BCRI)。若 $BCRR^{g_i} < BCRR^{g_j}$,则将满足 $BCRR^{g_i} \leqslant BCRR \leqslant BCRR^{g_j}$ 的瓶颈能力释放率 BCRR 的集合称为瓶颈能力释放区间,用 $BCRI^{g_{ij}}$ 表示,即

$$BCRI^{g_{ij}} = [BCRR^{g_i}, BCRR^{g_j}] \tag{9-5}$$

其中,$BCRR^{g_i}$,$BCRR^{g_j}$ 分别为第 g_i,g_j 等级的瓶颈能力释放率;g_i,g_j 为瓶颈释放率的等级,g_i,$g_j = 1, 2, \cdots, G$。

瓶颈能力释放区间表达了瓶颈能力利用对调度方案的影响范围,瓶颈能力释放区间的变化情况反映了瓶颈利用对优化方案的影响趋势。在一定意义上,瓶颈能力释放区间能比瓶颈能力释放率更好地表达瓶颈能力利用对调度方案的影响程度,因此更具实际指导价值。

9.1.4 扰动情形下的瓶颈能力利用对调度的影响

扰动情形下的瓶颈能力利用对调度的影响流程图如图 9-3 所示。图中,第一层级为瓶颈能力分级释放,第二层级为瓶颈能力按级利用,第三层级为扰动情形下不同等级对应不同调度方案的性能比较。

9.1.4.1 瓶颈能力分级释放

首先将 BCRR 生产周期 T 划分为 e 个周期段 $T_l (l=1, 2, \cdots, e)$,对于第 g 个瓶颈能力释放率等级,瓶颈能力释放率设定为 $BCRR^g$,其中 $g = 1, 2, \cdots, G$,G 为瓶颈能力释放率等级的个数;然后设定每个周期段的权重系数 k_l^g 和该周期段瓶颈能力释放率 $BCRR_l^g$,最后得到该周期段的瓶颈机器可用于调度的时间 $\tau_l^g = BCRR_l^g \cdot T_l$。

9.1.4.2 瓶颈能力按级利用

对于第 g 个瓶颈能力释放率等级,通过遗传算法优化工件的投料顺序,将优化得到的投料顺序输入到 Plant Simulation 仿真软件中,按照工艺路线约束,控制工件加工流向;工件加工时,按照待加工工序的加工时间、工装准备时间,控制机器依次加工每道工序,直到所有工件加工完成;通过每次进化,得到第 g 个 BCRR 等级下的瓶颈利用后的优化调度方案 S^g。不断循环 9.1.4.1 节瓶颈能力分级释放和 9.1.4.2 节瓶颈能力按级利用的所有步骤,直至 $g \geqslant G$,获得 G 个 BCRR 等级下的调度优化方案集合 S,$S = \{S^1, S^2, \cdots, S^G\}$ 及其性能指标集 Q_a,$Q_a = \{Q_a^1, Q_a^2, \cdots, Q_a^G\}$。

在遗传算法中,染色体编码采用基于工件的编码方式;选择操作采用轮盘赌选择法,依据染色体适应值的比例确定个体的选择概率;交叉操作采用基于

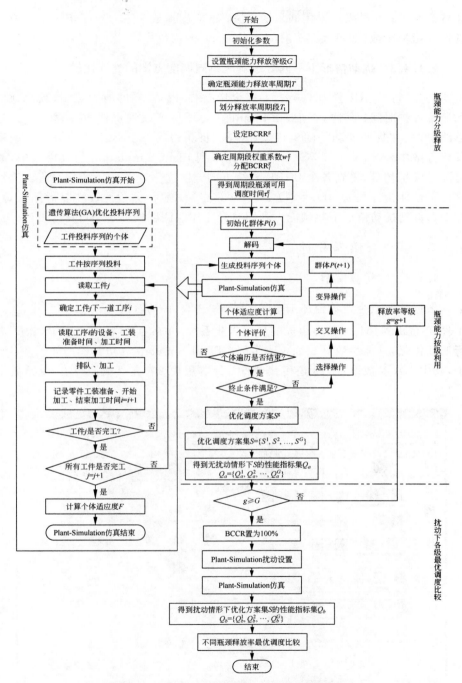

图 9-3　扰动情形下瓶颈能力利用对调度的影响

位置的交叉；变异操作采用插入变异法；适应度函数选定为异序作业调度模型的性能指标函数，如最大完工时间 makespan 的倒数形式。

9.1.4.3 扰动情形下不同等级对应不同调度方案的性能比较

首先，将 BCRR 置为 100%，即完全释放对瓶颈机器的能力限制，激活预留的瓶颈保护时间；其次，在 Plant-Simulation 环境下设置机器故障、缓冲、工艺路线更改、交货期变动等随机扰动；再次，将获得的各个 BCRR 等级下的调度优化方案集合 S，$S = \{S^1, S^2, \cdots, S^G\}$ 输入到 Plant-Simulation 仿真模型中，通过大量模拟仿真，得到各个 BCRR 等级下的调度优化方案集合 S 相对应的扰动情形下性能指标集 Q_b，$Q_b = \{Q_b^1, Q_b^2, \cdots, Q_b^G\}$；最后，分析比较性能指标集 Q_a 与 Q_b，得到扰动情形下瓶颈能力利用对异序作业调度的影响。

9.1.5 实例仿真及分析

9.1.5.1 仿真模型

根据某航空企业数控加工车间的情况，选取由 6 种（$W_1 \sim W_6$）类型共 30 个工件、8 台机器（$M_1 \sim M_8$）组成的异序作业系统，并在考虑扰动影响的情况下进行调度优化，具体参数见 3.2.4 节实例。Plant-Simulation 仿真模型如图 9-4 所示，其中 GA 参数设置为：遗传代数 50，种群规模 20，交叉概率 0.8，变异概率 0.1。

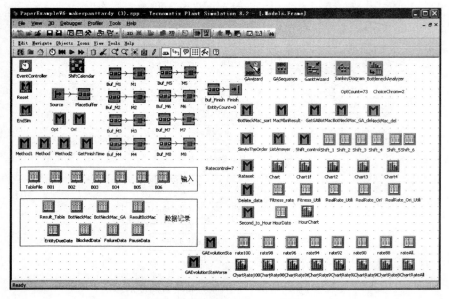

图 9-4　Plant-Simulation 仿真

9.1.5.2　瓶颈识别

根据 9.1.2 节提出的瓶颈识别方法,设定优化次数为 100,同时计算各机器的 $f(k)$ 值,其最大值对应的机器即为瓶颈机器,如表 9-1 所示。

表 9-1　瓶颈出现率

机　器	M_1	M_2	M_3	M_4	M_5	M_6	M_7	M_8
$\sum\limits_{p=1}^{N} a_{\Omega_p}^k$	0	0	76	0	0	0	0	24
$f(k)$			0.76(BM)					0.24

注：BM 表示瓶颈机器

9.1.5.3　瓶颈利用程度对调度的影响

首先,设定瓶颈能力释放率等级为 $G=7$,BCRR = {100.00%,97.92%, 95.83%,93.75%,91.67%,89.58%,87.50%}。

其次,设定周期 $T=3$(天),$e=3$,$T_l=1$(天),$w_1=w_2=w_3=1/3$,则对于 7 个瓶颈能力释放率等级,$\tau_1^1=\cdots=\tau_e^1=24$(小时),$\tau_1^2=\cdots=\tau_e^2=23.5$(小时),$\tau_1^3=\cdots=\tau_e^3=23$(小时),$\tau_1^4=\cdots=\tau_e^4=22.5$(小时),$\tau_1^5=\cdots=\tau_e^5=22$(小时),$\tau_1^6=\cdots=\tau_e^6=21.5$(小时),$\tau_1^7=\cdots=\tau_e^7=21$(小时)。

再次,在 Plant-Simulation 环境下,通过遗传算法优化工件投料次序,输入到仿真模型中进行生产过程仿真,得到各级 BCRR 下的初始调度优化方案及其性能指标集。GA 进化过程如图 9-5 所示,从图中得出：在 7 个不同等级的瓶颈能力释放率下,GA 算法都能在 11 代之前快速收敛,输出优化调度方案；

最后,设置随机扰动,对这 7 个优化方案进行扰动仿真,得到各自扰动仿真后的优化调度方案及其性能指标集。在 7 个不同等级的瓶颈能力释放率下优化方案的性能指标值在有、无扰动情形下的变化曲线如图 9-6 所示。

在本算例中,根据图 9-5 得出以下结论：

(1) 传统的调度方法进行瓶颈能力 100% 利用,虽然最初得出的 makespan 与拖期时间调度性能指标最佳,但是随着随机扰动的影响,调度指标值发生了较大偏差,偏差约为 12.9%。因此,当瓶颈能力释放率为 100% 时,产生的调度方案并非最优调度方案。

(2) 在瓶颈能力释放区 [89.58%,93.75%] 内,扰动情形下的调度优化方案目标值差别不大,即瓶颈约束存在一定范围的松弛余度可方便调度方案调整。在本算例中,其松弛余度为 1.5～2.5h。此区间为调度员根据现场扰动安排实际生产提供了重要的决策信息：如果生产现场出现急件、临时插单、刀具破损、

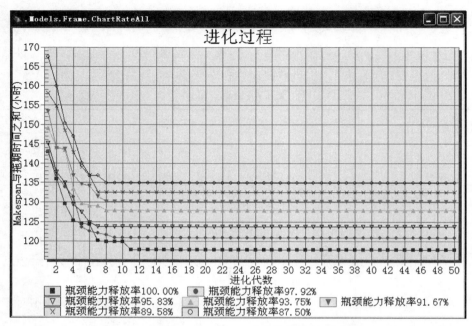

图 9-5　不同 BCRR 下 GA 进化曲线（见文后彩图）

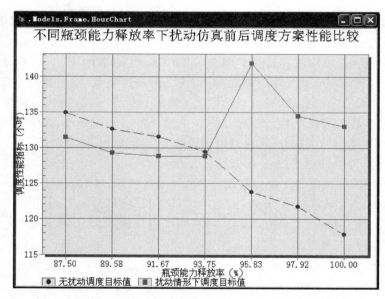

图 9-6　不同 BCRR 下扰动仿真前后调度方案性能指标波动图

物料短缺、交货期变动、人员缺勤等其他扰动,调度员可以在一定范围内进行灵活安排,而不用调整原有调度方案。

（3）瓶颈能力释放率 $BCRR^4$ 为 93.75％时,扰动情形下产生的调度方案为 7 个瓶颈能力释放率等级下的最佳调度方案,其甘特图如图 9-7 所示。

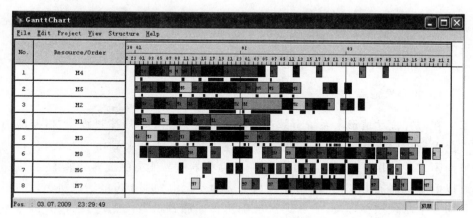

图 9-7　$BCRR^4$＝93.75％时调度甘特图（见文后彩图）

（4）瓶颈能力释放率 $BCRR^4$ 为 93.75％时,扰动情形下的调度优化方案和无扰动情形下的调度优化方案的性能指标最接近,调度方案鲁棒性最好。

（5）过多的预留瓶颈能力对调度方案的优化与执行存在一定程度的负面影响。在瓶颈能力释放区[87.50％,89.58％]内,调度目标值较瓶颈能力释放区[89.58％,93.75％]出现了一定的偏离与劣化。

（6）过大的瓶颈能力释放率会对调度方案的优化与执行产生了较大的负面影响。在瓶颈能力释放区(93.75％,95.83％]内,调度目标值出现较快程度的劣化。在瓶颈能力释放区[95.83％,100.00％]上,调度目标值较瓶颈能力释放区(93.75％,95.83％]内的情形有所好转,但仍然差于瓶颈能力释放区[89.58％,93.75％]上的调度目标值。究其原因,当在瓶颈能力释放区(93.75％,95.83％]内时,瓶颈保护余度不够造成了较大损失;当在瓶颈能力释放区[95.83％,100.00％]上时,虽然瓶颈保护余度极大不足,但瓶颈的充分利用一定程度上弥补了瓶颈保护余度不足带来的损失。

（7）瓶颈能力释放区(93.75％,100.00％]对调度方案的劣化影响要比瓶颈能力释放区[87.50％,89.58％]上的严重,这从另一角度说明了100％利用瓶颈能力易受扰动冲击从而造成调度优化方案难以执行。

9.2　非瓶颈能力利用对调度影响分析

9.2.1　能力松弛率和松弛等级定义

为了对扰动情形下的异序作业车间进行机器能力影响分析,研究不同故障率情形下的系统有效产出随机器能力增长的变化规律,本节定义了能力松弛率、能力松弛等级和可用调度时间等概念。

1. 能力松弛率

在研究扰动情形下系统有效产出随机器能力变化的规律过程中,机器能力有由大到小变化、由小到大变化两种方式。如果采用由大到小的方式,存在两方面困难:①由于在不同扰动情形下,每台机器所需能力的上界一般不同,因此难以确定机器能力变化的基准;②机器能力变化由大到小可能造成机器能力不足而发生瓶颈漂移现象,导致无法准确辨识非瓶颈机器。相比较而言,机器所需能力的下界则易于通过仿真进行确定,并且能够避免瓶颈漂移给制造系统带来的复杂影响。因此,本节选择由小到大的能力松弛方式,即先确定所需能力的下界,再通过逐步递增的方式确定机器能力变化值。

然而,考虑到不同机器所需能力下界不同的事实,直接采用松弛时间大小并不能反映与所需能力下界的关联关系,因此本节采用能力松弛率来表示松弛程度。通过借鉴项目管理中项目缓冲思想[50]以及项目活动中鲁棒性度量方法[51],提出了一种以松弛时间与所需能力下界的比值来度量"能力松弛率"的方法。

定义 9-3　能力松弛率(slack rate of activation,SRA)。令 i 为机器编号,$i \in M = \{1, 2, \cdots, m\}$,$M_i$ 为标号为 i 的机器;s 为非瓶颈机器的标号,NBM 为非瓶颈机器标号集,$s \in \text{NBM}$;$T_{\text{makespan}(i)}$ 为异序作业在无扰动情形下进行优化调度后机器 M_i 的最大完工时间(makespan),$T_{\text{slack}(i)}$ 为在 $T_{\text{makespan}(i)}$ 基础上对机器 M_i 的松弛时间,类似在机器 M_i 最后一个加工任务之后设置缓冲,以吸收由于随机扰动存在导致的机器最大完工时间的拖延。则机器 M_i 的能力松弛率 SRA_i 为

$$\text{SRA}_i = \frac{T_{\text{slack}(i)}}{T_{\text{makespan}(i)}} \times 100\% \tag{9-6}$$

针对非瓶颈机器 M_s,用 SRA_s 表示其能力松弛率。能力松弛率的计算原理如图 9-8 所示。

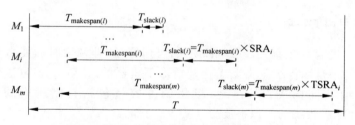

图 9-8 制造资源能力松弛率

制造资源能力松弛率的变化直接反映出该机器上保护能力、过剩能力等的变化,并在一定程度上反映出该机器加工过程的鲁棒性变化。具体地,在能力松弛率由小到大的变化过程中,机器能力将会经历无缓冲(仅生产能力)、有缓冲(有保护能力)、缓冲过剩(产生过剩能力)三个阶段:一方面随着异序作业车间保护能力由小到大变化,其鲁棒性也将经历由小到大的变化过程;另一方面异序作业车间过剩能力则将经历由大到小的变化过程。

此外,非瓶颈能力松弛率的提出将 9.3 节非瓶颈保护能力的设置和过剩能力的确定这两个问题转换为制造资源能力松弛率的优化问题,其中能力松弛率作为重要的能力界定特征,成为能力界定过程中的一项重要的特征参数。

2. 能力松弛等级

能力松弛率是一个连续变量,刻画了连续变化的松弛过程。在异序作业车间环境下,为了得到不同能力松弛率情况下系统的性能指标值,本节提出能力松弛等级的概念。利用能力松弛等级实现能力松弛率的离散化,为后续对具有不同离散值的能力松弛率进行仿真提供了条件。

定义 9-4 能力松弛等级(slack degree of activation,SDA)。令 Δ 为单位松弛时间,g 为能力松弛等级,$g \in G = \{0,1,2,\cdots,l\}$,则

$$g = \frac{T_{\text{slack}(i)}}{\Delta} \tag{9-7}$$

根据能力松弛等级定义,机器 $M_i (i \in M)$ 第 g 等级能力松弛率 SRA_{ig} 可转变为

$$\text{SRA}_{ig} = g \times \Delta \times 100\%$$
$$g = g + 1 \tag{9-8}$$

针对非瓶颈机器 M_s,其第 g 等级能力松弛率为 SRA_{ig}。在本章的仿真分析中,设置 Δ 为 5min,g 初始值为 0,每个等级优化仿真结束后 $g = g + 1$,即进入下一等级进行优化仿真。

3. 可用调度容量

可用调度容量是指用于安排调度的可用容量,即调度时的能力约束阈值。可用调度容量是以传统意义上无扰动情形下机器的 makespan 为基准,再辅以保护能力而共同构成。具体地,可用调度容量包括自制所需的生产能力 $T_{\text{makespan}(i)}$ 和吸收扰动的保护能力 $T_{\text{slack}(i)}$ 两部分。

定义 9-5 可用调度容量(available scheduling capacity,ASC)。令 SRA_{ig} 为机器 i 第 g 等级的能力松弛率,$T_{\text{makespan}(i)}$ 为无扰动情形下机器 i 最大完工时间,$T_{\text{slack}(i)}$ 为在 $T_{\text{makespan}(i)}$ 基础上对机器 i 的松弛时间,则机器 i 的可用调度时间 ASC_i 为

$$\text{ASC}_i = T_{\text{makespan}(i)} + T_{\text{slack}(i)} = T_{\text{makespan}(i)} \cdot (1 + \text{SRA}_{ig})$$
$$= T_{\text{makespan}(i)} + g \cdot \Delta \tag{9-9}$$

"可用调度容量"与调度优化方案直接得到的 makespan 既有区别又有联系。在无扰动情况下,制造系统无需保护能力,$T_{\text{slack}(i)} = 0$,此时"可用调度容量"即为传统意义上机器的 makespan;而考虑实际生产中的扰动影响,必须额外预留保护能力,$T_{\text{slack}(i)} > 0$,此时"可用调度容量"与传统意义上机器的 makespan 不同,区别在于机器上预留的松弛时间。

可用调度容量通过能力松弛率/能力松弛等级的设置来确定,是自制生产的能力约束阈值。可用调度容量随能力松弛率/能力松弛等级变化而改变,反映出制造资源的生产能力和保护能力与过剩能力之间此消彼长的变化过程。

9.2.2 异序作业车间机器能力影响分析方法

扰动情形下异序作业车间机器能力影响分析方法包含三个层级,如图 9-9 所示。其中,第一层级为无扰动情形下的非瓶颈能力利用,得到各个非瓶颈机器的 makespan,为确定仿真中非瓶颈各个松弛率等级下的可用调度时间提供数据支撑。第二层级为不同扰动水平下的非瓶颈能力分级利用。通过考虑扰动模拟与生产过程仿真等方面因素,将仿真过程嵌入到遗传算法框架中进行交互式运行,得到各个非瓶颈机器的调度优化方案集及系统性能指标集。第三层级为机器能力影响分析结果输出。根据各个非瓶颈机器的调度优化方案集及系统性能指标集,进而绘出非瓶颈机器在不同扰动水平下非瓶颈能力松弛率对系统性能的影响曲线。

1. 无扰动情形下非瓶颈能力利用

无扰动情形下非瓶颈能力利用具体步骤如下:

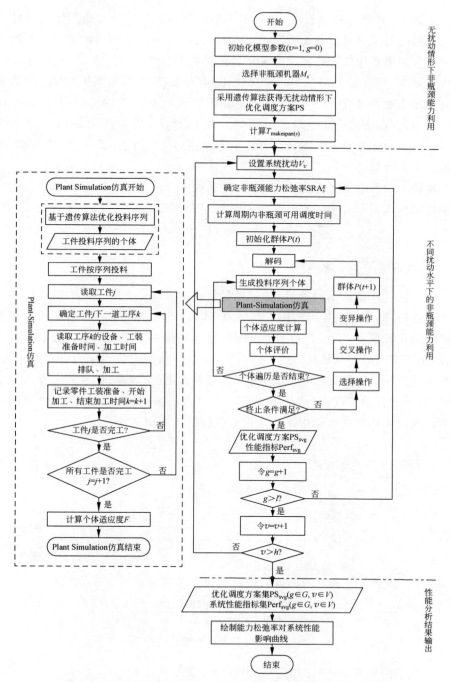

图 9-9　扰动情形下异序作业车间机器能力影响分析流程图

步骤 1　选择非瓶颈机器 M_s。根据车间参与云制造服务所需要的具体的加工资源的需求以及车间的实际情况,进行无扰动情形下的调度优化。根据机器平均利用率指标选择待界定的非瓶颈机器 M_s。

步骤 2　采用遗传算法进行调度优化,得到无扰动、非瓶颈机器加工能力充足时异序作业调度优化方案 PS。染色体编码采用基于工件的编码(job-based representation)方式,选择算子采用轮盘赌选择法,交叉算子采用次序交叉(order crossover,OX)法,变异算子采用插入变异(Ins)法,适应度函数选取调度最大完工时间的倒数。

步骤 3　计算非瓶颈机器 M_s 最大完工时间 $T_{\mathrm{makespan}(s)}$。根据无扰动情形下调度优化方案 PS,非瓶颈机器 M_s 最大完工时间为

$$T_{\mathrm{makespan}(s)} = \max_{1 \leqslant j \leqslant n} C_{sj} - \min_{1 \leqslant j \leqslant n} B_{sj}$$

2. 扰动情形下非瓶颈能力利用

针对能力松弛的不同等级,基于遗传算法和 Plant Simulation 仿真相结合的方式进行[49]非瓶颈能力利用。具体地,算法以遗传算法为框架,通过进化迭代产生进化种群,作为生产投料序列(而非产生调度方案)。针对每个投料序列,均调用嵌入的仿真程序,进行过程仿真。当本代所有投料序列仿真结束后,判断本代进化是否满足进化终止条件,如果不满足,继续通过"选择—交叉—变异"等算子进行遗传进化,产生下一代种群。通过循环迭代最终确定调度优化方案以及对应的调度性能指标值。算法运行逻辑如图 9-10 所示。

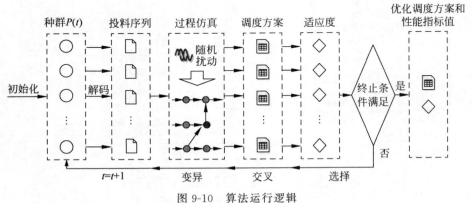

图 9-10　算法运行逻辑

有扰动情形下的非瓶颈能力利用具体步骤如下:

步骤 1　设置制造系统的随机扰动 V_v。

步骤 2　设置松弛扰动等级 g，初始 $g=1$。根据选定的非瓶颈松弛等级 g，计算出相应的非瓶颈能力松弛率 SRA_{sg}。

步骤 3　确定非瓶颈机器的可用调度时间。根据 SRA_{sg} 计算得该生产周期内非瓶颈机器 M_s 的可用调度时间 ASC_s，并在仿真模型中设置可用调度时间。

步骤 4　初始化投料顺序，随机生成投料序列种群 $P(t)$。

步骤 5　解码及适应度计算。

（1）通过对种群中个体进行解码，得到不同的投料序列。

（2）将所有投料顺序分别输入到 Plant Simulation 模型中进行仿真。仿真模型中扰动为 V_v，非瓶颈机器 M_s 能力松弛等级为 g。工件按照工艺路线约束和机器唯一性约束控制工件加工流向，并按照待加工工序的加工时间、工装准备时间，控制机器依次加工每道工序。直到所有工件加工完毕，得到执行的调度方案。

（3）适应度计算。基于仿真得到的 makespan 计算适应度。

步骤 6　判断投料序列个体种群遍历是否结束。若满足此终止条件则跳转步骤 8；否则，继续。

步骤 7　遗传进化。选择操作、交叉操作、变异操作，生成种群 $P(t+1)$，并跳转步骤 5。

步骤 8　记录扰动 V_v、松弛等级 g 情况下调度优化方案 PS_{svg} 以及其性能指标 $Perf_{svg}$。

步骤 9　$g=g+1$，当满足 $g \leqslant l$ 时，则跳转步骤 2；否则，$g=0$，继续。

步骤 10　$v=v+1$，当满足 $v \leqslant h$ 时，则跳转步骤 1；否则，仿真结束。

3. 机器能力影响分析结果输出

经过以上步骤，最终得到扰动情形下调度优化方案矩阵 $(PS_{svg})_{h \times l}$ 及其性能指标矩阵 $(Perf_{svg})_{h \times l}$，其中 $v \in V, g \in G$，并输出非瓶颈松弛率变化对系统性能的影响曲线。

9.2.3　实例仿真及分析

根据某航空企业数控加工车间情况，选取由 6 种（$W_1 \sim W_6$）类型共 30 个工件、8 台机器（$M_1 \sim M_8$）组成的异序作业系统进行机器能力影响分析和验证，具体参数见 3.2.4 节实例。8 台机器的缓冲容量设为 8。

　　本节采用 Plant Simulation 仿真软件进行异序作业车间仿真。模型中各项约束(如工艺顺序约束等)及各项参数的记录由 Plant Simulation 仿真软件的二次开发语言 SimTalk 来实现。生产仿真过程中,通过设置非瓶颈机器故障率和故障的平均修复时间描述制造系统的实际扰动。遗传算法部分主要由 GA 模块实现,遗传代数为 50,种群规模为 20,交叉概率为 0.8,变异概率为 0.1,共运行了 1000 次仿真后,输出调度优化方案。仿真模型如图 9-11 所示。

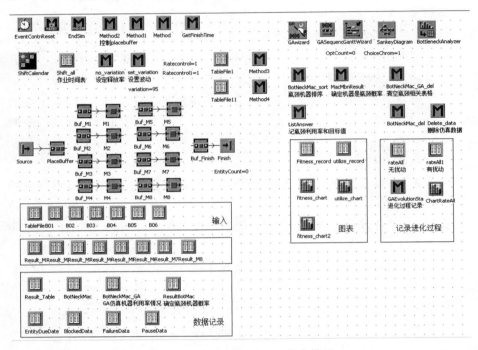

图 9-11　Plant Simulation 仿真模型

1. 无扰动情形下能力利用

　　为了获得各个非瓶颈机器 M_s 的最大完工时间 $T_{\text{makespan}(s)}$,需要对无扰动、非瓶颈机器加工能力充足的理想状态下异序作业调度问题进行优化。具体地,将仿真环境中机器故障率均设为 0,机器可用调度时间约束设为无穷大,得到的调度甘特图如图 9-12 所示。机器 M_8 加工结束时间为制造系统的 makespan,即 65.82h。各非瓶颈机器加工开始时间、加工结束时间及最大完工时间 $T_{\text{makespan}(s)}$,如表 9-2 所示。

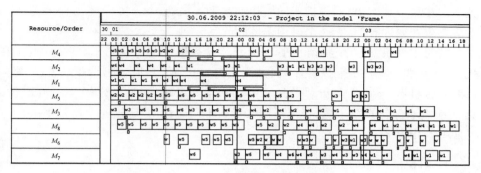

图 9-12　无扰动情形下调度优化结果

表 9-2　无扰动情形下非瓶颈机器最大完工时间 makespan

天：时：分：秒

机　　器	M_1	M_1	M_4	M_5	M_6	M_7
加工开始时间	0:00:00:00	0:00:00:00	0:00:00:00	0:00:00:00	0:10:10:00	0:15:00:00
加工结束时间	1:04:55:00	2:03:41:00	2:06:25:00	2:01:01:00	2:14:25:00	2:16:25:00
$T_{makespan(s)}$	1:04:55:00	2:03:41:00	2:06:25:00	2:01:01:00	2:04:15:00	2:01:25:00

　　根据得到的调度方案,以机器平均利用率为瓶颈识别指标,瓶颈机器为 M_3,选择其余非瓶颈机器为待界定机器。考虑到改变机器 M_8 的能力松弛率将会直接改变仿真模型的调度性能 makespan,因此本节仅对其余 6 台机器在不同扰动水平下的能力松弛率对有效产出的影响规律进行分析。

2. 扰动情形下能力利用

　　本节选取了 3%、4% 和 5% 三个不同的扰动水平,分别采用 3%、4% 和 5% 的机器故障率来表示,故障平均修复时间均为 1000s,瓶颈机器扰动设置为无扰动。

　　为了分别获得不同扰动情形下各非瓶颈机器在不同的能力松弛率时异序作业车间的状态参数,设定能力松弛率最大值为 20%,以 5min 为单位松弛时间,将待界定机器的机器能力松弛率以最大完工时间 $T_{makespan(s)}$ 为基准松弛至 20%,由于各个机器 $T_{makespan(s)}$ 大小不一,一般有 30~40 个能力松弛等级。能力松弛率由小到大的变化过程是机器能力由小到大的变化过程,将使机器能力经历无缓冲(仅生产能力)、有缓冲(有保护能力)、缓冲过剩(产生过剩能力)三个阶段。

　　根据式(9-9)$ASC_i = T_{makespan(i)} + g \times \Delta$ 得到可用调度时间,并通过 Plant Simulation 软件中 ShiftCalendar 对象进行设置,即设定了自制调度时的能力约束阈值。针对同一机器同一扰动水平,不同的可用调度时间对应不同的能力松弛率。在本节算例中，同一机器同一扰动水平一般有 30～40 个能力松弛等级，对应于生产调度有 30～40 个可用调度时间。

针对 1 台机器、1 个扰动水平、1 个可用调度时间的调度情形，需要进化 50代，每代种群产生 20 个投料序列，共运行 1000 次仿真后输出调度优化方案。针对 6 台机器，至少需要仿真 6 台×30 个松弛等级×3 种扰动水平×1000 次仿真＝54 万次。仿真结束后，获得不同机器在不同的扰动水平（能力松弛等级）下的能力利用方案。

3. 机器能力影响分析结果

经过大量仿真运算，输出扰动情形下能力松弛率和扰动大小对调度性能的影响结果。以非瓶颈机器 M_2 为例，在无扰动、3%、4% 和 5% 扰动水平下，能力松弛率对系统 makespan 的影响结果如表 9-3 所示。

表 9-3　M_2 能力松弛率对系统性能影响结果

能力松弛等级	能力松弛率/%	系统性能指标值/makespan			
		无扰动	3%扰动	4%扰动	5%扰动
1	0.00	66.08	67.27	69.82	73.19
2	0.48	66.08	67.27	69.82	73
3	0.97	66.08	67.27	69.65	72.87
4	1.45	66.08	67.27	69.65	72.87
5	1.93	66.08	67.27	69.11	72.19
6	2.42	66.08	66.75	69.82	68.85
7	2.90	66.08	66.75	69.69	68.85
8	3.38	66.08	66.75	68.9	68.85
9	3.86	66.08	66.75	68.21	68.73
10	4.35	66.08	66.75	68.21	68.62
11	4.83	66.08	66.75	68.21	68.57
12	5.31	66.08	66.75	68.21	68.57
13	5.80	66.08	66.75	68.28	68.57
14	6.28	66.08	66.75	68.28	68.11
15	6.76	66.08	66.75	68.28	67.96
16	7.25	66.08	66.75	68.28	67.96
17	7.73	66.08	66.75	67.91	67.96
18	8.21	66.08	66.75	67.91	67.96
19	8.70	66.08	66.75	67.91	68.03
20	9.18	66.08	66.75	67.91	68.03
21	9.66	66.08	66.75	67.90	68.03

能力松弛等级	能力松弛率/%	系统性能指标值/makespan			
		无扰动	3%扰动	4%扰动	5%扰动
22	10.14	66.08	66.75	67.90	68.03
23	10.63	66.08	66.75	67.90	67.74
24	11.11	66.08	66.75	67.90	67.74
25	11.59	66.08	66.75	67.90	67.74
26	12.08	66.08	66.75	67.90	67.74
27	12.56	66.08	66.75	67.90	67.74
28	13.04	66.08	66.75	67.90	67.74
29	13.53	66.08	66.75	67.90	67.74
30	14.01	66.08	66.75	67.90	67.74
31	14.49	66.08	66.75	67.90	67.74
32	14.98	66.08	66.75	67.90	67.74
33	15.46	66.08	66.75	67.90	67.74
34	15.94	66.08	66.75	67.90	67.74
35	16.43	66.08	66.75	67.90	67.74
36	16.91	66.08	66.75	67.90	67.74
37	17.39	66.08	66.75	67.90	67.74
38	17.87	66.08	66.75	67.90	67.74
39	18.36	66.08	66.75	67.90	67.74
40	18.84	66.08	66.75	67.90	67.74
41	19.32	66.08	66.75	67.90	67.74
42	19.81	66.08	66.75	67.90	67.74
43	20.29	66.08	66.75	67.90	67.74

根据各非瓶颈机器能力松弛率对系统性能影响结果,绘制各个待界定机器在无扰动、3%、4%和5%扰动水平下的能力松弛率 SRA_{sg} 对系统性能指标 makespan 的影响曲线,如图 9-13 所示。

根据机器能力松弛率对 makespan 的影响曲线发现:

(1) 机器能力松弛率对调度性能的影响曲线符合系统有效产出随机器能力增长变化的规律。机器能力松弛率对 makespan 的影响曲线与本章提出的有效产出随机器能力增长而变化的规律曲线变化趋势完全一致,验证了有效产出随机器能力增长变化这一规律的正确性。

(2) 对于同一个非瓶颈机器,在不同扰动水平下无保护能力阶段与无过剩能力阶段分界一般不同,且随着扰动水平增大,分界处对应的能力松弛率增大。无过剩能力阶段与有过剩能力阶段分界有相似这一规律的正确性。

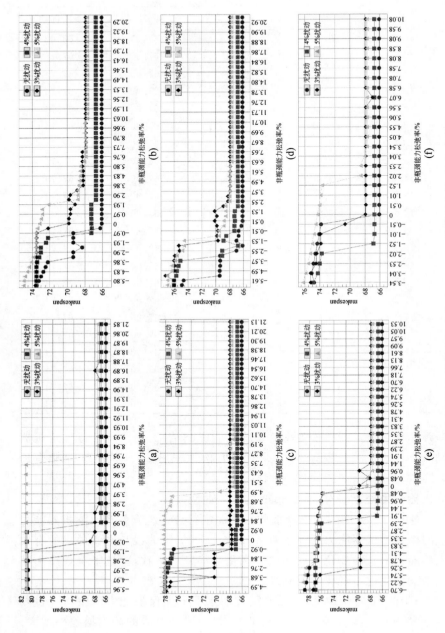

图 9-13 不同扰动水平下机器能力松池率对 makespan 的影响图

(a) M_1 能力松池率对系统性能影响曲线；(b) M_2 能力松池率对系统性能影响曲线；(c) M_6 能力松池率对系统性能影响曲线；

(d) M_4 能力松池率对系统性能影响曲线；(e) M_5 能力松池率对系统性能影响曲线；(f) M_7 能力松池率对系统性能影响曲线（见文后彩图）

9.3　非瓶颈能力界定

9.3.1　能力界定问题提出

传统异序作业车间立足于瓶颈的持续改善,通过最大化瓶颈产能使系统有效产出最大化,使得瓶颈机器能力得到充分利用。然而,仅通过瓶颈能力充分利用提升车间能力利用有限。一方面,瓶颈利用率提升空间小;另一方面非瓶颈机器不仅为数众多,而且剩余能力明显、浪费严重。因此提升非瓶颈制造资源利用率就成为提升车间能力利用的重要途径。

考虑到异序作业车间非瓶颈过剩能力具有能力大小并非无限、并非均衡的特点,难以提供完整的外包和外协服务,因此本节提出将非瓶颈过剩能力参与云制造进行能力利用。云制造作为一种网络化制造新模式[140],其核心是将分散各地的各类制造资源和制造能力虚拟化和服务化后,进行集中统一优化和管理,向用户提供标准化服务。将非瓶颈过剩能力参与云服务,与云服务平台中的其他制造资源进行协同提供完整的云服务,为提升非瓶颈制造资源利用率提供了可行方案。面向云制造异序作业车间的资源能力划分及利用如图 9-14 所示。

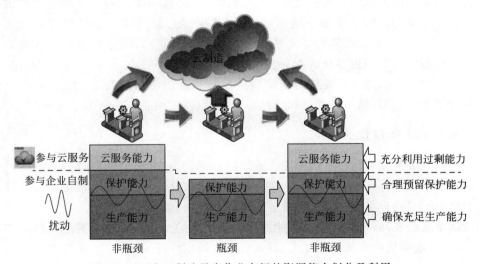

图 9-14　面向云制造异序作业车间的资源能力划分及利用

针对这类以自制为主、将非瓶颈过剩能力提供云服务的异序作业车间,将其称为云制造定向的作业车间(cloud manufacturing-oriented job shop)。作为传统异序作业车间的拓展和延伸,面向云制造的异序作业车间能够有效地解决传统异序作业车间存在的能力利用提升问题：一方面其以瓶颈利用为核心,围绕瓶颈的充分利用和非瓶颈联动配合,确定自制所必需的生产能力和合理的保护能力,针对性地保障扰动情形下异序作业车间自制生产不受影响、原有生产效率不损失；另一方面如果存在过剩能力,则通过参与云服务充分利用非瓶颈过剩能力,提升异序作业车间整体的效率。通过瓶颈与非瓶颈共同作用、自制与云服务两者相互结合,达到充分利用制造系统资源能力的目的。

云制造的前提是对车间现有闲散制造资源/制造能力进行量化。对于同一生产周期内的同一生产任务集,各种自制加工能力需求往往比较固定。异序作业车间在无扰动的理想状态下无需保护能力,能够提供的云服务能力为除去自制生产能力的剩余能力,即过剩能力。然而,由于实际生产过程中机器故障、刀具破损、人员缺勤等随机扰动的存在,可能造成制造系统瓶颈漂移、原有调度方案无法执行等问题。因此,为保障自制生产,必须预留一定的保护能力。而保护能力是和扰动程度、生产任务等密切相关的,这就使得扰动情形异序作业车间自制加工能力和过剩能力(云服务能力)的界定变得更加困难。本节将重点解决异序作业车间非瓶颈能力界定问题,为非瓶颈过剩能力参与云服务、提升异序作业车间利用率提供科学决策依据。

定义 9-6 机器能力界定(machine capacity partition,MCP)。机器能力界定是确定制造资源的无保护能力、无过剩能力、有过剩能力的机器利用边界的问题。通常的方法是考虑不同扰动、不同机器能力释放率下系统性能影响曲线,基于层次聚类获得能力界定特征簇结构图,进而分析确定机器能力界定方案。机器能力利用边界分为无保护能力阶段、无过剩能力阶段、有过剩能力阶段共三个阶段。通过机器能力界定得到制造资源的无保护能力、无过剩能力、有过剩能力利用,辅助进行瓶颈产能提升、非瓶颈过剩能力再利用等决策。

9.3.2 非瓶颈能力界定原理

由 9.2 节扰动情形下的异序作业车间机器能力影响分析结果可知,当面对同一生产任务、同一扰动水平时,非瓶颈松弛能力逐步递增,制造资源经历从保护能力不足到充足的过程。当松弛能力较小时,机器的保护能力无法吸收生产扰动带来的波动,将造成生产性能指标急剧恶化的情况。随着松弛能力逐渐变大,对应地抵抗生产扰动的能力增强。最终,调度性能不再变化,保持在较优的调度性能状态。此变化过程反映到系统性能变化上,即随着能力松弛率的逐步增大,系统 makespan 的初始值较大且波动较大,最终值逐步变小且趋于平稳。调度性能随机器松弛能力增长的变化规律如图 9-15 所示。

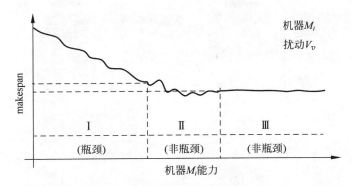

图 9-15　调度性能随机器松弛能力增长的变化规律

在机器能力松弛增长过程中,开始阶段可能因保护能力不足而造成系统性能恶化的情况。本节重点关注恶化出现的时机,而针对恶化引起瓶颈漂移之后生产调度如何优化的问题采用已有的瓶颈驱动调度方法进行解决,本节不做赘述。在进行非瓶颈能力界定时,通过数据分析发现性能变化的节点,立足调度性能随机器能力松弛增长的变化规律,反过来界定出资源的生产能力、保护能力和过剩能力的边界。

结合 9.2 节扰动情形下的异序作业车间机器能力影响分析过程,推出异序作业车间非瓶颈能力界定研究的总体思路,如图 9-16 所示。

首先,对系统扰动水平和非瓶颈能力松弛率等参数进行设置;其次,将各参数输入到仿真模型中进行大量仿真,得到不同扰动水平、不同能力松弛等级下的能力界定特征值,同时绘制出不同扰动下非瓶颈能力松弛率对系统性能的影响曲线;再次,通过对非瓶颈机器不同扰动下的能力界定特征值进行聚类分析,得到三个不同的类,对应于无保护能力、无过剩能力、有过剩能力三个阶段;最后,依据三个阶段间的分界点,划分出非瓶颈的生产能力、保护能力和过剩能力,输出能力界定方案。

9.3.3　异序作业车间能力界定模型

本节依据调度性能随机器能力松弛增长的变化规律,抽取出反映制造系统状态的各项指标作为能力界定特征,基于聚类思想,立足扰动情形下的异序作业车间机器能力影响分析结果,分析不同能力界定特征的相似度,按照簇内样本相似度高、簇间样本间相似度低的原则,有效地将能力界定特征划分为不同的簇,进而通过划分能力界定特征簇,辨识能力界定边界,确定非瓶颈的生产能力、保护能力和过剩能力。

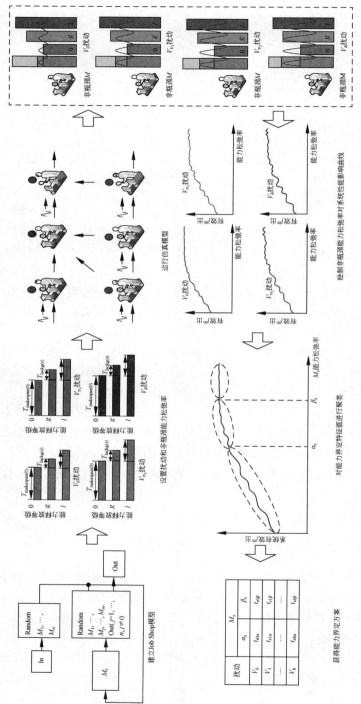

图 9-16　非瓶颈能力界定研究总体思路

1. 能力界定特征簇的聚类

制造资源可用调度时间由小到大变化的过程中,依次经历无保护能力、无过剩能力、有过剩能力三个阶段,反映在描述系统状态的各项指标上,表现为不同阶段呈现出不同的特点。为了对系统状态指标进行描述和聚类分析,本节给出能力界定矩阵和能力界定特征簇的概念。

能力界定矩阵即能力界定聚类特征值矩阵,是不同扰动、不同能力松弛等级下系统状态特征值构成的矩阵。

定义 9-7　能力界定矩阵。令 v 为扰动水平的序号,$v=\{1,2,\cdots,h\}$,V_v 为第 v 个扰动水平值;P_{svg} 为扰动为 V_v、机器 M_s 能力松弛等级为 g 时系统的性能指标值(如 Makespan);F_{svg} 为扰动为 V_v、机器 M_s 能力松弛等级为 g 时系统的能力界定特征,其中能力界定特征 $F_{svg}=(\mathrm{SRA}_{sg},\mathrm{Perf}_{svg})$。针对 h 个非瓶颈扰动、l 个非瓶颈能力松弛等级,非瓶颈机器 M_s 的能力界定矩阵为 $\mathrm{Mat}_s=(F_{svg})_{h\times l}$,其中 $v\in V,g\in G$,即

$$
\mathrm{Mat}_s=\begin{array}{c}
\\
V_1\\
\vdots\\
V_v\\
\vdots\\
V_h
\end{array}
\begin{array}{c}
1\quad\ \cdots\quad\ g\quad\ \cdots\quad\ l\\
\begin{bmatrix}
F_{s11} & \cdots & F_{s1g} & \cdots & F_{s1l}\\
\vdots & & \vdots & & \vdots\\
F_{sv1} & \cdots & F_{svg} & \cdots & F_{svl}\\
\vdots & & \vdots & & \vdots\\
F_{sh1} & \cdots & F_{shg} & \cdots & F_{shl}
\end{bmatrix}
\end{array}
\tag{9-10}
$$

定义 9-8　能力界定特征簇。令机器 s 在扰动 V_v 下的两个能力松弛等级为 g_1 和 $g_2(g_1,g_2\in G)$,对应的能力界定特征值 F_{svg_1} 和 F_{svg_2} 之间的聚类距离为 $d(F_{svg_1},F_{svg_2})$;c 为能力界定特征簇的标号,$c\in O=\{1,2,\cdots,o\}$,C_{svc} 为机器 s 在扰动 V_v 情形下第 c 个能力界定特征簇;能力界定特征 $F_{svg}\in C_{svc}$,$F_{svg_1}\in C_{svc'}(g\in G,c'\in O,c\neq c')$,则能力界定特征簇为

$$F_{svg_1}\in C_{svc}$$

当且仅当

$$\max\{d(F_{svg},F_{svg_1})\mid g,g_1\in G\}<\min\{d(F_{svg_1},F_{svg_2})\mid g_1,g_2\in G\}$$

令机器 s 在扰动 V_v 下的能力界定特征簇聚类结果为集合 $\{C_{sv1},C_{sv2},\cdots,C_{svo}\}$;参与聚类的能力界定特征值的集合为 F_{sv},$F_{sv}=\{F_{svg}\mid g\in G\}$,则集合 $\{C_{sv1},C_{sv2},\cdots,C_{svo}\}$ 中每个元素均为 F_{sv} 的一个子集,且满足如下条件:

$$C_{sv1}\bigcup C_{sv2}\bigcup\cdots\bigcup C_{svo}=F_{sv}$$

$$C_{svc}\bigcap C_{svc'}=\varnothing,\quad\forall c\neq c'\in O$$

能力界定簇以能力界定特征的距离作为度量标准来衡量不同能力界定特

征间的相似度。当某个能力界定特征属于某个能力界定簇时,必须满足其与该簇中能力界定特征之间距离的最大值小于其与其他簇中能力界定特征之间距离的最小值。

能力界定特征簇将具有高相似度的能力界定特征划分为不同的集合,为辨识无保护能力、无过剩能力、有过剩能力三个阶段,并完成生产能力、保护能力以及云服务能力的界定提供决策支持。

2. 能力界定特征簇划分

首先,对 o 个能力界定特征进行聚类分析,得到三个能力界定特征簇。其次,计算每个簇中簇成员的平均能力松弛率。由于无保护能力、无过剩能力、有过剩能力三个阶段呈现出非瓶颈能力松弛率逐步增大的特点,因此本节根据各簇中簇成员的非瓶颈能力松弛率的平均值来对能力界定特征簇加以区分。令 C_{svc} 中成员的非瓶颈能力松弛率的平均值为 Avg_{svc},则

$$\mathrm{Avg}_{svc} = \frac{\sum_{g=0}^{G} (\mathrm{sign}_{svg} \times \mathrm{SRA}_{sg})}{\sum_{g=0}^{G} \mathrm{sign}_{svg}} \tag{9-11}$$

其中,$\mathrm{sign}_{svg} = \begin{cases} 1, & F_{svg} \in C_{svc} \\ 0, & F_{svg} \notin C_{svc} \end{cases}$。

最后,将三个非瓶颈能力松弛率的平均值按升序排列,识别出三个能力界定特征簇 C_{sva},$C_{sv\beta}$,$C_{sv\gamma}$($\mathrm{Avg}_{sva} < \mathrm{Avg}_{sv\beta} < \mathrm{Avg}_{sv\gamma}$),分别对应生产资源变化过程中经历的无保护能力、无过剩能力、有过剩能力三个阶段。

3. 能力界定边界辨识

令簇 C_{sva} 中 SRA_{sg} 的最大值为 Max_{sva},簇 $C_{sv\beta}$ 中 SRA_{sg} 的最大值和最小值分别为 $\mathrm{Max}_{sv\beta}$ 和 $\mathrm{Min}_{sv\beta}$,簇 $C_{sv\gamma}$ 中 SRA_{sg} 的最小值为 $\mathrm{Min}_{sv\gamma}$;最终能力界定方案中生产能力和保护能力边界点为 α_{sv},保护能力和云制造能力边界点为 β_{sv}。考虑到在能力松弛过程中能力界定特征值存在波动性,各个能力界定特征簇中根据能力松弛率的最大值和最小值确定的区域可能存在重叠,造成各个能力界定特征簇确定边界点的困难。因而,需要采用一定的界定规则进行界定。考虑到生产能力与保护能力分界点应为实际能完成生产任务的最低能力,而保护能力与过剩能力分界点应为车间自制不受影响的最低能力,即过剩能力的最小值,或者保护能力的最大值。因而,本节提出能力界定规则为:①对生产能力与保护能力分界点,取小值;②对保护能力与过剩能力分界点,取大值,即

$$\alpha_{sv} = \min\{\mathrm{Max}_{sv\alpha}, \mathrm{Min}_{sv\beta}\} \tag{9-12}$$

$$\beta_{sv} = \max\{\mathrm{Min}_{sv\gamma}, \mathrm{Max}_{sv\beta}\} \tag{9-13}$$

确定得到 α_{sv} 和 β_{sv} 后,则求得生产能力与保护能力的边界点和保护能力与过剩能力的边界点对应的时间 $t_{sv\alpha}$ 和 $t_{sv\beta}$ 分别为

$$t_{sv\alpha} = T_{\mathrm{makespan}(s)} \times (1 + \alpha_{sv}) \tag{9-14}$$

$$t_{sv\beta} = T_{\mathrm{makespan}(s)} \times (1 + \beta_{sv}) \tag{9-15}$$

令 $t_s > t_{sv\beta}$ 时,即保护能力充足时,仿真结果中 makespan 的最大值为 $T'_{\mathrm{makespan}_{sv}}$,即在扰动情况下,系统保护能力充足时,对异序作业车间进行优化调度后得到的生产周期的最大值;令机器 s 在扰动 V_v 下的生产能力(productive capacity)、保护能力(protective capacity)和云服务能力(cloud service capacity)分别为 pdc_{sv},ptc_{sv} 和 csc_{sv},则能力界定结果表示为: $\mathrm{pdc}_{sv} \in [0, t_{sv\alpha}]$,$\mathrm{ptc}_{sv} \in [t_{sv\alpha}, t_{sv\beta}]$,$\mathrm{csc}_{sv} \in [t_{sv\beta}, T'_{\mathrm{makespan}_{sv}}]$。

另外,针对非瓶颈的保护能力,本节定义保护能力与生产能力的比值为能力保护率,以描述机器保护能力的相对大小。机器 s 在扰动 V_v 情形下能力保护率 $\mathrm{R\_pt}_{sv}$ 为

$$\mathrm{R\_pt}_{sv} = \frac{\mathrm{ptc}_{sv}}{\mathrm{pdc}_{sv}} \tag{9-16}$$

9.3.4　非瓶颈能力界定方法

非瓶颈能力界定方法的流程如图 9-17 所示。具体地,基于非瓶颈机器的能力界定矩阵,采用层次聚类法,挖掘能力界定特征值之间的相似性及层次结构,将高相似度的能力界定特征值划分成三个簇,根据能力界定聚类模型确定无保护能力、无过剩能力、有过剩能力三个阶段对应的能力界定特征簇并输出能力界定结果。

9.3.4.1　基于聚类算法的非瓶颈能力界定

本节仿真得到的数据具有数据量大的特点,另外在实际应用中能力界定特征维度高、关联性强。如何有效地挖掘数据中蕴含的信息,并使其成为能力界定决策的依据是本节重点解决的问题。本节依据系统有效产出随机器能力增长而变化的规律,针对不同阶段能力界定特征所呈现的不同特点,采用聚类分析方法,挖掘能力界定特征之间内在的相似性,辨识出生产能力、保护能力、过剩能力之间的边界点。

具体地,选用层次聚类的凝聚方法进行聚类,得到簇的树状结构图,便于非瓶颈能力界定特征聚类结果的分析。在层次聚类的凝聚算法中,核心是确定两

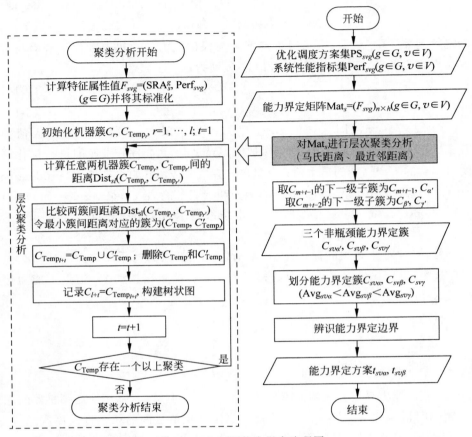

图 9-17　非瓶颈能力界定流程图

个簇间的距离。针对簇间的距离,本节选用最近邻方法,将取自两个簇中的最近的两点之间的距离定义为簇间的距离。因此,界定簇 C_{svc_1},C_{svc_2} 的簇间最近邻距离 $\mathrm{Dist}_{sl}(C_{svc_1},C_{svc_2})$ 的计算公式为

$$\mathrm{Dist}_{sl}(C_{svc_1},C_{svc_2})=\min_{x,y}\{d(x,y)\mid x\in C_{svc_1},y\in C_{svc_2}\}\qquad(9\text{-}17)$$

其中,$d(x,y)$ 是样本 x,y 间的距离,在本节中指能力界定特征值。

在求解 $d(x,y)$ 时,一般有欧氏距离(Euclidean Distance)和马氏距离(Mahalanobis Distance)[131]。待界定样本为 $F_{svg}=(\mathrm{SRA}_{sg},\mathrm{Perf}_{svg})$,$g\in G$,样本的 SRA_{sg},Perf_{svg} 属性存在某种联系。由于马氏距离考虑到样本属性之间的联系并且是与尺度无关的,因此聚类距离选择马氏距离。只对扰动相同、非瓶颈能力释放等级不同情况下的系统界定特征进行聚类,样本 F_{sva} 和 F_{svb} 的马氏距离为

$$d_M(F_{sva}, F_{svb}) = (F_{sva} - F_{svb})' \sum{}^{-1} (F_{sva} - F_{svb}) \tag{9-18}$$

其中，$\sum$ 为 $F_{svg} = (\text{SRA}_{sg}, \text{Perf}_{svg})(g \in G)$ 的协方差矩阵。

层次聚类过程伪代码如下：

```
For g = 1, ⋯ ,l, 令界定特征簇集合为 C_Temp. 初始 C_Temp_c = {F_svg}, C_svc = {F_svg}, c = g, t = 1;
    While 簇的个数大于 1 do
        计算任意两个簇 C_Temp_c, C_Temp_c˝ 间的最近邻距离 Dist_sl (C_Temp_c, C_Temp_c˝);
        比较任意两簇间距离 Dist_sl (C_Temp_c, C_Temp_c˝);
        令最小簇间距离对应的簇为 C_Temp, C'_Temp;
        令 c˝ = l + t;
        C_Temp_c˝ = C_Temp ∪ C'_Temp;
        删除聚类 C_Temp, C'_Temp;
        记录 C_svc˝ = C_Temp_c˝;
        依据 C_svc˝ 构建能力界定特征簇的树状图;
        t = t + 1;
    End
End
```

9.3.4.2　簇粒度划分合理性分析

对于簇粒度划分的合理性，本节通过文献[54]和文献[141]提出的方法，采用 cophenetic 相关系数（cophenetic correlation coefficient，CPCC）对层次聚类的有效性进行度量。CPCC 为聚类树的 cophenetic 距离与原始距离的线性相关系数，反映了层次聚类树状图上聚类距离与原始数据点间距离的契合程度。

令 P 为依据原始距离构建的邻近矩阵，P 中向量 x_i 和 x_j 之间的距离记为 $P(i,j)$，P_C 为聚类树状图构建的 cophenetic 矩阵。在层次聚类首次合并时，向量 x_i 与 x_j 节点高度记为 $P_C(i,j)$，用 $P_C(i,j)$ 值代替 $P(i,j)$ 构建 P_C。显然，cophenetic 相关系数为 P_C 与 P 的相似性统计指标，即

$$\text{CPCC} = \frac{(1/M') \sum_{i=1}^{N'-1} \sum_{j=i+1}^{N'} P(i,j) P_C(i,j) - \mu_P \mu_C}{\sqrt{\left[(1/M') \sum_{i=1}^{N'-1} \sum_{j=i+1}^{N'} (P(i,j))^2 - \mu_P^2 \right] \left[(1/M') \sum_{i=1}^{N'-1} \sum_{j=i+1}^{N'} (P_C(i,j))^2 - \mu_C^2 \right]}} \tag{9-19}$$

其中，N' 为一个数据集中数据点的总数，$M' = N' \cdot (N'-1)/2$；μ_P 和 μ_C 分别为矩阵 P 和 P_C 的平均值，即

$$\mu_P = (1/M') \sum_{i=1}^{N'-1} \sum_{j=i+1}^{N'} P(i,j) \tag{9-20}$$

$$\mu_C = (1/M') \sum_{i=1}^{N'-1} \sum_{j=i+1}^{N'} P_C(i,j) \tag{9-21}$$

CPCC 取值范围为 $[-1,1]$，其值越接近 1，说明层次聚类得到的树状图与数据集原始特征越符合，即得到簇粒度的划分也就越合理。

通过以上聚类分析，最终确定出扰动水平为 V_v 时的非瓶颈机器 M_s 的生产能力、保护能力和过剩能力。

9.3.5 实例仿真及分析

本节采用 9.2.3 节某航空企业数控加工车间异序作业生产为应用场景进行算例分析和验证。

根据能力利用方案计算调度方案的 makespan，并与能力松弛率一起构建出此机器的能力界定矩阵。本节考虑 4 种扰动情形，共有 120~160 个能力界定特征值，以机器 M_2 为例，其能力界定矩阵为

$$\text{Mat}_2 = \begin{array}{c} \begin{array}{ccccccc} g & 0 & 1 & 2 & \cdots & 41 & 42 \end{array} \\ \begin{array}{c} 0 \\ 3\% \\ 4\% \\ 5\% \end{array} \begin{bmatrix} (0.00\%,66.08) & (0.48\%,66.08) & (0.97\%,66.08) & \cdots & (19.81\%,66.08) & (20.29\%,66.08) \\ (0.00\%,67.27) & (0.48\%,67.27) & (0.97\%,67.27) & \cdots & (19.81\%,66.75) & (20.29\%,66.75) \\ (0.00\%,69.82) & (0.48\%,69.82) & (0.97\%,69.65) & \cdots & (19.81\%,67.90) & (20.29\%,67.90) \\ (0.00\%,73.19) & (0.48\%,73.00) & (0.97\%,72.87) & \cdots & (19.81\%,67.74) & (20.29\%,67.74) \end{bmatrix} \end{array}$$

9.3.5.1 机器能力影响聚类分析

根据能力界定特征矩阵 Mat_s，分析不同扰动水平下机器能力变化的影响，通过层次聚类得到能力界定特征簇的树状结构图，进一步依据系统有效产出随机器能力增长变化规律，辨识出生产能力、保护能力、过剩能力三个能力界定特征簇 $C_{sv\alpha}$，$C_{sv\beta}$，$C_{sv\gamma}$。以机器 M_2 为例，其在 3%、4% 和 5% 扰动水平下的层次聚类树状结构图如图 9-18(a)，(c)，(e)所示，划分出对应的三个能力界定特征簇如图 9-18(b)，(d)，(f)所示。

在不同的扰动水平下，各个非瓶颈机器能力界定特征值聚类的 CPCC 如表 9-4 所示。

表 9-4　聚类分析的 cophenetic 相关系数（CPCC）

机器		M_1	M_2	M_4	M_5	M_6	M_7
CPCC	3%	0.81183	0.81369	0.83227	0.80277	0.82333	
	4%	0.82506	0.79614	0.83089	0.75965	0.84284	
	5%	0.82803	0.81841	0.82913	0.81786	0.80690	

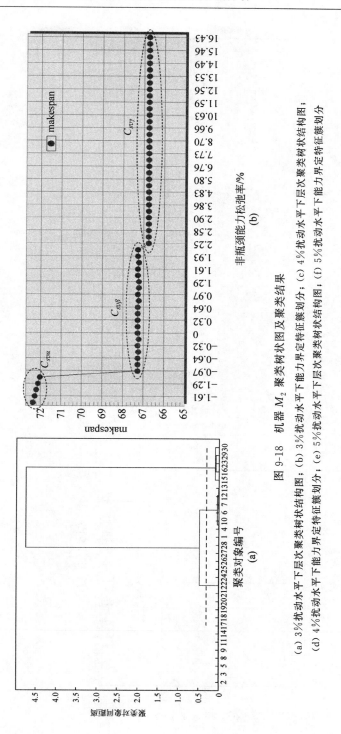

图 9-18 机器 M_2 聚类树状图及聚类结果

(a) 3%扰动水平下层次聚类树状结构图；(b) 3%扰动水平下能力界定特征簇划分；(c) 4%扰动水平下层次聚类树状结构图；
(d) 4%扰动水平下能力界定特征簇划分；(e) 5%扰动水平下层次聚类树状结构图；(f) 5%扰动水平下能力界定特征簇划分

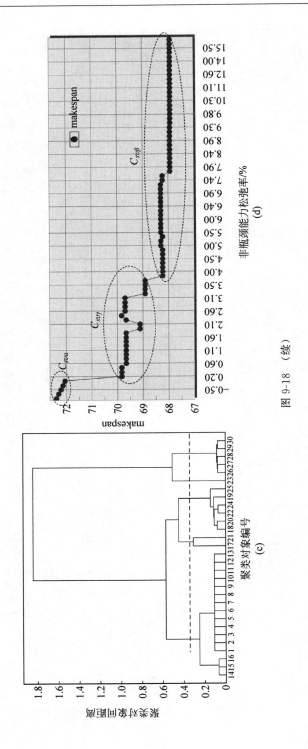

图 9-18　（续）

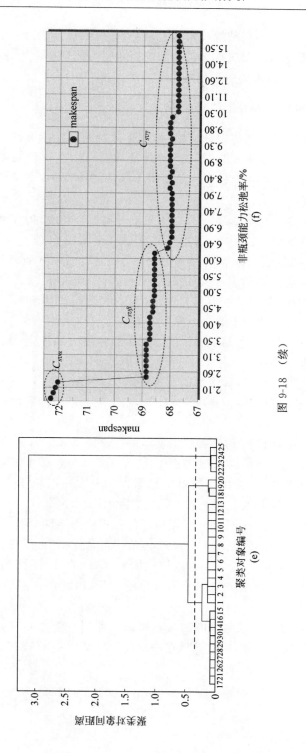

图 9-18 （续）

由表 9-4 可知,在不同的扰动水平下,各个非瓶颈机器能力界定特征值聚类的 CPCC 均接近于 1,说明层次聚类得到的树状图与数据集原始特征相符合,所得簇的粒度划分合理,聚类效果较好。

9.3.5.2 机器能力界定结果分析

依据能力界定特征簇的划分结果,利用能力界定边界辨识方法进行能力界定边界的辨识。在 3%、4% 和 5% 扰动水平下,生产能力、保护能力和过剩能力边界点对应的时间 $t_{sv\alpha}$,$t_{sv\beta}$ 和 $T'_{\mathrm{makespan}_{sv}}$ 的值如表 9-5 所示,则非瓶颈能力界定结果为 $\mathrm{pdc}_{sv} \in [0, t_{sv\alpha}]$,$\mathrm{ptc}_{sv} \in [t_{sv\alpha}, t_{sv\beta}]$,$\mathrm{csc}_{sv} \in [t_{sv\beta}, T'_{\mathrm{makespan}_{sv}}]$。

依据非瓶颈能力界定结果,令 E_s 为无扰动机器利用率,得到非瓶颈的平均保护能力以及平均能力保护率如表 9-6 所示。

企业能够提供的云服务能力结果如表 9-7 所示。云服务能力界定结果方便企业管理者将富余的能力发布至云制造平台,对外提供云制造服务。进一步地,若将生产周期内云服务能力与自制能力进行比较,则可直观地表示出非瓶颈参与云服务后为企业带来的能力提升潜力。

进一步地,比较扰动情况下保护能力和云服务能力的界定结果,根据表 9-6 和表 9-7,可得如下结论:

(1) 在扰动情形下,非瓶颈均需要保护能力。在 3%、4%、5% 等扰动水平下,7 台非瓶颈平均保护能力在 $[59.37\mathrm{min}, 256.71\mathrm{min}]$ 内,平均占生产能力的 $2.89\% \sim 17.56\%$。

(2) 在同一扰动水平下,不同机器所需的保护能力及能力保护率不同,表明不同非瓶颈机器对系统扰动的敏感程度不同。能力保护率与机器利用率之间未见明显的比例关系,但利用率较低的机器保护能力一般较小。例如,利用率较低的机器 M_4 在各个扰动水平下所需保护能力均较小。

(3) 在不同扰动水平下,同一机器所需的保护能力不同,且保护能力随扰动水平的增加呈非递减趋势。以 M_2 为例,其在 3%、4% 和 5% 时保护能力分别为 $99.85\mathrm{min}$,$144.87\mathrm{min}$,$145.47\mathrm{min}$,且依次增大。M_1 在 4% 和 5% 扰动水平下,扰动的变化并不足以影响 M_1 的能力分布的变化,因此保护能力无需增加,均为 $304.64\mathrm{min}$。

(4) 在本章算例中,采用该方法对非瓶颈机器进行能力界定并将过剩能力共享出来参与云制造服务,所给算例在一个生产周期内带来 $18.57\% \sim 50.85\%$ 能力提升潜力。

表 9-5 非瓶颈能力界定结果

min

扰动水平	机 器	M_1	M_2	M_4	M_5	M_6	M_7
3%	$t_{stx\alpha}$	1746.45	3070.92	3224.84	2841.01	3060.07	2900.07
	$t_{stv\beta}$	1907.29	3170.77	3249.98	2916.00	3065.09	2909.85
	$T'_{\mathrm{makespan}_{stv}} / \mathrm{ASC}_s$	4005.00	4005.00	4018.20	4036.20	4018.20	4014.00
	$T'_{\mathrm{makespan}_{stv}} / \mathrm{ASC}_s$	1.41%	1.41%	1.75%	2.20%	1.75%	1.64%
4%	$t_{stx\alpha}$	1723.40	3075.83	3185.17	2797.54	2889.32	2904.97
	$t_{stv\beta}$	2028.04	3220.70	3234.96	2911.00	3114.94	2974.99
	$T'_{\mathrm{makespan}_{stv}} / \mathrm{ASC}_s$	4077.60	4096.80	4074.00	4134.00	4085.40	4077.60
	$T'_{\mathrm{makespan}_{stv}} / \mathrm{ASC}_s$	3.25%	3.74%	3.16%	4.68%	3.45%	3.25%
5%	$t_{stx\alpha}$	1723.40	3150.27	3321.82	2769.00	2889.32	2929.36
	$t_{stv\beta}$	2028.04	3295.74	3424.99	2931.00	3155.06	3015.11
	$T'_{\mathrm{makespan}_{stv}} / \mathrm{ASC}_s$	4049.40	4086.60	4077.60	4132.20	4064.40	4117.20
	$T'_{\mathrm{makespan}_{stv}} / \mathrm{ASC}_s$	2.54%	3.48%	3.25%	4.63%	2.92%	4.25%

表 9-6 非瓶颈保护能力界定结果

min

机 器	pdc_{stv}	E_s	扰动水平						平均保护能力	平均能力保护率
			3%		4%		5%			
			ptc_{stv}	R_pt_{stv}	ptc_{stv}	R_pt_{stv}	ptc_{stv}	R_pt_{stv}		
M_1	1735.00	0.68	160.84	9.21%	304.64	17.68%	304.64	17.68%	256.71	17.56%
M_2	3101.00	0.65	99.85	3.25%	144.87	4.71%	145.47	4.62%	130.06	4.69%
M_4	3265.00	0.47	25.14	0.78%	49.79	1.56%	103.17	3.11%	59.37	3.16%
M_5	2941.00	0.80	74.99	2.64%	113.46	4.06%	162.00	5.85%	116.82	5.51%
M_6	3135.00	0.54	5.02	0.16%	225.62	7.81%	265.74	9.20%	165.46	8.48%
M_7	2965.00	0.70	9.78	0.34%	70.02	2.41%	85.75	2.93%	55.18	2.89%

表 9-7　云服务能力时间节点及能力大小界定结果

min

机器	扰动水平						$\overline{csc_{sv}}$	$\dfrac{\overline{csc_{sv}}}{T'_{makespan_{sv}}}\times100\%$
	3%		4%		5%			
	云服务能力时间节点	csc_{sv}	云服务能力时间节点	csc_{sv}	云服务能力时间节点	csc_{sv}		
M_1	[1907.29,4005.00]	2097.71	[2028.04,4077.60]	2049.56	[2028.04,4049.40]	2021.36	2056.21	50.85%
M_2	[3170.77,4005.00]	834.23	[3220.70,4096.80]	876.10	[3295.74,4086.60]	790.86	833.73	20.52%
M_4	[3249.98,4018.20]	768.22	[3234.96,4074.00]	839.04	[3424.99,4077.60]	652.61	753.29	18.57%
M_5	[2916.00,4036.20]	1120.20	[2911.00,4134.00]	1223.00	[2931.00,4132.20]	1201.20	1181.46	28.81%
M_6	[3065.09,4018.20]	953.11	[3114.94,4085.40]	970.46	[3155.06,4064.40]	909.34	944.30	23.28%
M_7	[2909.85,4014.00]	1104.15	[2974.99,4077.60]	1102.61	[3015.11,4117.20]	1102.09	1102.95	27.10%

9.4　本章小结

本章阐述了瓶颈能力利用和非瓶颈能力利用对系统性能的影响规律,同时针对异序作业调度问题,提出了扰动情形下瓶颈机器和非瓶颈机器的能力管理策略。具体内容如下:

(1)扰动情形下的瓶颈能力利用。改变了瓶颈静态利用模式,针对扰动情形下瓶颈 100％ 利用后调度方案无法顺利执行的问题,提出了瓶颈能力释放率和瓶颈能力释放区概念,采用“优化＋仿真”的思路,分析了瓶颈能力利用程度对异序作业调度的影响,为生产调度管理提供了科学的参考依据。

(2)扰动情形下非瓶颈能力利用。针对扰动情形下异序作业车间,提出了能力松弛率和松弛等级概念,采用“优化＋仿真”的思路,提出了异序作业车间非瓶颈机器能力影响的分析方法,分析了不同扰动水平下异序作业车间非瓶颈机器能力利用程度对生产调度的影响,获得了不同扰动水平下非瓶颈机器能力变化对系统平均产出的影响曲线。

(3)扰动情形下非瓶颈能力界定。结合云制造模式关注异序作业车间机器能力利用提升,提出了扰动情形下异序作业车间中加工能力、保护能力和云服务能力的能力界定问题,挖掘了机器能力变化对系统平均产出的影响规律,抽取了反映制造系统状态变化的能力界定特征,基于聚类算法提出了非瓶颈能力界定方法,定量地给出了面向云制造的异序作业车间非瓶颈在不同扰动水平下所需的保护能力及能够提供的云服务能力。

本章对异序作业车间瓶颈能力利用、非瓶颈能力利用、非瓶颈能力界定进行了研究,未来将其拓展至其他复杂制造系统的机器能力管理及其应用中。

参 考 文 献

[1] BOYSEN N, FLIEDNER M, SCHOLL A. A classification of assembly line balancing problems[J]. European Journal of Operational Research, 2007, 183(2): 674-693.

[2] GOLDRATT E M. Theory of constraints[M]. North River Croton-on-Hudson, 1990.

[3] IKEZIRI L M, SOUZA F B de, GUPTA M C, et al. Theory of constraints: review and bibliometric analysis[J]. International Journal of Production Research, 2019, 57(15-16): 5068-5102.

[4] GOLDRATT E M. Computerized shop floor scheduling[J]. International Journal of Production Research, 1988, 26(3): 443-455.

[5] WATSON K J, BLACKSTONE J H, GARDINER S C. The evolution of a management philosophy: The theory of constraints[J]. Journal of Operations Management, 2007, 25(2): 387-402.

[6] 王军强, 孙树栋, 王东成, 等. 基于约束理论的制造单元管理与控制研究[J]. 计算机集成制造系统, 2006, 12(7): 1108-1116+1145.

[7] MYRELID A, OLHAGER J. Hybrid manufacturing accounting in mixed process environments: A methodology and a case study[J]. International Journal of Production Economics, 2019, 210(4): 137-144.

[8] RAND G K. Critical chain: the theory of constraints applied to project management [J]. International Journal of Project Management, 2000, 18(3): 173-177.

[9] MODI K, LOWALEKAR H, BHATTA N M K. Revolutionizing supply chain management the theory of constraints way: a case study[J]. International Journal of Production Research, 2019, 57(11): 3335-3361.

[10] 李浩, 沈祖志, 邓明荣. 订货型企业基于约束理论的订单排产优化研究[J]. 中国机械工程, 2004, 15(10): 21-25.

[11] 张小杰, 陶辛阳, 夏唐斌, 等. 基于约束理论的串联型港口装卸系统多机机会维护方法[J]. 工业工程与管理, 2017, 22(5): 54-58.

[12] 张晓文, 蒋祖华, 胡家文. 基于约束理论的多阶瓶颈串/并联系统的机会维护[J]. 哈尔滨工程大学学报, 2016, 37(9): 1275-1280+1286.

[13] 魏晨, 马士华. 基于瓶颈供应商提前期的供应链协同契约研究[J]. 中国管理科学, 2008, 16(5): 50-56.

[14] GRIDA M, ZEID M. A System Dynamics-Based Model to Implement the Theory of Constraints in a Healthcare System[J]. SIMULATION, 2019, 95(7): 593-605.

[15] ZHAO X, HOU J. Applying the Theory of Constraints Principles to Tourism Supply Chain Management [J]. Journal of Hospitality & Tourism Research, 2021: 1096348021996791.

[16] GUPTA M C, BOYD L H. Theory of constraints: a theory for operations management [J]. International Journal of Operations & Production Management, 2008, 28(10): 991-1012.

[17] GROOP J, KETOKIVI M, GUPTA M, et al. Improving home care: Knowledge creation through engagement and design[J]. Journal of Operations Management, 2017, 53-56(11): 9-22.

[18] MABIN V J, BALDERSTONE S J. The performance of the theory of constraints methodology: Analysis and discussion of successful TOC applications[J]. International Journal of Operations & Production Management, 2003, 23(6): 568-595.

[19] WANG J Q, SUN S D, SI S B, et al. Theory of constraints product mix optimisation based on immune algorithm[J]. International Journal of Production Research, 2009, 47(16): 4521-4543.

[20] HSU T-C, CHUNG S-H. The TOC-based algorithm for solving product mix problems [J]. Production Planning & Control, 1998, 9(1): 36-46.

[21] FREDENDALL L D, LEA B-R. Improving the product mix heuristic in the theory of constraints[J]. International Journal of Production Research, 1997, 35(6): 1535-1544.

[22] WANG J-Q, CHEN J, ZHANG Y, et al. Schedule-based execution bottleneck identification in a job shop [J]. Computers & Industrial Engineering, 2016, 98: 308-322.

[23] 李晓红, 周炳海. 晶圆制造过程中动态瓶颈设备的实时调度[J]. 上海交通大学学报, 2008, 42(4): 599-602+606.

[24] WANG J, CHEN J, WANG S, et al. Shifting economic bottleneck identification[C]// 2011 IEEE International Conference on Industrial Engineering and Engineering Management. IEEE, 2011: 1760-1764.

[25] DE JESUS P D A, ANTUNES JUNIOR J A V, DE MATOS C A. The constraints of theory: What is the impact of the Theory of Constraints on operations strategy? [J]. International Journal of Production Economics, 2021, 235: 107955.

[26] DE JESUS P D A, PERGHER I, ANTUNES J, et al. Exploring the integration between Lean and the Theory of Constraints in Operations Management [J]. International Journal of Lean Six Sigma, 2019, 10(3): 718-742.

[27] SARKAR D, JHA K N, PATEL S. Critical chain project management for a highway construction project with a focus on theory of constraints[J]. International Journal of Construction Management, 2021, 21(2): 194-207.

[28] SCHRAGENHEIM E, RONEN B. Drum-buffer-rope shop floor control[J]. Production and Inventory Management Journal, 1990, 31(3): 18-22.

[29] WU H-H, YEH M-L. A DBR scheduling method for manufacturing environments with bottleneck re-entrant flows[J]. International Journal of Production Research, 2006, 44(5): 883-902.

[30] WU K, MCGINNIS L. Interpolation approximations for queues in series [J]. IIE transactions, 2013, 45(3): 273-290.

[31] ZUO Y, GU H, XI Y. Modified bottleneck-based heuristic for large-scale job-shop scheduling problems with a single bottleneck[J]. Journal of Systems Engineering and Electronics, 2007, 18(3): 556-565.

[32] ROSER C,NAKANO M,TANAKA M. A practical bottleneck detection method[C]// Proceeding of the 2001 Winter Simulation Conference (Cat. No. 01CH37304). IEEE, 2001: 949-953.

[33] ROSER C, NAKANO M, TANAKA M. Shifting bottleneck detection [C]// Proceedings of the Winter Simulation Conference. IEEE,2002: 1079-1086.

[34] LAWRENCE S R, BUSS A H. Shifting production bottlenecks: causes, cures, and conundrums[J]. Production and operations management,1994,3(1): 21-37.

[35] POLLETT P K. Modelling congestion in closed queueing networks[J]. International Transactions in Operational Research,2000,7(4-5): 319-330.

[36] BETTERTON C E, SILVER S J. Detecting bottlenecks in serial production lines-a focus on interdeparture time variance [J]. International Journal of Production Research,2012,50(15): 4158-4174.

[37] ROSER C,LORENTZEN K,DEUSE J. Reliable shop floor bottleneck detection for flow lines through process and inventory observations[J]. Procedia CIRP,2014,19: 63-68.

[38] LAWRENCE S R, BUSS A H. Economic analysis of production bottlenecks [J]. Mathematical Problems in Engineering,1995,1(4): 341-363.

[39] BANKER R D,DATAR S M,KEKRE S. Relevant costs,congestion and stochasticity in production environments[J]. Journal of Accounting and Economics,1988,10(3): 171-197.

[40] CHIANG S-Y,KUO C-T,MEERKOV S M. c-Bottlenecks in serial production lines: identification and application [C]//Proceedings of the 38th IEEE Conference on Decision and Control (Cat. No. 99CH36304). IEEE,1999: 456-461.

[41] CHIANG S-Y,KUO C-T,MEERKOV S M. DT-bottlenecks in serial production lines: theory and application[J]. IEEE Transactions on Robotics and Automation,2000, 16(5): 567-580.

[42] KUO C-T,LIM J-T, MEERKOV S M. Bottlenecks in serial production lines: A system-theoretic approach[J]. Mathematical problems in engineering,1996,2(3): 233-276.

[43] LI L,CHANG Q,NI J. Data driven bottleneck detection of manufacturing systems[J]. International Journal of Production Research,2009,47(18): 5019-5036.

[44] YU C,MATTA A. Data-driven bottleneck detection in manufacturing systems: A statistical approach[C]//2014 IEEE international conference on automation science and engineering (CASE). IEEE,2014: 710-715.

[45] 刘勇,谷寒雨,席裕庚.基于约束理论的混合复杂流水线规划调度算法[J].计算机集成制造系统,2005,11(1): 97-103.

[46] MUTHIAH K M N, HUANG S H. Overall throughput effectiveness (OTE) metric for factory-level performance monitoring and bottleneck detection[J]. International Journal of Production Research,2007,45(20): 4753-4769.

[47] 李晓娟,袁逸萍,孙文磊,等.基于网络结构特征的作业车间瓶颈识别方法[J].计算机

集成制造系统,2016,22(4)：1088-1096.

[48] BILLER S,LI J,MARIN S P,et al. Bottlenecks in bernoulli serial lines with rework [J]. IEEE Transactions on Automation Science and Engineering,2010,7(2)：208-217.

[49] CHIANG S-Y, KUO C-T, MEERKOV S M. Bottlenecks in Markovian production lines：a systems approach[J]. IEEE Transactions on Robotics and Automation,1998, 14(2)：352-359.

[50] CHING S,MEERKOV S M,ZHANG L. Assembly Systems with Non-Exponential Machines：Throughput and Bottlenecks[J]. Nonlinear Analysis：Theory,Methods & Applications,2008,69(3)：911-917.

[51] CHANG Q,NI J,BANDYOPADHYAY P,et al. Supervisory factory control based on real-time production feedback[J]. Journal of Manufacturing Science and Engineering, 2007,129(3)：653-660.

[52] RONEN B,SPECTOR Y. Managing system constraints：a cost/utilization approach [J]. International Journal of Production Research,1992,30(9)：2045-2061.

[53] 王军强,陈剑,王烁,等.作业车间区间型多属性瓶颈识别方法[J].计算机集成制造系统,2013,19(2)：429-437.

[54] 王军强,康永,陈剑,等.作业车间瓶颈簇识别方法[J].计算机集成制造系统,2013,19(3)：540-551.

[55] PLENERT G. Optimizing Theory of Constraints When Multiple Constrained Resources Exist[J]. European Journal of Operational Research,1993,70(1)：126-133.

[56] POSNACK A J. Theory of Constraints：Improper Applications Yield Improper[J]. Production and Inventory Management Journal,1994,35(1)：85.

[57] MADAY C J. Proper Use of Constraint Management[J]. Production and Inventory Management Journal；Alexandria,1994,35(1)：84.

[58] LINHARES A. Theory of constraints and the combinatorial complexity of the product-mix decision[J]. International Journal of Production Economics,2009,121(1)：121-129.

[59] ARYANEZHAD M B,KOMIJAN A R. An improved algorithm for optimizing product mix under the theory of constraints[J]. International Journal of Production Research, 2004,42(20)：4221-4233.

[60] SOBREIRO V A,NAGANO M S. A review and evaluation on constructive heuristics to optimise product mix based on the Theory of Constraints[J]. International Journal of Production Research,2012,50(20)：5936-5948.

[61] RAY A,SARKAR B,SANYAL S. The TOC-based algorithm for solving multiple constraint resources[J]. IEEE Transactions on Engineering Management,2010,57(2)：301-309.

[62] WANG J Q,ZHANG Z T,CHEN J,et al. The TOC-based algorithm for solving multiple constraint resources：a re-examination[J]. IEEE Transactions on Engineering Management,2014,61(1)：138-146.

[63] CHEN J,WANG J Q,DU X Y. Shifting bottleneck-driven TOCh for solving product

mix problems [J]. International Journal of Production Research，2021，59（18）：5558-5577.

[64] YON-CHUN C，L-HSUAN H. A methodology for product mix planning in semiconductor foundry manufacturing [J]. IEEE Transactions on Semiconductor Manufacturing，2000，13（3）：278-285.

[65] WANG F K，DU T，WEN F C. Product mix in the TFT-LCD industry[J]. Production Planning and Control，2007，18（7）：584-591.

[66] FINE C H，FREUND R M. Optimal investment in product-flexible manufacturing capacity[J]. Management Science，1990，36（4）：449-466.

[67] SOUREN R，AHN H，SCHMITZ C. Optimal product mix decisions based on the theory of constraints? exposing rarely emphasized premises of throughput accounting [J]. International Journal of Production Research，2005，43（2）：361-374.

[68] HASUIKE T，ISHII H. On flexible product-mix decision problems under randomness and fuzziness[J]. Omega，2009，37（4）：770-787.

[69] HASUIKE T，ISHII H. Product mix problems considering several probabilistic conditions and flexibility of constraints[J]. Computers & Industrial Engineering，2009，56（3）：918-936.

[70] COMAN A，RONEN B. Production outsourcing：A linear programming model for the Theory-Of-Constraints[J]. International Journal of Production Research，2000，38（7）：1631-1639.

[71] 王军强，孙树栋，李翌辉. 考虑外包能力拓展的 TOC 产品组合优化研究（Ⅰ）[J]. 系统仿真学报，2006，18（11）：3287-3293.

[72] 王军强，孙树栋，司书宾. 考虑外包能力拓展的 TOC 产品组合优化研究（Ⅱ）[J]. 系统仿真学报，2006，18（12）：3452-3458.

[73] 王军强，孙树栋，张树生. 考虑外包形式受限的约束理论产品组合优化研究[J]. 计算机集成制造系统，2007，13（10）：1891-1902.

[74] 王军强，孙树栋. 考虑外包混合形式的 TOC 产品组合优化研究[J]. 航空学报，2007，28（5）：1216-1229.

[75] HUM S H，SARIN R K. Simultaneous product-mix planning，lot sizing and scheduling at bottleneck facilities[J]. Operations Research，1991，39（2）：296-307.

[76] OSTERMEIER F F. The impact of human consideration，schedule types and product mix on scheduling objectives for unpaced mixed-model assembly lines[J]. International Journal of Production Research，2020，58（14）：4386-4405.

[77] 郭永辉，钱省三. 基于鼓-缓冲器-绳子理论的整合式生产作业控制系统研究[J]. 计算机集成制造系统，2006，12（2）：252-256.

[78] DUCLOS L K，SPENCER M S. The impact of a constraint buffer in a flow shop[J]. International Journal of Production Economics，1995，42（2）：175-185.

[79] DANIEL V，GUIDE R. Scheduling with Priority Dispatching Rules and Drum-Buffer-Rope in a Recoverable Manufacturing System[J]. International Journal of Production Economics，1997，53（1）：101-116.

[80] CHAKRAVORTY S S, ATWATER J B. The impact of free goods on the performance of drum-buffer-rope scheduling systems [J]. International Journal of Production Economics, 2005, 95(3): 347-357.

[81] CHAKRAVORTY S S. An evaluation of the DBR control mechanism in a job shop environment[J]. Omega, 2001, 29(4): 335-342.

[82] WU H-H, CHEN C-P, TSAI C-H, et al. Simulation and Scheduling Implementation Study of TFT-LCD Cell Plants Using Drum-Buffer-Rope System[J]. Expert Systems with Applications, 2010, 37(12): 8127-8133.

[83] LEE J-H, CHANG J-G, TSAI C-H, et al. Research on Enhancement of TOC Simplified Drum-Buffer-Rope System Using Novel Generic Procedures [J]. Expert Systems with Applications, 2010, 37(5): 3747-3754.

[84] 韩文民, 叶涛锋. 混流条件下基于 TOC 制定生产作业计划的关键问题: 研究现状及发展探讨[J]. 江苏科技大学学报(自然科学版), 2005, 19(6): 92-96.

[85] 曹政才, 彭亚珍, 吴启迪. 基于鼓—缓冲器—绳子的多重入制造系统过程调度[J]. 计算机集成制造系统, 2010, 16(12): 2668-2673.

[86] 乔非, 马玉敏, 李莉, 等. 基于分层瓶颈分析的多重入制造系统调度方法[J]. 计算机集成制造系统, 2010, 16(04): 855-860.

[87] TELLES E S, LACERDA D P, MORANDI M I W M, PIRAN F A S. Drum-buffer-rope in an engineering-to-order system: An analysis of an aerospace manufacturer using data envelopment analysis (DEA) [J]. International Journal of Production Economics, 2020, (4): 107500.

[88] 曹政才, 彭亚珍, 李博, 等. 半导体生产线基于 DBR 和 ANFIS 相融合的动态调度方法研究[J]. 电子学报, 2015, 43(10): 2082-2087.

[89] FOX M S. Constraint-Guided Scheduling—A Short History of Research at CMU[J]. Computers in Industry, 1990, 14(1): 79-88.

[90] SMITH S F, MUSCETTOLA N, MATTHYS D C, et al. OPIS: An opportunistic factory scheduling system [C]//Proceedings of the 3rd international conference on Industrial and engineering applications of artificial intelligence and expert systems, 1990, 1: 268-274.

[91] SADEH N. MICRO-BOSS: A Micro-Opportunistic Factory Scheduler [J]. Expert Systems with Applications, 1993, 6(3): 377-392.

[92] FOX M S, SYCARA K. Overview of CORTES: a constraint based approach to production planning, scheduling and control [C]//Proceedings of the Fourth International Conference on Expert Systems in Production and Operations Management, 1990.

[93] BECK J C, DAVENPORT A J, DAVIS E D, et al. The ODO project: toward a unified basis for constraint-directed scheduling[J]. Journal of Scheduling, 1998, 1(2): 89-125.

[94] CARLIER J. The One-Machine Sequencing Problem [J]. European Journal of Operational Research, 1982, 11(1): 42-47.

[95] UZSOY R, WANG C-S. Performance of decomposition procedures for job shop

scheduling problems with bottleneck machines[J]. International Journal of Production Research,2000,38(6): 1271-1286.

[96] DAUZERE-PERES S,LASSERRE J-B. A modified shifting bottleneck procedure for job-shop scheduling[J]. International Journal of Production Research,1993,31(4): 923-932.

[97] RAMUDHIN A,MARIER P. The Generalized Shifting Bottleneck Procedure[J]. European Journal of Operational Research,1996,93(1): 34-48.

[98] HUANG W,YIN A. An improved shifting bottleneck procedure for the job shop scheduling problem[J]. Computers & Operations Research,2004,31(12): 2093-2110.

[99] REGO C,DUARTE R. A Filter-and-Fan Approach to the Job Shop Scheduling Problem[J]. European Journal of Operational Research,2009,194(3): 650-662.

[100] MÖNCH L,SCHABACKER R,PABST D,et al. Genetic Algorithm-Based Subproblem Solution Procedures for a Modified Shifting Bottleneck Heuristic for Complex Job Shops[J]. European Journal of Operational Research,2007,177(3): 2100-2118.

[101] MÖNCH L,ZIMMERMANN J. Simulation-Based Assessment of Machine Criticality Measures for a Shifting Bottleneck Scheduling Approach in Complex Manufacturing Systems[J]. Computers in Industry,2007,58(7): 644-655.

[102] 黄志,黄文奇. 作业车间调度转换瓶颈算法的不可行解问题[J]. 计算机工程与应用, 2005,41(5): 53-55+59.

[103] 黄志,胡卫军. 作业车间调度转换瓶颈算法可行性研究[J]. 计算机应用研究,2008, 25(10): 2932-2933.

[104] 左燕,谷寒雨,席裕庚. 大规模流水线调度的瓶颈分解算法研究[J]. 控制与决策, 2006,21(4): 425-429.

[105] LEE G C,KIM Y D,CHOI S W. Bottleneck-Focused Scheduling for a Hybrid Flowshop[J]. International Journal of Production Research,2004,42(1): 165-181.

[106] 翟颖妮,孙树栋,王军强,等. 大规模作业车间的瓶颈分解调度算法[J]. 计算机集成制造系统,2011,17(4): 826-831.

[107] ATWATER J B,CHAKRAVORTY S S. A study of the utilization of capacity constrained resources in drum-buffer-rope systems[J]. Production and Operations Management,2002,11(2): 259-273.

[108] CHAKRAVORTY S S,ATWATER J B. Bottleneck management: theory and practice[J]. Production Planning & Control,2006,17(5): 441-447.

[109] 王军强,陈剑,翟颖妮,等. 扰动情形下瓶颈利用对作业车间调度的影响[J]. 计算机集成制造系统,2010,16(12): 2680-2687.

[110] 李莉;于青云; 并行半导体生产线投料控制策略研究[J]. 控制工程,2020,27(3): 409-417.

[111] WU K,ZHENG M,SHEN Y. A generalization of the Theory of Constraints: Choosing the optimal improvement option with consideration of variability and costs [J]. IISE Transactions,2020,52(3): 276-287.

[112] 杨琴,周国华,林晶晶,等.基于 DBR 理论的柔性流水车间动态调度[J].控制与决策, 2011,26(7):1109-1112.

[113] WU S-Y,MORRIS J S,GORDON T M. A simulation analysis of the effectiveness of drum-buffer-rope scheduling in furniture manufacturing[J]. Computers & Industrial Engineering,1994,26(4):757-764.

[114] ORUE A,LIZARRALDE A,AMORRORTU I,et al. Theory of Constraints Case Study in the Make to Order Environment:1[J]. Journal of Industrial Engineering and Management,2021,14(1):72-85.

[115] CRAIGHEAD C W,PATTERSON J W,FREDENDALL L D. Protective Capacity Positioning: Impact on Manufacturing Cell Performance[J]. European Journal of Operational Research,2001,134(2):425-438.

[116] PATTERSON J W,FREDENDALL L D,CRAIGHEAD C W. The impact of non-bottleneck variation in a manufacturing cell[J]. Production Planning & Control, 2002,13(1):76-85.

[117] BLACKSTONE J H,COX Ⅲ J F. Designing unbalanced lines - understanding protective capacity and protective inventory[J]. Production Planning & Control, 2002,13(4):416-423.

[118] KADIPASAOGLU S N,XIANG W,HURLEY S F,et al. A Study on the Effect of the Extent and Location of Protective Capacity in Flow Systems[J]. International Journal of Production Economics,2000,63(3):217-228.

[119] PATTI A L,WATSON K,JR J H B. The shape of protective capacity in unbalanced production systems with unplanned machine downtime[J]. Production Planning & Control,2008,19(5):486-494.

[120] 王军强,崔福东,张承武,等.面向云制造作业车间的机器能力界定方法[J].计算机集成制造系统,2014,20(9):2146-2163.

[121] LAW A M,KELTON W D,KELTON W D. Simulation modeling and analysis[M]. McGraw-Hill New York,2000.

[122] BETTERTON C E,COX Ⅲ J F. Espoused drum-buffer-rope flow control in serial lines: A comparative study of simulation models [J]. International Journal of Production Economics,2009,117(1):66-79.

[123] HOPP W J,SPEARMAN M L. Factory physics [M]. Long Grove: Waveland Press,2011.

[124] LI J,MEERKOV S M. Production systems engineering[M]. Berlin: Springer Science & Business Media,2008.

[125] DAĞDEVIREN M. A hybrid multi-criteria decision-making model for personnel selection in manufacturing systems[J]. Journal of Intelligent Manufacturing,2010, 21(4):451-460.

[126] SHANNON C E. A mathematical theory of communication[J]. The Bell system technical journal,1948,27(3):379-423.

[127] ZHAI Y,SUN S,WANG J,et al. Job shop bottleneck detection based on orthogonal

experiment[J]. Computers & Industrial Engineering,2011,61(3)：872-880.

[128] 徐泽水.不确定多属性决策方法及应用[M].北京：清华大学出版社,2004.

[129] 王刚,王军强,孙树栋,等.扰动环境下 Job Shop 瓶颈识别方法研究[J].机械科学与技术,2010,29(12)：1697-1702.

[130] 王军强,孙树栋,于晓义,等.约束理论的产品组合优化新型运作逻辑研究[J].计算机集成制造系统,2007,13(5)：931-939.

[131] BRAMER M. Principles of data mining[M]. Berlin：Springer,2007.

[132] TU Y-M,LI R-K. Constraint time buffer determination model[J]. International Journal of Production Research,1998,36(4)：1091-1103.

[133] ADAMS J,BALAS E,ZAWACK D. The shifting bottleneck procedure for job shop scheduling[J]. Management science,1988,34(3)：391-401.

[134] RAMUDHIN A,MARIER P. The generalized shifting bottleneck procedure[J]. European Journal of Operational Research,1996,93(1)：34-48.

[135] IVENS P,LAMBRECHT M. Extending the shifting bottleneck procedure to real-life applications[J]. European Journal of Operational Research,1996,90(2)：252-268.

[136] MICHAEL L P. Scheduling： theory, algorithms, and systems [M]. Berlin：Springer,2018.

[137] PINEDO M. Scheduling[M]. New York：Springer,2012.

[138] ZHANG R,WU C. Bottleneck identification procedures for the job shop scheduling problem with applications to genetic algorithms[J]. The International Journal of Advanced Manufacturing Technology,2009,42(11-12)：1153-1164.

[139] 王军强,陈剑,翟颖妮,等.扰动情形下瓶颈利用对作业车间调度的影响[J].计算机集成制造系统,2010,16(12)：2680-2687.

[140] 李伯虎,张霖,王时龙,等.云制造——面向服务的网络化制造新模式[J].计算机集成制造系统,2010,16(01)：1-7＋16.

[141] HALKIDI M, BATISTAKIS Y, VAZIRGIANNIS M. On clustering validation techniques[J]. Journal of Intelligent Information Systems,2001,17(2-3)：107-145.

附录 A 排序与调度条目

编号	名称和解释	执笔人	校阅人	
1	瓶颈	陈 剑	王军强	
	瓶颈(bottleneck)是对制造系统性能影响最大的某个或某些资源,既可以是系统中机器、人员、工具、物料、缓冲区、车辆等有形资源,也可以是管理政策、市场等无形资源,其产出与损失决定了整个系统的产出与损失。因此,立足瓶颈并改善瓶颈,方能达到提升系统整体性能的目的。制造系统瓶颈在数量上不一定是单一的,也可能存在多瓶颈现象。另外,瓶颈并非一成不变。随时间推移可能存在瓶颈与非瓶颈的转化,即表现出瓶颈漂移(bottleneck shifting,BS)现象。从瓶颈的层级看,瓶颈可分为规划层的结构瓶颈、运作层的计划瓶颈和执行层的执行瓶颈。			
2	执行瓶颈	陈 剑	王军强	
	执行瓶颈(execution bottleneck,EB)是对系统调度性能影响最大的资源。调度性能指标包含成本、效益、有效产出、最大完工时间、能力利用率、提前拖期、加权完工时间等指标。执行瓶颈出现在执行层,强调瓶颈的支配作用,不局限于正面影响或者负面影响。			
3	经济瓶颈	陈 剑	王军强	
	经济瓶颈(economic bottleneck,EBN)是对系统经济效益影响最大的资源,不同于系统产出相关的瓶颈,经济瓶颈是从系统经济效益的角度出发,根据活跃效益-时间等衡量指标,将瓶颈与系统效益表现相关,拓展了瓶颈的影响维度,有助于提高企业的经济效益。			
4	约束理论	陈 剑	王军强	
	约束理论(theory of constraints,TOC)是由以色列物理学家高德拉特(E. M. Goldratt)博士在 19 世纪 80 年代提出,从最优生产技术(optimized production technology,OPT)基础上逐渐发展而来的,具体内涵包括三个方面。第一,TOC是使瓶颈产能优化进而带动系统产出优化的生产管理技术;第二,TOC是系统地解决问题的一套思维流程;第三,TOC是辨识系统的核心问题、突破系统限制并且持续改善的管理哲学。约束理论注重系统的瓶颈,强调瓶颈的持续改善和有效产出的最大化。约束理论持续改进五步法(five focusing steps,FFS)步骤为:辨识系统瓶颈;充分利用瓶颈;非瓶颈配合瓶颈;提升瓶颈;辨识新的瓶颈,循环 FFS 以持续提升。约束理论已应用于航空、汽车、电子、半导体、钢铁、家具、服装等工业以及医疗、交通、旅游、餐饮等服务业中生产管理、项目管理、成本控制、供应链管理等方面。			

续表

编号	名称和解释	执笔人	校阅人	
5	最优生产技术	陈　剑	王军强	

最优生产技术（optimized production technology，OPT）是高德拉特（E. M. Goldratt）博士在 19 世纪 70 年代开发的生产系统优化软件。最优生产技术聚焦于瓶颈辨识与产能管理，通过优化瓶颈能力利用程度提高系统有效产出，降低库存，提高企业利润。最优生产技术的核心思想及相关技术被逐渐扩展，最终发展为约束理论（theory of constraints，TOC）。

6	有效产出	陈　剑	王军强	

有效产出（throughput）是指通过实现产品销售来获取盈余的速率。有效产出是约束理论提出的评价指标，并逐渐发展为有效产出会计（throughput accounting，TA）。约束理论认为产品卖给顾客实现变现才能称为有效产出，而滞留在系统中的产品都不能称为有效产出。有效产出面向顾客需求满足，立足企业整体性能，评价系统改进效果。有效产出关注如何最大化利用系统的资源提高产出而不是节约成本，并将企业战略目标与实际运作管理过程进行有机融合，为企业提供具体的运作决策支持，克服了传统生产管理中净利润（net profit，NP）、投资收益率（return of investment，ROI）、现金流（cash flow，CF）等财务指标存在的决策滞延性、强调局部最优化、难以直接指导生产实践等不足。

7	鼓-缓冲-绳法	陈　剑	王军强	

鼓-缓冲-绳法（drum-buffer-rope，DBR）是约束理论解决调度优化和过程管控的有效工具。DBR 通过对瓶颈环节进行控制、其余环节与瓶颈环节同步等措施，实现顾客需求与企业能力之间的最佳配合，达到物流平衡、准时交货和有效产出最大化等目标。"鼓"（drum）标识系统瓶颈的位置，指示系统改进的重心，决定系统的生产节奏，控制系统的有效产出。通过优先对瓶颈编制生产计划，并使非瓶颈与瓶颈环节保持同步，通过"鼓"控制生产的节奏，保证瓶颈的充分利用。"缓冲"（buffer）将关键环节保护起来，利用非瓶颈剩余生产能力吸收生产过程的扰动，降低或者消除扰动对瓶颈的影响。"绳"（rope）是制造系统的物料投放机制，关联瓶颈资源，传递瓶颈的需求，并按鼓的节奏控制各工序物料的投料时机和数量、各工序的加工节奏以及在制品的库存水平，使得其他环节的生产节奏与瓶颈资源同步，以保证物料按照"鼓"的节奏按需准时到达瓶颈，及时通过瓶颈并准时装配和交货。

8	产品组合优化	陈　剑	王军强	

产品组合优化（product mix optimization，PMO）是指在有限的企业制造资源能力下，选择企业所要生产的产品种类及其数量以使企业收益最优。产品组合优化是企业面向既定市场需求、优化企业资源能力利用的规划层决策问题。经典产品组合优化假设企业拥有 m 种制造资源，可用于生产 n 种不同的产品；单位数量产品 i 对资源 j 的消耗为 t_{ij}，资源 j 的能力限制为 β_j，需要在各资源能力限制下确定尽可能满足客户需求的产品生产数量 y_i，使得企业收益最优。产品组合优化问题属于运筹学中的组合优化（combinatorial optimization）问题，是典型的 NP-hard 问题。产品组合优化得到产品加工的优先次序和资源的占用/分配情况，将为企业产品战略调整、资源能力设计、资源能力调整、企业投资分析等提供重要的数据支持和决策依据，产品组合方案直接关系到企业利润、在制品水平、顾客满意度等性能。

编号	名称和解释	执笔人	校阅人	
9	约束理论启发式算法	陈　剑	王军强	

约束理论启发式算法(TOC heuristic,TOCh)是基于约束理论,立足瓶颈并充分利用瓶颈的启发式信息,基于"瓶颈优先、非瓶颈次之"的原则以解决产品组合优化问题的一种瓶颈驱动的启发式算法。TOCh 基本思路是辨识瓶颈、确定产品优先级、依据产品优先级分配瓶颈资源、确定产品组合优化方案。TOCh 将优化的过程以一种"可视"的方式展现出来,优先安排瓶颈上的生产任务,充分利用瓶颈能力,高效地得到产品组合优化方案,其处理逻辑简单、直观,易于掌握,适合生产管理人员在实践中使用。

10	瓶颈识别	陈　剑	王军强	

瓶颈识别(bottleneck identification,BI)是识别对系统有效产出影响最大的关键资源。瓶颈识别问题可分为规划层结构瓶颈识别、运作层计划瓶颈识别和执行层执行瓶颈识别。结构瓶颈是系统的固有瓶颈,通常是由于机器成本高昂、安装空间限制、运行环境特殊要求等原因造成瓶颈能力不足并经常性影响整体系统性能的机器,其在制造系统设计或者资源配置阶段起就一直存在。计划瓶颈是由于计划或调度等生产安排造成制造资源上的工作负荷不均衡而产生的瓶颈。不同的生产安排会造成不同的计划瓶颈,因此计划瓶颈区别于结构瓶颈属于人为瓶颈。执行瓶颈是由于调度方案在具体执行过程中出现的瓶颈,即执行瓶颈与调度方案的执行密切关联。另外,执行瓶颈随着调度方案的调整变动会出现一定程度的转移,形成瓶颈漂移(bottleneck shifting,BS)现象。在制造系统中的不同决策期内面对不同决策任务时,结构瓶颈、计划瓶颈、执行瓶颈可能不尽相同。

11	多属性瓶颈识别	陈　剑	王军强	

多属性瓶颈识别(multi-attribute bottleneck identification,MABI)是综合评估机器(资源)的多个特征属性进行瓶颈识别的方法。机器的典型特征属性主要分为机器利用率、任务负荷、在制品队列长度等数量类,加工活跃时间、交货期紧急程度等时间类,机器加工费用、工件成本等成本类等类型。多属性瓶颈识别区别于单指标的瓶颈识别方法,利用不同的特征属性从多维度综合地评价机器特征从而辨识出瓶颈。从属性值形式看,多属性瓶颈识别可分为确定型多属性瓶颈识别、区间型多属性瓶颈识别等方法。

12	平均活跃时间	陈　剑	王军强	

平均活跃时间(average duration,AD)是指机器上平均连续工作时间的时长,其等于机器上连续工作时间累加和与连续工作时间段数量之比。平均活跃时间是辨识异序作业车间(job shop)、自由作业车间(open shop)等复杂系统中瓶颈的一个有效指标。当机器的活跃时间段发生变化时,通过识别机器活跃时间段的漂移进一步辨识瓶颈的漂移。

编号	名称和解释	执笔人	校阅人	
13	伯努利生产线	陈　剑	王军强	

伯努利生产线（Bernoulli production line，BPL）是机器服从伯努利可靠性模型（Bernoulli reliability，BR）的生产线总称。机器可靠性服从伯努利分布表示在每个时间段内机器 m_i 工作的概率为 p_i，发生故障的概率为 $1-p_i$。显见机器的状态在各个时刻相互独立，即机器表现出"无记忆性"。常见的伯努利生产线包括串行伯努利生产线（serial Bernoulli production line，SBPL）、闭环伯努利生产线（closed Bernoulli production line，CBPL）、伯努利机器装配系统（assembly system with Bernoulli machines，ASBM）等。伯努利生产线适用于机器故障时间接近加工周期时间的情况，其在汽车、食品和家具等领域得到了广泛研究。

14	移动瓶颈法	陈　剑	王军强	

移动瓶颈法（shifting bottleneck procedure，SBP）由亚当斯昕（J. Adams）在 1988 年提出用来求解经典异序作业（job shop）调度问题的一种启发式算法。移动瓶颈法从制造系统中尚未调度的机器中识别瓶颈机器，并对识别的瓶颈机器进行单机最优调度，然后重新优化所有已调度结果集，再在尚未调度的机器中识别新的瓶颈机器，不断地进行识别瓶颈单机调度子问题的循环迭代，直到所有机器完成调度。

15	漂移瓶颈 TOC 启发式算法	陈　剑	王军强	

漂移瓶颈 TOC 启发式算法（shifting bottleneck-driven TOCh，STOCh）是解决多瓶颈产品组合优化问题一种 TOC 启发式算法。STOCh 包括主生产计划（master production schedule，MPS）生成阶段和局部调整阶段两个模块：MPS 生成阶段基于漂移瓶颈而不是传统 TOCh 的固定瓶颈，进而使用动态产品优先级，提高资源分配效率；局部调整阶段基于问题导向的解空间精炼策略以缩减解空间范围，达到提升 STOCh 搜索效率的目的。

16	瓶颈簇	陈　剑	王军强	

瓶颈簇（bottleneck cluster，BC）是具有高度相似性的瓶颈的集合，其中瓶颈簇阶次（order）最高的为主瓶颈簇（primary bottleneck cluster，PBC）。在不同时间段内，瓶颈簇会发生漂移现象，发生漂移的瓶颈簇称为漂移瓶颈簇（shifting bottleneck cluster，SBC）。另外，由于扰动引起制造系统中瓶颈簇发生变动的瓶颈簇称为动态瓶颈簇（dynamic bottleneck cluster，DBC）。

编号	名称和解释	执笔人	校阅人	
17	物料需求计划	陈 剑	王军强	

物料需求计划（material requirements planning，MRP）是一种针对原材料、半成品、零组件等非独立需求物料的计划方法。该方法于 1970 年在美国生产与库存控制协会（American Production and Inventory Control Society，APICS）第 13 次国际会议上由 Joseph A. Orlicky，George W. Plossl 和 Oliver W. Wight 三人首次提出。MRP 基于主生产计划、物料清单（bill of materials，BOM）和库存信息等输入信息，解决物料采购的何种物料、需要多少和何时需要的三个关键问题，确定原材料、外购件等物料采购计划。MRP 主要分为开环 MRP 和闭环 MRP。相对于开环 MRP 不考虑能力限制，闭环 MRP 在此基础上，不但考虑能力需求计划，而且设置内外部响应机制，形成一个计划、执行、反馈的闭环系统。

18	瓶颈能力释放率	陈 剑	王军强	

瓶颈能力释放率（bottleneck capacity release ratio，BCRR）是瓶颈利用程度的控制参数，一定程度上反映了调度方案的鲁棒性。基于瓶颈能力释放率，设定瓶颈的利用程度，预留瓶颈保护能力，进而保证调度优化方案的正常执行。过大、过小的瓶颈能力释放率都会对调度方案的优化与执行产生较大的负面影响。考虑到瓶颈能力释放率无法反映瓶颈利用程度对调度优化方案的影响范围以及影响趋势，在实际使用过程中采用瓶颈能力释放区间（bottleneck capacity release interval，BCRI）进行控制。瓶颈能力释放区间表示了瓶颈能力利用对调度方案的影响范围，其变化趋势反映了瓶颈利用对优化方案的影响趋势。

19	机器能力界定	陈 剑	王军强	

机器能力界定（machine capacity partition，MCP）是确定制造资源的无保护能力、无过剩能力、有过剩能力的机器利用边界的问题。通常的方法是考虑不同扰动、不同机器能力释放率下系统性能影响曲线，基于层次聚类获得能力界定特征簇结构图，进而分析确定机器能力界定方案。机器能力利用边界分为三个阶段：第一，无保护能力阶段：机器因其能力不足而限制了整个制造系统的有效产出而成为系统的瓶颈。瓶颈能力的提升会显著影响系统的有效产出；第二，无过剩能力阶段：当增加瓶颈机器能力到一定水平后，瓶颈将发生转移，机器能力的提升会增加系统的有效产出，但增加幅度不大；第三，有过剩能力阶段：当非瓶颈能力继续增加出现过剩能力的时候，系统的有效产出将不随非瓶颈能力增加而变化。通过机器能力界定得到制造资源的无保护能力、无过剩能力、有过剩能力利用，辅助进行瓶颈产能提升、非瓶颈过剩能力再利用等决策。

编号	名称和解释	执笔人	校阅人
20	考虑产品外包的产品组合优化	陈　剑	王军强
	考虑产品外包的产品组合优化(product mix optimization with outsourcing, PMOO)是指在企业制造资源能力有限的情形下,将自己非核心或非盈利的产品、零部件或工序转包给外部制造单元,通过合理配置内、外资源并确定自制和外包任务种类及其数量以使企业收益最优。从外包任务粒度粗细看,外包分为产品外包、零部件外包、工序外包三种类型。从外包根据是否提供原材料给外包商看,外包可分为带料外包(外包商包工不包料)和不带料外包(外包商包工包料)两种类型。其中外包需要支付的外包费用在理论上等同于任务的拒绝费用。考虑产品外包的产品组合优化区别于仅考虑自制决策的传统产品组合优化,实现了自制和外包的集成决策,有助于聚焦企业核心竞争力、控制生产成本、提高顾客满意度。考虑外包的产品组合优化是经典产品组合优化问题的拓展,属于NP-困难问题。		
21	产品组合与调度集成优化	陈　剑	王军强
	产品组合与调度集成优化(integrated product mix and scheduling, IPMS)综合考虑生产能力、产品加工工艺等约束,确定企业生产的产品种类和数量及接单产品在机器上的加工顺序,通过对产品组合优化决策和调度优化决策进行集成优化决策以使得企业收益最优。产品组合与调度集成优化是传统产品组合优化问题与生产调度问题的结合,属于 NP-困难问题。		
22	主生产计划	陈　剑	王军强
	主生产计划(master production schedule, MPS)是企业在综合计划指导下基于独立需求的最终实体产品(或物料)的计划。MPS 详细规定了每个具体产品在每个具体时间段的生产数量,时间段通常以周为单位,也可能是日、旬或月。MPS 的制订需要充分考虑企业生产能力,协调企业运营和市场战略目标,其合理性关系到后续物料需求计划(material requirements planning, MRP)的计算执行效果和准确性。		
23	敏感性分析	陈　剑	王军强
	敏感性分析(sensitivity analysis, SA)是一种定量分析输入变量对输出变量影响程度的方法。根据敏感性分析的作用范围,可将其划分为局部敏感性分析和全局敏感性分析。局部敏感性分析只分析单个输入变量的变化对输出结果的影响程度,全局敏感性分析需要分析多个输入变量的变化对输出结果的影响程度,并分析多个输入变量之间的相互作用对输出结果的影响。通过对各个输入变量进行敏感性分析,确定不同输入变量对输出变量的影响程度,通过优先考虑影响程度大的输入变量将实际问题化繁为简,以降低模型的复杂度和提高模型的准确度。		

续表

编号	名称和解释	执笔人	校阅人	
24	同步调度	陈　剑	王军强	
	同步调度(synchronized scheduling)是以同步生产策略为核心目标优化制造系统性能的一类调度问题。同步调度以工件加工的同步性与准时性为衡量指标,通过合理分配资源并安排工件加工顺序、加工批量、运输批量,实现具有相关关系的零部件在空间维度和时间维度按时按量按点同步产出,以减少装配或物流环节的无效等待和浪费,从而实现制造系统在系统产出、物料库存、交货期、提前期等方面的性能。同步调度面向准时化生产(just in time,JIT)模式,广泛应用在面向订单生产(make to order,MTO)以及面向复杂产品装配等制造场景。			
25	加工装配流水作业调度	陈　剑	王军强	
	加工装配流水作业调度(fabrication and assembly flowshop scheduling)是指带装配阶段的流水作业调度问题。加工装配流水车间由零部件加工阶段和装配阶段组成,零部件首先在加工阶段进行加工,再送到装配阶段进行装配。其中零部件加工阶段可分为单阶段并行机、并行流水线、柔性流水线等情况。单阶段并行机由一组并行机构成;并行流水线由并行的多条流水线构成;柔性流水线由多组并行机串行构成。加工装配流水作业调度满足装配型产品的零部件齐套型等约束条件,通过合理安排工件零部件的加工机器和加工顺序,并协同安排产品装配顺序,以满足或优化一个或多个调度性能指标。			
26	生产与配送集成调度	陈　剑	王军强	
	生产与配送集成调度(Integrated production and distribution scheduling)综合考虑生产阶段机器能力、生产工艺等生产约束以及配送阶段车辆空间、配送批量、配送速度、能耗等配送约束,通过对机器加工和产品配送进行集成调度优化,实现生产与配送两阶段整体目标最优。生产与配送同步调度问题是经典车间内的机器调度问题向供应链维度的拓展,根据集成单机、流水作业车间、异序作业车间等生产环境与车辆分配、车辆装载、路径规划等配送决策,形成不同形式的的生产与配送集成调度问题。			

附录 B 英汉排序与调度词汇

（2021 年 2 月版）

《排序与调度丛书》编委会

20 世纪 60 年代越民义就注意到排序（scheduling）问题的重要性和在理论上的难度。1960 年他编写了国内第一本排序理论讲义。70 年代初，他和韩继业一起研究同顺序流水作业排序问题，开创了中国研究排序论的先河[1]。在他们两位的倡导和带动下，国内排序的理论研究和应用研究有了较大的发展。国内最早把 scheduling 译为"调度"是在 1983 年[2]。正如国际上著名排序专家 Potts 等指出："排序论的进展是巨大的。这些进展得益于研究人员从不同的学科（例如，数学、运筹学、管理科学、计算机科学、工程学和经济学）所做出的贡献。排序论已经成熟，有许多理论和方法可以处理问题；排序论也是丰富的（例如，有确定性或者随机性的模型、精确的或者近似的解法、面向应用的或者基于理论的）。尽管排序论取得了进展，但是在这个令人兴奋并且值得研究的领域，许多挑战仍然存在。"[3]不同学科带来了不同的术语。经过 50 多年的发展，国内排序与调度的术语正在逐步走向统一。这是学科正在成熟的标志，也是学术交流的需要。

我们提倡术语要统一。我们把"scheduling""排序""调度"这三者视为含义完全相同、完全可以相互替代的 3 个中英文词汇，只不过这三者使用的场合和学科（英语、运筹学、自动化）不同而已。这次的"英汉排序与调度词汇（2021 年 2 月版）"收入 236 条词汇，就考虑到不同学科的不同用法。如同以前的版本不断地在修改和补充，这次 2021 年 2 月版也需要进一步修改和补充，还需要补充医疗调度、低碳调度等新词汇。任何一本英汉词典（或者辞典）的英语单词（或者词组）往往有几个汉语解释。我们欢迎不同学科提出不同的术语，经过讨论

---

[1] 越民义，韩继业. n 个零件在 m 台机床上的加工顺序问题[J]. 中国科学，1975(5)：462-470.

[2] 周荣生. 汉英综合科学技术词汇[M]. 北京：科学出版社，1983.

[3] Potts C N，Strusevich V A. Fifty years of scheduling：a survey of milestones[J]. Journal of the Operational Research Society，2009，60：S41-S68.

和比较,要使用比较适合本学科的术语。

1	activity	活动
2	agent	代理
3	agreeability	一致性
4	agreeable	一致的
5	algorithm	算法
6	approximation algorithm	近似算法
7	arrival time	就绪时间,到达时间
8	assembly scheduling	装配排序
9	asymmetric linear cost function	非对称线性损失,非对称线性成本函数
10	asymptotic	渐近的
11	asymptotic optimality	渐近最优性
12	availability constraint	(机器)可用性约束
13	basic (classical) model	基本(经典)模型
14	batching	分批
15	batching machine	批处理机,批加工机器
16	batching scheduling	分批排序,批调度
17	bi-agent	双代理
18	bi-criteria	双目标
19	block	阻塞,块
20	classical scheduling	经典排序
21	common due date	共同交付期,相同交付期
22	competitive ratio	竞争比
23	completion time	完工时间
24	complexity	复杂性
25	continuous sublot	连续子批
26	controllable scheduling	可控排序
27	cooperation	合作,协作
28	cross-docking	过栈,中转库,越库,交叉理货
29	deadline	截止期(时间)
30	dedicated machine	专用机,特定的机器
31	delivery time	送达时间
32	deteriorating job	退化工件,恶化工件
33	deterioration effect	退化效应,恶化效应
34	deterministic scheduling	确定性排序
35	discounted rewards	折扣报酬
36	disruption	干扰
37	disruption event	干扰事件
38	disruption management	干扰管理

39	distribution center	配送中心
40	dominance	优势,占优,支配
41	dominance rule	优势规则,占优规则
42	dominant	优势的,占优的
43	dominant set	优势集,占优集
44	doubly constrained resource	双重受限资源,使用量和消耗量都受限制的资源
45	due date	交付期,应交付期限,交货期
46	due date assignment	交付期指派,与交付期有关的指派(问题)
47	due date scheduling	交付期排序,与交付期有关的排序(问题)
48	due window	交付时间窗,窗时交付期,交货时间窗,宽容交付期
49	due window scheduling	窗时交付排序,窗时交货排序,宽容交付排序
50	dummy activity	虚活动,虚拟活动
51	dynamic policy	动态策略
52	dynamic scheduling	动态排序,动态调度
53	earliness	提前
54	early job	非误工工件,提前工件
55	efficient algorithm	有效算法
56	feasible	可行的
57	family	族
58	flow shop	流水作业,流水(生产)车间
59	flow time	流程时间
60	forgetting effect	遗忘效应
61	game	博弈
62	greedy algorithm	贪婪算法,贪心算法
63	group	组,成组
64	group technology	成组技术
65	heuristic algorithm	启发式算法
66	identical machine	同型机,同型号机
67	idle time	空闲时间
68	immediate predecessor	紧前工件,紧前工序
69	immediate successor	紧后工件,紧后工序
70	in-bound logistics	内向物流,进站物流,入场物流,入厂物流
71	integrated scheduling	集成排序,集成调度
72	intree (in-tree)	内向树,内收树,内放树,入树
73	inverse scheduling problem	排序逆问题,排序反问题
74	item	项目

75	JIT scheduling	准时排序
76	job	工件,作业,任务
77	job shop	异序作业,作业车间,单件(生产)车间
78	late job	误期工件
79	late work	误工损失
80	lateness	延迟,迟后,滞后
81	list policy	列表排序策略
82	list scheduling	列表排序
83	logistics scheduling	物流排序,物流调度
84	lot-size	批量
85	lot-sizing	批量
86	lot-streaming	批量流
87	machine	机器
88	machine scheduling	机器排序,机器调度
89	maintenance	维护,维修
90	major setup	主要设置,主安装,主要准备,主准备
91	makespan	最大完工时间,制造跨度,工期
92	max-npv (NPV) project scheduling	净现值最大项目排序,最大净现值的项目排序
93	maximum	最大,最大的
94	milk run	循环联运,循环取料,循环送货
95	minimum	最小,最小的
96	minor setup	次要设置,次要安装,次要准备,次准备
97	modern scheduling	现代排序
98	multi-criteria	多准则,多目标
99	multi-machine	多台同时加工的机器
100	multi-machine job	多机器加工工件,多台机器同时加工的工件
101	multi-mode project scheduling	多模式项目排序
102	multi-operation machine	多工序机
103	multiprocessor	多台同时加工的机器
104	multiprocessor job	多机器加工工件,多台机器同时加工的工件
105	multipurpose machine	多功能机器,多用途机器
106	net present value	净现值
107	nonpreemptive	不可中断的
108	nonrecoverable resource	不可恢复(的)资源,消耗性资源
109	nonrenewable resource	不可恢复(的)资源,消耗性资源

110	nonresumable	（工件加工）不可继续的，（工件加工）不可恢复的
111	nonsimultaneous machine	不同时开工的机器
112	nonstorable resource	不可储存（的）资源
113	nowait	（前后两个工序）加工不允许等待
114	NP-complete	NP-完备，NP-完全
115	NP-hard	NP-困难（的），NP 难
116	NP-hard in the ordinary sense	普通 NP-困难（的）
117	NP-hard in the strong sense	强 NP-困难（的）
118	offline scheduling	离线排序
119	online scheduling	在线排序
120	open problem	未解问题，（复杂性）悬而未决的问题，尚未解决的问题，开放问题，公开问题
121	open shop	自由作业，开放（作业）车间
122	operation	工序，作业
123	optimal	最优的
124	optimality criterion	优化目标，最优化的目标
125	ordinarily NP-hard	普通 NP-困难的，一般 NP-难的
126	ordinary NP-hard	普通 NP-困难，一般 NP-难
127	out-bound logistics	外向物流
128	outsourcing	外包
129	outtree(out-tree)	外向树，外放树，出树
130	parallel batch	平行批，并行批
131	parallel machine	平行机，并联机，并行机，通用机
132	parallel scheduling	并行排序，并行调度
133	partial rescheduling	部分重排序，部分重调度
134	partition	划分
135	peer scheduling	对等排序
136	performance	性能
137	permutation flow shop	同顺序流水作业，同序作业，置换流水车间，置换流水作业
138	PERT	计划评审技术
139	polynomially solvable	多项式时间可解的
140	precedence constraint	前后约束，先后约束，优先约束
141	predecessor	前序工件，前工件，前工序
142	predictive reactive scheduling	预案反应式排序，预案反应式调度
143	preempt	中断
144	preempt-repeat	重复（性）中断，中断-重复
145	preempt-resume	可续（性）中断，中断-恢复

146	preemptive	中断的,可中断的
147	preemption	中断
148	preemption schedule	可以中断的排序,可以中断的时间表
149	proactive	前摄的,主动的
150	proactive reactive scheduling	前摄反应式排序,前摄反应式调度
151	processing time	加工时间,工时
152	processor	机器,处理机
153	production scheduling	生产排序,生产调度
154	project scheduling	项目排序,项目调度
155	pseudopolynomially solvable	伪多项式时间可解的
156	public transit scheduling	公共交通调度
157	quasi-polynomially	拟多项式时间
158	randomized algorithm	随机化算法
159	re-entrance	重入
160	reactive scheduling	反应式排序,反应式调度
161	ready time	就绪时间,准备完毕时刻,准备终结时间
162	real-time	实时
163	recoverable resource	可恢复(的)资源
164	reduction	归约
165	regular criterion	正则目标
166	related machine	同类机,同类型机
167	release time	就绪时间,释放时间,放行时间
168	renewable resource	可恢复(再生)资源
169	rescheduling	重新排序,重新调度,重调度,再调度,滚动排序
170	resource	资源
171	res-constrained scheduling	资源受限排序,资源受限调度
172	resumable	(工件加工)可继续的,(工件加工)可恢复的
173	robust	鲁棒的
174	schedule	时间表,调度表,调度方案,进度表,作业计划
175	schedule length	时间表长度,作业计划期
176	scheduling	排序,调度,排序与调度,安排时间表,编排进度,编制作业计划
177	scheduling a batching machine	批处理机排序
178	scheduling game	排序博弈
179	scheduling multiprocessor jobs	多台机器同时对工件进行加工的排序

180	scheduling with an availability constraint	机器可用受限排序问题
181	scheduling with batching	分批排序，批处理排序
182	scheduling with batching and lot-sizing	分批批量排序，成组分批排序
183	scheduling with deterioration effects	退化效应排序
184	scheduling with learning effects	学习效应排序
185	scheduling with lot-sizing	批量排序
186	scheduling with multipurpose machine	多功能机排序，多用途机器排序
187	scheduling with non-negative time-lags	（前后工件结束加工和开始加工之间）带非负时间滞差的排序
188	scheduling with nonsimultaneous machine available time	机器不同时开工排序
189	scheduling with outsourcing	可外包排序
190	scheduling with rejection	可拒绝排序
191	scheduling with time windows	窗时交付期排序，带有时间窗的排序
192	scheduling with transportation delays	考虑运输延误的排序
193	selfish	自利的，理性的
194	semi-online scheduling	半在线排序
195	semi-resumable	（工件加工）半可继续的，（工件加工）半可恢复的
196	sequence	次序，序列，顺序
197	sequence dependent	与次序有关
198	sequence independent	与次序无关
199	sequencing	安排次序
200	sequencing games	排序博弈
201	serial batch	串行批，继列批
202	setup cost	安装费用，设置费用，调整费用，准备费用
203	setup time	安装时间，设置时间，调整时间，准备时间
204	shop machine	串联机，多工序机器
205	shop scheduling	车间调度，多工序排序，串行排序，多工序调度，串行调度
206	single machine	单台机器，单机
207	sorting	数据排序，整序
208	splitting	拆分的
209	static policy	静态排法，静态策略
210	stochastic scheduling	随机排序，随机调度
211	storable resource	可储存（的）资源
212	strong NP-hard	强 NP-困难
213	strongly NP-hard	强 NP-困难的

214	sublot	子批
215	successor	后继工件,后工件,后工序
216	tardiness	延误,拖期
217	tardiness problem i. e. scheduling to minimize total tardiness	总延误排序问题,总延误最小排序问题,总延迟时间最小化问题
218	tardy job	延误工件
219	task	工件,任务
220	the number of early jobs	提前完工工件数,不误工工件数
221	the number of tardy jobs	误工工件数,误工数,误工件数
222	time window	时间窗
223	time varying scheduling	时变排序
224	time/cost trade-off	时间/费用权衡
225	timetable	时间表,时刻表
226	timetabling	编制时刻表,安排时间表
227	total rescheduling	完全重排序,完全再排序,完全重调度,完全再调度
228	tri-agent	三代理
229	two-agent	双代理
230	unit penalty	误工计数,单位罚金
231	uniform machine	同类机,同类别机
232	unrelated machine	非同类型机,非同类机
233	waiting time	等待时间
234	weight	权,权值,权重
235	worst-case analysis	最坏情况分析
236	worst-case (performance) ratio	最坏(情况的)(性能)比

索　引

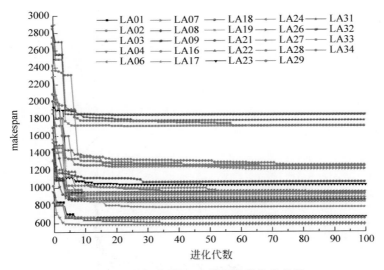

图 3-3　LA 标准类 24 个算例的优化收敛图

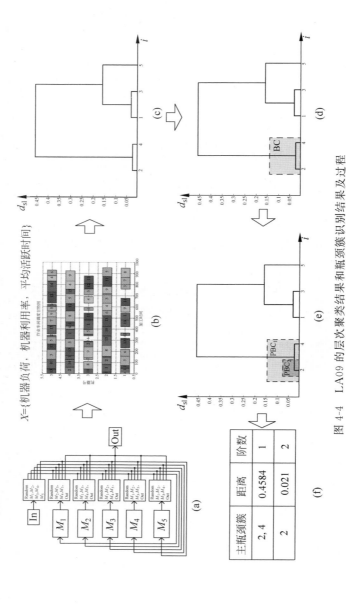

$X=\{$机器负荷，机器利用率，平均活跃时间$\}$

图 4-4　LA09 的层次聚类结果和瓶颈簇识别结果及过程

（a）算例 LA09 的 Job shop 调度模型；（b）基于 LA09 的优化调度结果及选取的机器的特征属性进行初始化；（c）LA09 层次聚类结果；（d）瓶颈簇识别结果；（e）主瓶颈簇 PBC$_2$，距离 0.0261，$r=2$；（f）瓶颈簇识别结果

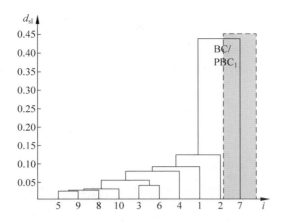

图 4-5　LA34 层次聚类树状图及瓶颈识别结果

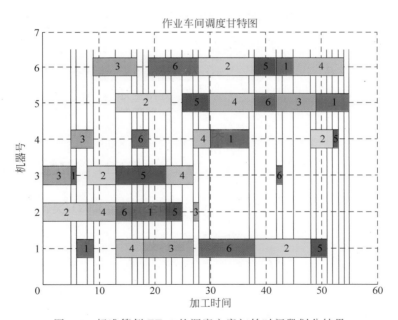

图 4-7　标准算例 FT06 的调度方案初始时间段划分结果

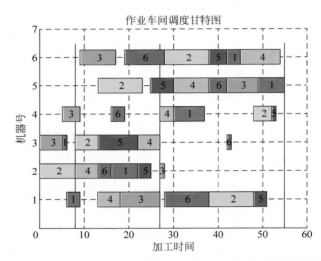

图 4-8　标准算例 FT06 的最高阶主瓶颈簇独立变化时间段划分结果

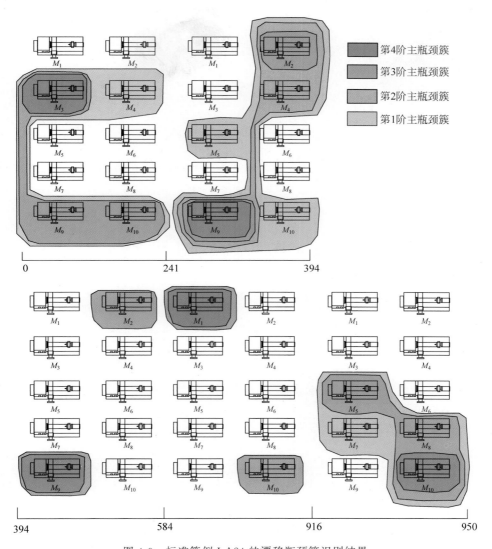

图 4-9　标准算例 LA24 的漂移瓶颈簇识别结果

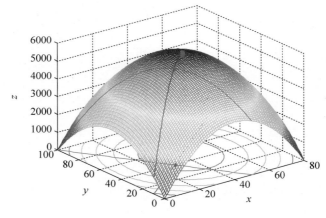

图 6-1　两产品模型空间示意图

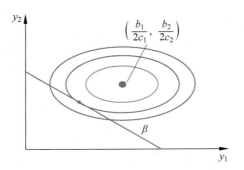

图 6-2　两产品模型平面投影图

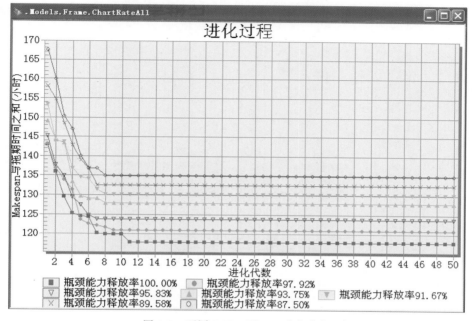

图 9-5　不同 BCRR 下 GA 进化曲线

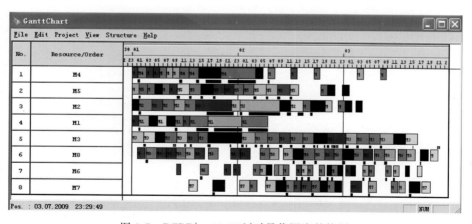

图 9-7　BCRR⁴＝93.75％时最优调度甘特图

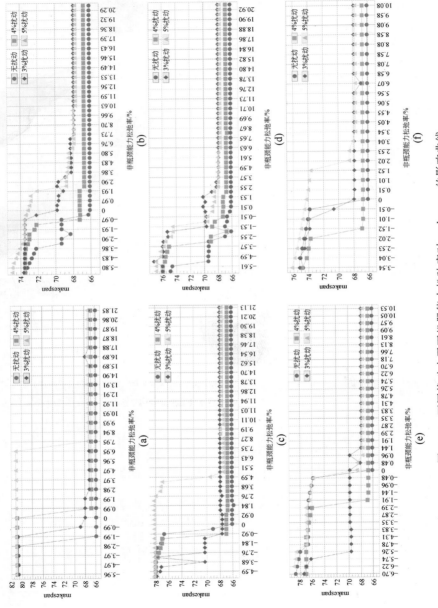

图 9-13　不同扰动水平下机器人机器能力松池率对 makespan 的影响曲线

(a) M_1 能力松池率对系统性能影响曲线；(b) M_2 能力松池率对系统性能影响曲线；(c) M_4 能力松池率对系统性能影响曲线；
(d) M_5 能力松池率对系统性能影响曲线；(e) M_6 能力松池率对系统性能影响曲线；(f) M_7 能力松池率对系统性能影响曲线